公害・環境問題の放置構造と解決過程

藤川賢・渡辺伸一・堀畑まなみ

東信堂

はしがき

　足尾鉱毒事件から福島原発事故まで、大規模な公害・環境問題を発生させたことが理由で大企業が倒産した事例はほとんどない。熊本水俣病問題や福島原発事故では、新たな制度をつくってまで国による加害企業への支援が行われた。こうした傾向ともかかわって、公害被害の補償・救済には一つの特徴がある。それは、被害規模に応じて賠償額などが計算されるだけではなく、逆に、加害側の条件（支払い可能額など）によって被害が切り捨てられる例が少なくないことである。

　そうした逆転が生じる理由は、公害発生の構造とも重なる。大きな公害は、一夜にして発生することはほとんどなく、爆発などの事象は短期間に起きたとしても、それ以前に小さな被害や警告などが存在するのが通例である。だが被害が起きても捨て置かれてしまう、その延長線上に大きな被害が生まれるのであり、その図式については、加害と被害の両面で構造的な要因が指摘されてきた。

　問題が社会的に認められ、解決への方策がとられるようになってもこうした構造的要因は残り、被害者の救済よりも、加害企業の存続や国の責任回避が優先され、被害の切り捨てにつながるのだと考えられる。

　本書で「放置構造」と呼ぶのは、こうした切り捨てが当然のことのように定められていく状況である。「構造」というのは、すべての被害を放置するような構造があるという意味ではなく、被害構造・加害構造の影響を受けながら、どの被害をどのように放置していくかを決める構造的要因を指している。第1章では問題解決と放置構造との関係について、こうした仮説を述べている。

　ただし、本書は、放置構造を実証することを目的とはしていない。放置の深刻さとしては水俣病未認定問題やカネミ油症の被害救済問題などの方が分かりやすく（宇田和子『食品公害と被害者救済―カネミ油症事件の被害と政策過程』2015年、東信堂、などを参照）、近年見失われつつある問題としてはダイオキ

シン・環境ホルモンなどもあるが、本書で着目する事例は、放置構造の影響を受けつつも、特徴的な解決過程を歩んだものである。

　加害側の視点からは被害や解決を単純化して、「経済成長の負の側面として、深刻な公害に悩まされましたが、力を合わせて環境改善に取り組んだ結果、きれいな空を取り戻しました」といった認識の方がわかりやすい。だが現実には、解決も被害と同じく複雑な多様性をもつ。したがって、一方では放置構造の変革を試みつつ（そこに飲み込まれてしまう場合もあるが）、他方ではその現実の中で可能な救済や対策の方法を探る、という社会過程としての解決過程に着目する方が問題の再発予防には役立つのではないか。そうした観点から第2章から第9章まで、多様な事例について考察している。

　たとえば、イタイイタイ病訴訟後から40年続いた運動の成果として2013年に神通川流域カドミウム被害団体連絡協議会と神岡鉱業がむすんだ「全面解決」の確認書である（第2章）。あるいは1960年代からの新産業都市開発による大気汚染・海岸埋め立て反対運動をめぐる被害放置や運動の成果と、1990年代の「関あじ・関さば」のブランド化との関係である（第3章、第4章）。

　こうした歴史的な事例に着目した理由の一つは環境問題における日本の特徴を見直すことにある。公害発生や被害放置は他国にも共通するが、その中で関係者が運動や問題提起や記録を長く継続してきたことは、日本の環境運動の重要な特徴といえる。

　同様に、アスベスト被害をめぐる放置も各国に共通するが、それについての対策には日本独自の特徴があり、それは日本の公害対策を再評価する視点にもつながる。もちろん、評価すべき対象だけが浮かび上がるのではない。その対策を見つめなおせば、零細企業にかかわる人たちのように公害と労災の間で救済から漏れてしまっている人たちに気が付くことにもなる（第5章）。以前に救済できなかった事例が、数十年後に類似の問題の早期解決につながることもある（第6章）。

　国際的な水銀規制の条約が「水俣条約」と名づけられたように、日本の公害対策はグローバル化の中でも重要性を増している。途上国をはじめとする世界的な環境汚染被害の深刻化につれて、日本の公害経験と環境対策は注目

を集めてきた。また、地域の歴史的な取り組みがグローバルな展開を見せることもある。たとえば、宮崎県の土呂久慢性砒素中毒では長く被害放置が続いたが、その紛争が解決した後、その支援者たちが、公害経験を生かしてアジアの途上国での支援活動を続けている。最近、その成果を歴史ごと次代に伝えていこうとする動きが宮崎県全体として起きつつある (第7章)。

　他方、グローバル化は世界規模での格差・差別とも重なり、それが大規模な環境問題を生む原因にもなっている。アメリカの多国籍企業とインドの貧困層との間で起きたボパール事件はその代表例である。この大きな格差は世界規模での被害放置をもたらし、ボパールの被害地域では今なお苦闘が続いている (第8章)。現在では、それにたいする国際的な支援運動も展開され、多国籍企業の責任を環境正義などの観点から追及している。そこには、目の前の紛争が収まれば解決、被害者が契約書にサインすれば和解、という終わらせ方ではなく、正義にのっとった環境問題の解決への志向が見られる。

　このように地域レベルの環境汚染であってもグローバルな文脈で考察すべき問題について研究関心が高まっている。そうした観点から日本の公害解決過程を見ようと試みることが、本書が放置と解決との動的な関係を重視するもう一つの理由である。今後の動きへの模索も含めて、本書の終わり近くでは、福島原発事故をめぐる解決過程・帰還政策について、環境正義との関係を含めて考察している (第9章)。

目　次／公害・環境問題の放置構造と解決過程

はしがき ………………………………………………………………… i

序　放置の構造と解決との関係………… 藤川　賢　3
　1　解決過程論の課題 ………………………………………………… 3
　2　放置への着目 ……………………………………………………… 4
　3　加害・被害の構造と放置との関係 ……………………………… 6
　4　解決過程とその可能性 …………………………………………… 8
　5　本書の構成 ………………………………………………………… 11
　　注　14
　　引用文献　15

第1章　解決と放置をめぐる社会過程——**構造的要因と変革への動き** ……………… 藤川　賢　17
　1　解決過程論の特徴 ………………………………………………… 17
　2　解決過程における「放置」はどのように生まれるのか … 19
　　2-1　被害放置と被害拡大の共通点　19
　　2-2　解決過程における「放置」の特徴——**被害拡大期との相違点**　22
　　2-3　加害構造との関連性　24
　3　密室での議論における科学的議論と経済的論理の関係 … 26
　　3-1　原因究明と対策費用との関係——**イタイイタイ病とカドミウムの事例から**　26
　　3-2　「まきかえし」をもたらす経済的事情の構図　29
　　3-3　構造的緊張と変革のための議論　31
　4　グローバル化の中での環境問題の展開 ………………………… 33
　　4-1　グローバル化による環境問題への影響の両面性　33
　　4-2　運動継続の意義　34
　　4-3　社会的関心の継続　36
　5　過程を議論する意味——**解決の多様な方向性と本書の企図** ………38
　　注　39

引用文献　41

第2章　判決後40年間のイタイイタイ病住民運動と公害問題「解決」の意味——イタイイタイ病問題とカドミウム問題の「ずれ」を通して … 藤川賢・渡辺伸一　43

1　はじめに——イタイイタイ病40年目の「解決」……………………43
2　公害経験にかかわる地域社会の活動——神通川流域発生源対策の事例　45
　2-1　公害対策と「まきかえし」の経緯　45
　2-2　神通川流域における取り組みの経緯　47
　2-3　イ病の決着とカドミウム問題の継続　49
3　カドミウムリスク評価をめぐる40年の議論と現状……　51
　3-1　食品安全委員会によるカドミウム評価書の意義と限界　51
　3-2　「厚生省見解（イ病カドミウム説）」への見解はどう変わったか　53
　3-3　カドミウムの安全基準をめぐる変化と課題　55
4　公害経験と地域社会 ………………………………………… 57
　4-1　イ病住民運動の継続　57
　4-2　地域の被害と環境再生　58
　4-3　公害の継承と環境再生　61
5　むすび——地域社会の公害経験の普遍的意義……………63
　注　65
　引用文献　68

第3章　大分市大気汚染公害と新産業都市開発——大気汚染被害はいかに否定されたか … 渡辺伸一　73

1　はじめに ………………………………………………………… 73
2　新産都開発問題と公害反対運動の概要 …………………… 75
3　大分県による公害病否定の経緯とその独自な方法 …… 81
　3-1　71年医師会報告書と市民による公害調査　81
　3-2　73年県委託医師会報告書とそれへの批判　85
　3-3　三佐地区と加害企業との関係——家島の集団移転問題の発生　87
　3-4　76年県委託医師会報告書（石西報告書）とそれへの批判　92

3-5　家島集団移転の中止と「住環境整備」による決着——公害病否定の独自な方法　95
　4　三佐地区における地域特性——開発による「補償的受益圏の受苦圏化」　98
　5　むすび——県による加害の二重性と受益圏・受苦圏論からみた三佐地区　102
　注　107
　引用・参考文献　109

第4章　関あじ・関さばの誕生——大分・佐賀関における公害・開発問題との関連　渡辺伸一　115

　1　はじめに　115
　2　ブランド魚「関あじ・関さば」の誕生の経緯とその従来の説明への疑問点　118
　　2-1　佐賀関町漁協による買取販売事業の開始とブランド化の取り組み　118
　　2-2　買取販売事業の開始の契機に対する従来の説明への疑問点　124
　3　佐賀関町漁協における公害・開発問題をめぐる紛争の歴史　126
　　3-1　第1の時期——1970から1973年　126
　　3-2　第2の時期——1974から1982年　136
　4　公害・開発問題の歴史と買取販売事業の開始との関連　143
　5　おわりに　148
　注　150
　引用文献　153

第5章　アスベスト被害の救済をめぐる矛盾と放置　堀畑まなみ　157

　1　はじめに　157
　2　アスベストにおける被害の拡大過程　158
　　2-1　アスベスト使用量　158
　　2-2　アスベスト被害の範囲　160
　3　石綿新法における救済の現状　162
　　3-1　石綿新法制定のきっかけ　162
　　3-2　石綿新法の認定者数　163

4 救済されない人は誰か …………………………………… 166
  4-1 泉南の事例からみえてくること 166
  4-2 労災補償と石綿新法との格差 168
  4-3 石綿新法認定者の曝露状況調査からみえてくるもの 169
  4-4 環境省「石綿の健康リスク調査」からみえてくるもの 170
 5 アスベスト疾患に罹患する不条理 ……………………… 171
 6 まとめ ……………………………………………………… 172
  注 173
  引用文献 176

第6章 職業性がんの解決過程と行政対応──和歌山
ベンジジン問題と大阪印刷業胆管がん問題から　堀畑まなみ　177

 1 はじめに …………………………………………………… 177
 2 労災・職業病の現在 ……………………………………… 179
 3 職業性がんの特殊性 ……………………………………… 182
 4 和歌山ベンジジン問題 …………………………………… 183
  4-1 問題の概要 183
  4-2 裁判での争点と勝訴までの長い道のり 184
  4-3 被害の空間的・時間的な広がり 186
  4-4 情報強者による被害放置 188
 5 大阪印刷業胆管がん問題 ………………………………… 189
 6 胆管がん問題にベンジジンの教訓は活きたのか ……… 191
  6-1 労災認定における政府の対応 191
  6-2 時間的経過の問題 193
 7 まとめ ……………………………………………………… 194
  注 195
  引用文献 197

第7章 辺境の公害からのグローバリズム──土呂久
慢性砒素中毒とアジアの砒素汚染対策　……藤川　賢　203

 1 はじめに …………………………………………………… 203

- **2 砒素中毒問題と社会的背景** …………………………………… 206
  - 2-1 土呂久における亜砒焼きの歴史 206
  - 2-2 地域社会における公害と労働災害の関係 208
  - 2-3 問題の顕在化 210
- **3 補償と救済をめぐる課題と解決** …………………………… 213
  - 3-1 公健法による砒素中毒救済 213
  - 3-2 土呂久公害訴訟 215
  - 3-3 土呂久にかかわる住民運動の意義 217
- **4 アジアでの活動展開と次代への継承** …………………… 219
  - 4-1 アジア砒素ネットワークの展開 219
  - 4-2 「共に歩む」NPO の意味 220
  - 4-3 土呂久からの継承と発信 224
- **5 むすび** …………………………………………………………… 226
  - 注 228
  - 引用文献 231

第8章　インド・ボパール事件をめぐる被害拡大と国際的支援の展開 …………… 藤川　賢　235

- **1 はじめに** ………………………………………………………… 235
- **2 事件の概要** ……………………………………………………… 237
  - 2-1 ボパールの地域と被害発生 237
  - 2-2 被害の規模 239
  - 2-3 被害と貧困との関係 241
- **3 和解と補償をめぐる被害拡大と被害者運動** …………… 244
  - 3-1 インド政府と UC 社による和解 244
  - 3-2 補償金の分配をめぐる問題 246
  - 3-3 被害女性たちによる地域運動 248
- **4 被害者活動の展開** …………………………………………… 250
  - 4-1 チンガリ・トラストとリハビリテーションセンター 250
  - 4-2 サムバヴナ・トラスト・クリニック 252
  - 4-3 地域被害者運動の継承の課題 255
- **5 グローバル化との関係** ……………………………………… 256

5-1　企業責任とグローバルなリスク格差　256
　　　5-2　国際支援と環境正義への訴え　259
　6　むすび ………………………………………………………… 261
　　注　263
　　引用文献　267

第9章　福島原発事故における避難指示解除と地域再建への課題──解決過程の被害拡大と環境正義に関連して ……………………… 藤川　賢　271

　1　はじめに ……………………………………………………… 271
　2　福島原発事故における被害構造と被害潜在化 ………… 274
　　　2-1　健康被害の方向性　274
　　　2-2　被害構造としての福島原発事故問題の特徴　276
　　　2-3　被害の潜在化と被害拡大　277
　3　避難指示解除と生活再建に向けた課題 ………………… 279
　　　3-1　賠償の打ち切りと高齢者の生活困難　279
　　　3-2　コミュニティの再生をめぐる課題　281
　　　3-3　長期的な展望とコミュニティの意味　284
　4　避難地域の復興に向けた環境正義の課題 ……………… 287
　　　4-1　閉塞の悪循環を打ち破ることは可能か　287
　　　4-2　「棄民」にされることへの怒り　290
　　　4-3　地域再建にかかわる社会的責任──環境正義の議論とのかかわりから　293
　5　むすび ………………………………………………………… 296
　　注　298
　　引用文献　300

あとがき ……………………………………………………………… 305
事項索引 ……………………………………………………………… 310
人名索引 ……………………………………………………………… 320

公害・環境問題の放置構造と解決過程

序　放置の構造と解決との関係

藤川　賢

1　解決過程論の課題

　2015年6月に政府は福島原発事故の帰還困難区域を除く避難指示区域を2017年3月までに一斉解除する方針を公表した。連動して、被害の継続分については前倒しの支払いをする形で、東京電力（東電）による避難住民等への損害賠償の終期も決まってくる。この方針が主要な社会問題としての原発事故の収束を図るものであることは明らかで、その後、地域の再建、原発事故の収束、帰還困難区域の扱いなどは、一部の当事者に委ねられることになる。この動きにたいしては反対の声も強く、その一つとして、幕引きのために重要な問題が無視されているという批判がある。たとえば、福島県内の県民健康管理調査では小児の甲状腺がんが多く、かつ、事故後増えていることが明らかになったにもかかわらず、福島原発事故との因果関係は否定されているが、それらは事前に調整されていた結論であり、秘密のすり合わせが行われていたという指摘である（日野 2013）。

　放射線被ばくの危険性を低くとらえようとする姿勢は、帰還政策と直結する。飯舘村では2017年3月までに除染作業が終わるとしても、除染が終わったところでも一般住民の年間被ばく量上限の目安とされてきた年1ミリシーベルトを下回ることは難しい。だが、年間20ミリシーベルトまでは健康への影響はないという主張のもとで、飯舘村の大半も避難指示が解除されようとしている。なぜ、情報開示や避難指示の遅れによって原発事故直後にも他市町村に比べてかなり多くの被ばくした飯舘村の住民が（長谷川他 2014）、非

常時の基準のもとで日常生活を送らなければならないのか。現在、飯舘村では人口の約 8 割が何らかの ADR 申し立て、もしくは訴訟に参加しており、その訴えは、国の責任にも言及している[1]。

　だが、こうした批判にもかかわらず、福島原発事故は、大きな放射能汚染問題を引き起こしたものの住民に健康影響を与えることはなく解決したことにされつつある。今後、甲状腺がんなどに罹患する人が増えたとしても、放射能との因果関係は否定されるだろう。現時点で福島原発事故は解決に向かう途中にあると同時に、ある見方からは問題拡大の途中にあるとも言える。

　これは、多くの公害・環境汚染問題に通じる。たとえば水俣病やイタイイタイ病では公害反対運動が盛り上がり裁判に勝訴した 1970 年前後が解決への契機とされるが、その後の未認定問題や「まきかえし」は、多くの被害者に苦しみを継続させた[2]。そういう理由もあって公害問題の解決過程に関する研究は、訴訟過程（島林 2010 など）、発生源対策（畑 1994、北九州市 1998）、地域再生（永井他 2002、宮本他 2008、除本他 2013）など、個別の側面に焦点をあてたものがほとんどである[3]。逆に、訴訟終結後を中心とする事例研究でも、被害者救済の遅れや（宇田 2015）、未認定問題（飯島他 2006）など、解決ではなく問題継続をテーマとする先行例が少なくない。

　公害・環境問題の解決を論じる難点の一つは、その対象時期などを明確に決めることができず、時には、解決過程だったはずのものが突然に加害要因になる可能性が残ることである。したがって研究テーマとしても、あるべき解決のあり方を探る解決方法論と、現実の経過をたどる解決過程論とは分けて置かれる（舩橋 1999: 109）。本書はその後者にあたり、問題の過小評価や追加的加害を含むものとしての解決過程について事例比較を行うことで、解決論の構築に向けた足がかりとすることを第一の目的としている。

2　放置への着目

　被害の無視・軽視、もしくは被害そのものは認めながら制度や基準にもとづいて被害者の認定を行わない切り捨てなどを「放置」と呼ぶとすれば、筆

者らが放置の課題に関心をもったのは第 2 章で触れるイタイイタイ病（「イ病」）問題であった。本書の著者のうち渡辺と藤川は、故　飯島伸子東京都立大学教授のもとで 1999 年からイ病・カドミウム問題の調査にかかわってきた。カドミウム問題は全国各地に起きているが、その扱われ方は事例ごとにかなり異なる。イ病＝公害病として法的に認められているのは富山県の神通川流域だけである。長崎県対馬などでは、富山のイ病と同じ症状を示す被害者がいると指摘されたものの、その人数が少なかったことなどにより否定され、イ病の先駆症状というべき腎臓障害（カドミウム腎症）のみが、国の研究班によって認められた。カドミウム腎症は公害病とは認められず、第 2 章で触れるように現在も未解決の部分を残している。それらについて各地のカドミウム問題を比較しつつ、全国的な医学研究や政策とのかかわりを調べた結果をまとめる際、主題として選んだのが「放置」であった（『公害被害放置の社会学』飯島他 2007）。

　被害の否定や過小評価などは、被害者に新たな負担を与えるという点で加害行為の一部である。先行研究でも被害の否定は追加的加害の一例として加害論の中で論じられてきた（舩橋＝飯島他 2006）。ただし、問題拡大過程と解決過程とを単純に分けることは難しい。特殊だが分かりやすい例が熊本水俣病における 1959 年「見舞金契約」だろう。水俣病の原因がチッソ水俣工場から排出される有機水銀であることが発表された後にそれを認めないまま交わされた見舞金契約は、現在の視点から見れば加害行為の一部であり問題拡大の要因でもあるが、当時は問題解決の手段と考えられ、それによって「水俣病問題は終わった」とみなされていたのである。これとはレベルが違うが、1973 年の熊本地裁判決や 1995 年末の未認定訴訟「政治決着」も、ある面では水俣病問題解決の節目であり、それによって救済を得た人がいる一方で、そこで放置された問題が今日まで続いている。

　このように、現実には解決と放置が対立項になるのではなく、解決過程の中に放置があり得る。その意味で問題拡大過程と解決過程とは連続しており、一部が重なることも多い。何が解決であり、何が放置であるかは社会や時代や視点によって変わる。本書で「解決」ないし「放置」と表現するのも、現時

点での評価に過ぎない。

　放置と解決が同時に行われることもある。第3章で紹介する大分市の大気汚染問題では、公害の存在自体が最終的に否定されることになった。その一方で汚染がひどかった三佐地区の移転問題については、狭く密集した住宅の改善という名目で住民の要望が受け入れられた。

　また、問題の本質を追及する動きの中で放置の指摘が生じる例も少なくない。第5章と第6章で示唆されるように、労働災害は、公害に比べると補償されやすい反面でその限界が厳しい。医療費は支払われても生活補償がされない、補償はあっても責任の所在は問われない、労災は認められても会社を訴えた社員として冷遇される、などの状況を経て、ようやく労働者としての尊厳が認められつつあるのが現状である。その過程で当事者はそれぞれ直面する課題にとりくんできた。解決の最終目標は、心身を賭して運動を続ける人にとっても置かれた状況の範囲内でしか見えないものなのである。

　こうした意味でも放置と解決を善悪で論じることは難しく、放置された状況を探索し、糾弾することが問題解決への近道だとは言いきれない。その中で本書が放置に注目した理由は、問題の解決過程においても加害・被害の構造的要因が持ち越されるのではないかという認識に立って解決過程の事例比較を行なうという目的のためである。

3　加害・被害の構造と放置との関係

　公害問題の社会学的研究は被害論から始まり、それに加害論が続くが、そのいずれも、公害の発生拡大の構造的側面に着目してきた。飯島伸子は、公害による被害が健康被害にとどまらず、個人の人生や人格、家族、地域社会の全体におよぶと同時に、健康影響を含めて被害者自身にも気がつかない被害が存在することを明らかにし、公害被害を社会学的に考察する意義を論じた。そして、被害の社会的拡大は、社会構造や生活構造と深くかかわり、したがって、公害・労災・薬害などの分類をこえて共通する性質をもっていることを「被害構造論」として示したのである（飯島 1993[1984]）。後には、カナ

ダ先住民の有機水銀中毒などに関する調査から、公害による健康被害の下部に、白人支配による差別やその結果としてのアルコール中毒・犯罪などの社会問題が存在することを指摘し、被害構造と加害構造の重なりを論じている(飯島 2000)。

　加害に関する研究の多くも、それが構造的要因をもつことを明らかにしてきた。社会的ジレンマに関する議論も公害発生の構造的要因を示唆するものと言えるが[4]、公害に関する個別的研究はより直接的に加害者と被害者の間にある力の差を強調する。たとえば、舩橋晴俊は 1950 ～ 60 年代における行政の水俣病対応が不十分であったことについて、マクロ、ミクロ、メゾの各レベルにおける無責任性を追及し、その結果「悪循環の連関構造」が生じたことを図示している(舩橋 2000: 194-195)。水俣病の存在を知りつつ誰も被害者と向きあおうとしなかったのを無責任だと指摘できるのは後からのことであって、本人たちにとってはむしろ任務を果たすための選択であった。これは被害者への応対を行う際にも共通する。舩橋は、東北新幹線建設に関する調査の中で、東北・上越新幹線の分岐によって地域がY字型に分断される埼玉県伊奈町で強い反対運動が起きた際、旧国鉄が経路変更などによってではなく、新交通システムの建設など地域への利益誘導によって対応した経緯を示している(船橋=舩橋他 1988)。これは、新幹線建設計画を推進するための手段であり、この時、町の分断や沿線住民の反対は計画の重要な問題性を示すものではなく、推進のための一課題に過ぎなかったことになる[5]。水俣病においても、「住民の方々には我慢してもらうのが当たり前」の状況の中で、チッソにとって被害者の訴えは問題ではなくコンフリクトにすぎなかったのである(平岡1999)。こうしたチッソ水俣工場における「組織的無責任」は、福島原発事故にも共通すると指摘される(平岡 2013)。

　加害者と被害者との力の差が大きく、あるいは加害源企業の組織が強大であるほど、加害を生んだ構造的要因を変革することは難しくなる[6]。事故や訴訟などが盛り上がってもそれにたいする反動が生じる。畑明郎他(2007)は、それが時に問題を根本から否定しようとする政治的な力になることを『公害湮滅の構造』と表現する。カネミ油症事件のように、直接の加害企業は小規

模であっても、膨大な被害を補償するために被害者運動は国を含めた大きな構造に向き合う必要があり、その葛藤の中でなぜか補償の主体として加害企業に行政支援が行われるという奇妙な状況が生まれることもある（宇田 2015）。

このように、問題の概要が明らかになり一定の対応が開始されても、全面解決を妨げる要因は存在する。そこでの被害者の切り捨て、対策実施の遅れ、経費削減、規制緩和などの背景には、加害・被害を生みだしたのと同様の政治的・経済的要因が作用していると考えられる。その意味で、被害構造・加害構造から解決過程に持ち越されるものを本書では放置構造と呼ぶ。こうした視点をとることで、蛇行しがちな解決過程を整理しやすくなるのではないかとわれわれは考えている。

4　解決過程とその可能性

公害・環境問題の解決のためには、確かな原因解明にもとづいて被害の補償救済、拡大防止のための汚染対策、再発防止のための規制と予防策を行なえばよい。だが、それが簡単にできるなら問題は拡大しないのであって、大きな汚染ほど解決には時間がかかる。足尾、水俣病、イ病などの経過を見ても、事件の発端から問題が社会的に認識されて何らかの対策が始まるまでの時間よりその先の方が長く、足尾の緑が元に戻るのは今から数十年以上も先である。対策に要する経費や労力が大きければその責任を免れようとする動きも生じやすくなり、そこに上記のような構造的要因が作用する。第 1 章でも述べるように、事態の膠着は対策を遅らせようとする側に有利になる。そのためにも問題解決に向けては、放置構造に対抗できる持続力が必要である。それをどのように実現するか、モデルとなる解決方法を探るためにも、現実の解決過程から学ぶことは多い。

こうした観点から、問題への取り組みが始まった後における関係主体の取り組みは二つの方向に分けてみることができる。一つはこの構造そのものを変えていく方向であり、舩橋の言葉を借りれば、変革を挑もうとする関係者の尽力により構造の一部が変革され、しかし、その変革の影響を一部にとど

めようとする組織的な対抗力との間で再び構造的緊張を引き起こす、ループ状の過程である(舩橋 2001)。

もう一つは、こうした構造の緊張や変革をあまりともなわずに施行される対策である[7]。これは、水俣病問題における見舞金契約のように実際の問題解決とは逆行する場合もあるが、必ずしもそればかりではない。1960年代の北九州(旧八幡市など)などの大気汚染公害では、母親たちの運動を受けて、健康被害の究明や補償救済などはなされなかったものの、大気や海洋の浄化は進んだ(北九州市 1998)。第6章でとりあげるベンジジン労災と職業病胆管癌とは、時代も場所も結果もまったく異なっているが、過去の失敗が後者の救済策に活かされている。

このように、現実には、この二つの方向は密接に絡み合っている。たとえば、激しい被害者運動の成果として補償救済制度が成立し、しかし、被害者認定を受けられるかどうかの分断で運動の力が弱まり、不十分な救済が続くこともある。それらを系統的に整理し、事例を単体の個別研究として見るのではなく他の事例との関係の中でみる、いわばミクロレベルからメゾレベルに視点を移していく試みが、本書の第二の目的である。

関連して述べれば、日本の公害問題の長い歴史はこの両方向について世界的にも重要な特徴を示していると考えられる。そもそも世界的に、労働災害でも事故被害でもない公害問題として健康被害が公式に認められ、補償救済が法制化されている事例は少ない[8]。たとえば、アメリカのラブキャナル事件では州健康局による胎児や乳幼児への被害の指摘が社会問題化の出発点だったにもかかわらず、それを含めて有害物質と健康被害との明確な因果関係は認められないままだった。この事件をきっかけにスーパーファンド法が整備されるが、この法律に健康被害の補償は含まれていない(Levine 1982: 170)。かつて公害大国と言われた日本は、それにたいする対応の先進性、独自性、多様性においても重要な経験をもっている。もちろん、賞賛に値する解決にいたったものだけではないが、だからこそ、それぞれの経緯を含めて問題と結果との関係をみていく意味は大きいだろう。そうした作業の一つとして、公害発生の過程ではなく、公害解決過程をモノグラフとして示すことが、本

書の三番目の目的である。

　近年、アメリカの政治社会学者、歴史学者による日本の公害に関する著作がいくつか刊行されているが (Broadbent 1998, George 2001, Walker 2010, Miller et al 2013 など)、いずれもその主眼は公害訴訟判決までの動きにあり、近年の動きは後日談のように描かれているに過ぎない。極端に言えば、外国の研究者の目から見ると、1970年代の前半に各種の公害・環境法制が整備され、訴訟判決がそろって企業の環境対策が進んだ後、日本の環境問題解決への姿勢は大きな変化を見せていないのかもしれない。ある意味でこれは、チェルノブイリ事故後に脱原発の姿勢を強めたドイツなどの諸国にたいして、福島原発事故後も抜本的な事故防止対策を明らかにできない今日の日本の原発政策につながるようにもみえる。それは、どういう意味をもつのか、最後の章では、まだ事態が大きく動いている福島の避難指示区域における経験と将来への課題にも言及する。

　多様な環境汚染事例のなかで、われわれが調査し紹介できるものはきわめて少ない。本書に向けてわれわれが調査対象とした事例は、次の2点を重視して選んだ。1点は、その事例が10年以上の長期にわたる歴史をもち、その中でいくつかの解決が試みられてきたことである。そうした試みの中でうまく成果をあげた側面と、途中で消えた対策の両方が見られる事例を扱うことで、解決と放置が単純な二項対立ではないことを示すと同時に、こうした分かれ道の社会的背景を考察するための契機としている。

　もう1点は、個々の事例の解決過程の中で、その事例だけでなく他の事例や社会問題とかかわるような議論の展開が見られることである。たとえばイ病は富山の一地方における公害問題として始まったが全国的なカドミウム中毒問題へとつながり、さらにカドミウムの耐容基準をどこにおくかという国際的な議論において重要な位置を占めることになった。こうした展開に着目することで、解決過程論の研究を単なるケーススタディーの集積ではなく、より望ましい解決方法論へとつなげていけると考えている。ただし現実には、こうした全国的な影響力との関係で「まきかえし」が起こりイ病の認定範囲が狭められるような逆行も生じたのであり、解決過程と解決方法とは相互に

影響を与え合っている。

　この点でも、解決と放置は単純な二項対立ではない。長く放置されていた問題からそれまでの枠を超えるような取りくみが生まれることもある。このことは環境問題の一つの特徴で、環境を介することで自然の摂理と社会的に重要な問題との区別や因果関係が曖昧になり、放置も生まれやすいのだが、それに取りくむ関係者が自然や社会をより広く見る中で新たな知見や関心が立ち現れることも少なくない。第3章に紹介する大分大気汚染問題と埋め立て開発反対と、第4章の「関あじ・関さば」ブランド誕生とは、事項だけをみてもつながらないが、背後にいる人びとの動きや思いには連続性がある。

5　本書の構成

　第1章では、本書の全体にかかわる一つの仮説として、問題発生の過程で被害・加害を拡大させてきた構造的要因がどのように問題解決過程に継続していくのか、抜本的解決を求める動きとそれにたいする障害との関係を図式化する。「放置構造」によって、公害・環境問題の解決過程が事例によって多様な経緯になることを示している。

　そこでも取りあげる「まきかえし」は、公害問題をできるだけ根本から解決しようとするのではなく、問題を一部の事象に限定することで解決の意味を変えようとする動きとみることができる。第2章では、その歴史をふり返りながら、判決から40年にわたる運動が必要だった理由と、その成果を確認する。神通川流域では、2013年末に被害者団体と加害企業との間で「最終解決の確認書」が締結された。被害者の救済・予防、土壌復元、公害発生源対策という判決後に約束された協定がようやく現実のものになったことが確認されたのである。とくに重要だったのは、被害地域住民と企業とが協力してきた発生源対策の成果により、神通川のカドミウム濃度が自然界値とほぼ同じにまで下がったことである。この成果は近年世界的にも着目されている。「最終解決」におけるもう一つのポイントは、初期カドミウム中毒の救済と予防である。全国的なカドミウム汚染問題との関係の中で、富山においても

初期の中毒について十分な補償救済を行うことは難しくなった。それについて被害団体では長く多面にわたる運動を続けてきたが、その結果が今回の最終解決に帰着している。その意義と残された課題についても論じている。

第3章も1970年前後の公害問題とその後の「まきかえし」にかかわる歴史をあつかっている。大分市は新産業都市随一の成功例となった反面、この時期、大気汚染を中心とする公害問題も大きくなった。だが、その後、大分市の大気汚染は公害健康被害補償法の対象区域には指定されず、被害者救済もあいまいな形で消えていった。この章では、地方政治と環境問題との関係について具体的に論じていく。

つづく第4章は、新産業都市計画にも連なる大分県の8号地埋め立て問題と、佐賀関上浦港重金属汚染問題という二つの公害紛争に巻き込まれた佐賀関漁協が「関あじ・関さば」という新たなブランド化に成功する過程を追う。1990年代から本格化する佐賀関漁協によるこの取り組みは、今日各地で試みられている地域ブランド化の先駆けとしてだけでなく、一本釣りという持続可能な漁業による地域振興の成功例としても評価が高い。それについて、漁協内外の社会関係の変化に着目して社会学的な考察を行っている。

第5章と第6章では、公害と労働災害・職業病との関係が大きな課題となる。工場の塀の内側か外側かという違いだけで、両者に深い関係性があることはつとに指摘されてきたが（飯島1993［1984］など）、問題の認識や補償などにおいてはかなり複雑な関係がある。たとえばアスベスト被害において、労災で認められやすく、業務に関係しない公害では因果関係などが認められにくいのは世界の多くの国に共通する[9]。それに関して第5章の前半では、アスベスト労災が軽視されてきた歴史から、2005年の「クボタショック」によって多くの一般住民に関連する公害問題へと展開するところまでの経緯を概説している。その際、単に被害の範囲が広がっただけではなく、救済を求める運動やその根拠となる法律などに関しても質的な変化が生じたのであるが、その経過の中で多くの放置が生まれている。それにかかわる重要な問題として、後半では、零細企業やその家族、その周辺地域に住む人たちが今も十分な補償を得られずに救済対象から抜け落ちていることについて追及する。

この例のように、発言力の弱い人ほど放置されやすいことは、公害にも労災にも共通する。第6章では、それに関する重篤な健康被害である職業性がんの2例を対比的に示す。労働災害における先駆的事例であるベンジジンは、戦前から製造されてきた化学物質であるが、潜伏期間が長く膀胱がんとの因果関係の解明が遅れたこともあり、労災保険法施行以前の労災として1980年代から1990年代にかけて訴訟で争われ、今日でも被害を残す問題である。そこでは、労災と法の関係、労働者の生命・健康の軽視、補償額と責任の所在など、公害問題と共通するいくつかの論点が論じられた。訴訟を通じて得られた展開は、2000年代の職業病胆管癌の救済過程に活かされていると考えられる。両者の対比に見られる放置と政策の関係は今後の公害問題を考える上で重要な知見を与えるものである。

　これらすべての事例に共通するように、被害放置の歴史は長く、それに抵抗する運動は思いがけない展開を見せることがある。第7章と第8章では、その展開が国境を超えた事例を取りあげる。宮崎県土呂久における砒素汚染中毒は、1920年代に被害が発生し、最後の自主交渉派和解が1991年という長い歴史を有している。といっても50年にわたって問題は地域のなかに閉じ込められ、外に知られるようになったのは1970年代に入ってであるが、そこで「辺境の被害」として放置されてきた高齢の被害者を支援していた人たちは、和解後、その成果を海外への支援に振り向けた。アジア砒素ネットワークは、現在もバングラデシュ、タイ、モンゴルなどでの医療、環境保護に広く活躍している。第7章では、その経緯と意義を論じる。

　第8章で取り上げるインドのボパール事件は、史上最大級の環境汚染問題として今日に続くと同時に、公害輸出、環境差別の典型例としても重要な事例である。この章では、その解決過程に焦点をあて、なぜ、どのように被害拡大が進んだのかを明らかにする。と同時に、ボパール事件については事故発生10年後から海外の支援が活発化した経緯がある。これは環境問題のグローバル化とも深くかかわっているものであり、公害の国際化、もしくはグローバル化の中での大規模な地域環境汚染をどう捉えるかという観点からも重要な意味をもっている。

第 9 章の主題となる福島原発事故は言うまでもなく現在進行中の問題であり、ある意味では他の章と性質を異にしている。だが、公害の歴史を学ぶものとして無視できる事例ではなく、われわれもくり返し福島に足を運んでいる。この章では、とくに避難指示の解除を中心とする今後の課題に注目する。帰還の対象となる地域では、低線量の残留放射線、除染されていない山林、地域内に積み上げられる汚染土壌、若い世代を中心に激減する人口、荒廃した住居・耕地・産業、広域連携への打撃、外部からの厳しい視線など、多くの困難が待ち受ける。それが被害放置につながらないためにどうすればよいか、住民の人たちの不安とたたかいへの動きとともに考察する。

注

1　原発賠償にかかわるいわゆる ADR への申立は 2014 年まで増え続けており、申立件数は 5,217 件で前年の 28% 増、申立人の総数は 29,534 名で前年の 14% 増である。なお、2013 年 5 月には浪江町の住民の半数以上にあたる 11,602 名が参加する大規模集団申し立てがあり、申立人数が 2012 年から倍増している。2014 年 11 月の飯舘村民約 3 千人による申立書は、国から「棄民」にされようとしていると訴え、国の責任を追及する（原発被害糾弾飯舘村民救済申立団他 2014）。

2　「まきかえし」については、すでに紹介したことがあるが（飯島他 2007、本書の 2 章も参照）、四大公害訴訟の判決後、健康被害補償の縮小や環境規制の緩和を進めた政財界・行政・医学などにかかわる一連の動きが、公害運動の住民から「まきかえし」と呼ばれた。その最初の大きなターゲットになったのがカドミウム問題であり、宮本憲一は富山の住民団体による説明会の中で、低成長と海外価格競争によって経済界が自信を失い、公害対策費の削減を求めていることなどを「まきかえし」の背景にあげている。

3　『記録・土呂久』（土呂久を記録する会 1993）、『定本カドミウム問題百年（重版）』（松波 2015）など、発生以来の歴史を網羅した記録は重要であるが、両書とも解決の成果を強調するものではなく、構造的な問題の継続の方が浮かび上がってくる。

4　社会的ジレンマとは、個人に合理的な行動が集積して、社会的に不合理な結果を引き起こす状況のことである（土場他 2008 など）。環境問題をジレンマとしてとらえることについては批判もあり、その中でも格差差別の存在は重視されている（池田 1995）。

5 詳述する余裕はないが、名古屋新幹線公害訴訟などによって新幹線建設による被害の大きさは認識されていた点にも注意が必要である（船橋［舩橋］他 1988）。
6 たとえば放射能汚染に関しては、終戦時に米軍は広島・長崎で爆発による死傷者はあっても放射能による被害者はいないと主張し、占領後の原爆傷害調査委員会にもこの立場が引き継がれた。なお、ビキニ事件などによって放射能による健康被害が認められるようになり、原爆症の救済制度が始まってからも、その影響は残り、今日でも原爆症の認定をめぐる訴訟が続いているほどである。その広島・長崎の調査が福島の健康被害調査にも引き継がれている。原爆症の認定にも深くかかわり、福島の健康管理調査の検討委員会座長を務めていた山下俊一長崎大学教授は、原爆症認定訴訟で申請却下を取り消す判決が相次いでいることについて「証明できないことについて因果関係を認めており、科学的立場からすると不可解」と答えている（日野 2013: 198-199）。
7 ハムフェリーとバトルは、環境問題の解決には、技術的対応だけで可能だとする保守的な対応、産業社会の抜本的改変を求めるラディカルな対応、その中間的なリベラルな対応があるとして、分野ごとに例示している（ハムフェリー他1990）。
8 アメリカなど民事訴訟によって、健康被害に関して多額の補償が支払われている事例は少なくない。ただし、ほとんどは和解であるため、因果関係などは明確にされず、その後の類似の問題に生かされることも少ないようである。
9 もちろん、その認められ方には各国の間で違いがあり、また、労災による補償額はしばしばとても低額である（Waldman 2011）。この点は、砒素中毒にもつうじる。

引用文献

Broadbent, J., 1998, *Environmental Politics in Japan*, Cambridge University Press.
土場学・篠木幹子編、2008、『個人と社会の相克』ミネルヴァ書房．
船橋（舩橋）晴俊・畠中宗一・長谷川公一・梶田孝道、1988、『高速文明の地域問題―東北新幹線の建設・紛争と社会的影響』有斐閣．
舩橋晴俊、2000、「熊本水俣病の発生拡大過程における行政組織の無責任性のメカニズム」相関社会学有志編『ヴェーバー・デュルケム・日本社会―社会学の古典と現代』ハーベスト社：129-211.
舩橋晴俊・古川彰編、1999、『環境社会学入門』文化書房博文社．
舩橋晴俊編、2001、『講座環境社会学 2 加害・被害と解決過程』有斐閣．
原発被害糾弾飯舘村民救済申立団・飯舘村民救済弁護団、2014、『かえせ飯舘村 飯舘村民損害賠償等請求事件申立書等資料集』同弁護団
George, T., 2001, *Minamata*, Harvard University Asia Center.

長谷川健一・長谷川花子、2014、『酪農家・長谷川健一が語る　までいな村、飯舘』七つ森書館.
畑明郎、1994、『イタイイタイ病―発生源対策22年のあゆみ』実教出版.
畑明郎・上園昌武編、2007、『公害溟滅の構造』世界思想社.
日野行介、2013、『福島原発事故県民健康管理調査の闇』岩波書店.
平岡義和、1999、「企業犯罪とその制御―熊本水俣病事件を事例にして」宝月誠編『社会学講座10　逸脱』東京大学出版会:121-151.
平岡義和、2013、「組織的無責任としての原発事故―水俣病事件との対比を通じて」『環境社会学研究』19: 4-19.
ハムフェリー、C. R.・F. H. バトル、1991、『環境・エネルギー・社会―環境社会学を求めて』ミネルヴァ書房.
飯島伸子、1984［1993］、『環境問題と被害者運動』学文社.
飯島伸子、2000、「地球環境問題時代における公害・環境問題と環境社会学―加害‐被害構造の視点から」『環境社会学研究』6: 5-21.
飯島伸子・舩橋晴俊編著、2006、『新版　新潟水俣病問題』東信堂.
飯島伸子・渡辺伸一・藤川賢、2007、『公害被害放置の社会学』東信堂.
池田寛二、1995、「環境社会学の所有論的パースペクティブ―「グローバル・コモンズの悲劇」を超えて」『環境社会学研究』1: 21-37.
北九州市産業史・公害対策史・土木史編集委員会編、1998、『北九州市公害対策史』北九州市.
Levine, Adeline Gordon, 1982, *Love Canal*, D. C. Heath and Company.
松波淳一、2015［2010］、『定本カドミウム被害百年（重版）』桂書房.
Miller, I, J. A. Thomas and B. Walker ed., 2013, *Japan at Nature's Edge*, University of Hawai'i Press.
宮本憲一監修、2008、『環境再生のまちづくり―四日市から考える政策提言』ミネルヴァ書房.
永井進・寺西俊一・除本理史編、2002、『環境再生―川崎から公害地域の再生を考える』有斐閣.
島林樹、2010、『公害裁判―イタイイタイ病訴訟を回想して』紅書房.
土呂久公害を記録する会、1993、『記録・土呂久』本多企画.
宇田和子、2015、『食品公害と被害者救済』東信堂.
Waldman, 2011, *The Politics of Asbestos*, Earthscan.
Walker, B., 2010, *Toxic Archipelago*, University of Washington Press.
除本理史・林美帆編著、2013、『西淀川公害の40年』ミネルヴァ書房.

第1章　解決と放置をめぐる社会過程
―― 構造的要因と変革への動き

藤川　賢

1　解決過程論の特徴

　環境問題の研究において、あるべき解決のあり方を論じる解決方法論と、解決をめぐる現実の動きを追う解決過程論とは分けて考えられる。解決過程は、大きく困難な問題になるほど理想と現実の乖離が進み、時には逆行するからである。舩橋晴俊 (2001) は、解決過程論の特徴を次のように分析的に記述している。

　　「環境問題の解決過程は、①個別の問題解決と一般性をもつ制度の変革過程とが、絡みあい相互作用する過程であり、②構造的緊張→変革主体形成→変革行為→決着→新しい構造的緊張、というサイクルがくりかえされる過程である。③現在の状況を社会変動という文脈でみるならば、このような過程の累積を通して環境制御システムが形成・強化され、それが経済システムに対して段階的に、より深く介入するというメガ・トレンドが存在する。この介入の深化の過程は、④主体形成と制度変革とが、相互作用しながらたえずくりかえされる過程であり、⑤一直線的というよりも、試行錯誤と蛇行的展開、前進と後退とをくりかえす過程である。」(舩橋 2001: 9-10)

　本章の目的は、この解決過程がなぜ複雑化し、しばしば未解決なまま放置されるのかを考察することである。それに関連する環境問題の特徴は二つあ

る。一つは、環境に関しては解決過程において、しばしば問題の存在自体が問われ、問題が変質する可能性である。ハンニガンが環境問題を社会的に構築されるものとして論じるように（ハンニガン 2007 [1995]）、遺伝子組み換え作物による環境への影響、低線量被ばく、二酸化炭素と地球温暖化の因果関係など、問題設定そのものへの反論が続く例は少なくない。産業界などが受ける影響が大きくなるほど反論も増える。ダイオキシンやアスベストなどは、より広範なリスクが指摘されるたびに「まきかえし」を受け、今もそのリスクの範囲は決まっていない。その議論のなかでは、ダイオキシンの危険性そのものを疑うような言説さえ現れてくる（中西 2014: 3）。

　もう一つは、その問題が明らかになり解決に向かっていく過程にも被害構造や加害構造が存続することである。被害構造論は、健康被害が身体生命への影響にとどまらず人格・生計・家族・地域などに打撃を与え、それには周囲からの差別、加害企業との力関係などの社会構造にかかわる外的要因が大きく作用することを示している（飯島 1993 [1984]: 89）。水俣病訴訟の判決後も、病気そのものへの差別のほか、補償金を受け取ること、被害を訴えること、チッソに打撃を与えることへの差別が続き、その影響は水俣病被害者だけでなく水俣市民すべてに拡がった。水俣病未認定問題やカネミ油症事件のように、種々の差別との苦しい戦いは関係者の半生を変えることも多い[1]。環境問題では、上記の事情ともあいまって、それまでの経緯とまったく関係のない論理や差別が生じることさえある[2]。時には、これによって論争の焦点が本来の問題からそれてしまい、さらに問題解決を難しくするのである。

　本章では、環境問題をもたらした加害や被害の構造的要因が解決過程にどのような影響をもたらすのか、そして、それにたいする変革の試みはどのように作用するのかについて、一つの仮説を提示する。それは理論化に向けた手がかりというより、第2章以下の事例をみるにあたっての枠組みの提示をめざしている。公害の被害・加害にかんする先行研究が膨大なのに比べて、その解決に関する研究は少ない。これは、被害・加害が事象として明らかなのにたいして明確な「解決」を示せる公害問題が少ないので当然だが、これから解決論の研究が求められるであろうことも事実である。そのために、被

害・加害の先行研究をどのように解決過程の研究につなげていくか、という手がかりを探ることが本書全体の目的だと考えている。

以下、「2」では、公害行政が全国的に組織化された後にも被害・加害の構造的要因が一定の影響を与え続けることで、被害の軽視や放置がもたらされる経緯について提示する。「3」では、そうした「まきかえし」における科学的議論と企業などの経済的事情とのつながりを考察する。関連して、審議会や委託研究班など専門家による密室的な議論が放置の構造に深くかかわっていることについて述べる。

それを受けて「4」では解決をめぐる新たな展開の可能性に考察を進める。解決に必要な手続きだけが重視されれば新たな展開を生む可能性は限定されるが、より良い解決を目指す姿勢が共有されていれば、多くの可能性を探ることもできる。福島原発事故のように長期化することが明らかな問題が増えている近年、そうした姿勢をつくっていく意味は増しているように思われる。それは、解決過程論から解決方法論を考える手がかりの一つにもなるだろう。最後にそこから本書の目的を再確認し、次章以下での課題をまとめて、むすびとしたい。

2 解決過程における「放置」はどのように生まれるのか

2-1 被害放置と被害拡大の共通点

環境に関する不安が大きな社会問題になった後、それをめぐる言説を根底から否定する動きが生じ、時に強いバッシングをも引き起こすことは珍しくない。「まきかえし(巻きかえし)」「反動キャンペーン」「バックラッシュ(Backlash)」など様々に表現されるこうした動きは、時代や場所を問わず各地でみられる。『沈黙の春』がベストセラーになった後にレイチェル・カーソンが受けた迫害は有名であるが、1990年前後には『奪われし未来』などをめぐってダイオキシンや環境ホルモンでも似た状況がくり返された。また、チェルノブイリ事故後の反原発運動をめぐる動きを思い出す人も多いだろう(海渡 2014)。その大きな特徴は、信憑性の高低よりも関係する利害に左右され

て議論の大きさが変わるため、科学的な結論が出ないまま、うやむやに続くことが多いことである。第2章で触れるイタイイタイ病カドミウム説をめぐる「まきかえし」は、その代表例とも言える。

では、こうした問題の指摘とそれにたいする否定とは、公害問題が認識される以前の被害拡大過程とどのような共通点、相違点をもっているのだろうか。それに関連して、被害構造論からの重要な指摘として「被害の潜在化」を挙げることができる。多くの公害被害は、被害者自身も気がつかないまま拡大していったということである。

> 「被害者の多くが下層労働者や農漁民など社会的に低位の人々であり、あるいは、互いに無縁に、広範囲に散居している消費者たちであったことから、公害や抵抗のための組織的運動が組まれにくく、また、たとえ組まれても抑圧されてきたのである。」…「(現在も)潜在化のゆえに被害が増幅される状態が払しょくされたわけではない。」「そして、この被害者の側に残る曖昧さに便乗した形で、適切で迅速な救済に不可欠の被害の実態を調べることさえ、行政はきわめて不十分にしか行っていない。」(飯島 1985: 148)

こうした認識に基づいて飯島は被害構造論を示した。それにかかわる文中では被害の拡大に被害者の社会・経済的地位などの社会的要因が占める位置などにも言及がある。その記述にしたがって(Iijima 1992)、その関係を図1-1のように示すことができる。なお、飯島(1985)では「健康損傷の度合い」および「外的要因」も「被害度を規定する社会的要因」の一つに数えているが、この図では分けて示した。また、図中の「社会的要因」は、「健康を損傷された者の、家庭内での役割分担や地位」「被害者自身あるいは家族の社会的地位、階層」「所属集団」を総称したものである。「外的要因」は、「加害源企業や行政、医療関係者、学者、一般市民、マス・メディアなど外部からのかかわり」を指す(同書: 151-155)。

図1-1で被害拡大の始点となるのは「健康被害の程度」と「社会的要因」で

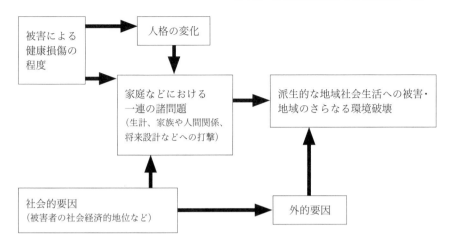

図 1-1　被害の社会的拡大過程

注：この図は、飯島 (1985)、Iijima (1992) の記述にもとづいて引用者が作成したものである。
　　飯島自身も同様の図式を複数作成している (友澤 2014: 95-98)。

ある。では、この両者の間には因果関係がないのか。もちろん、そうではなく、社会的要因は健康被害を規定する。くり返し指摘されてきたように「公害が起こって差別が起こるのでなく、差別のあるところに公害が起こっている」(原田 1992: 9)。このために、加害者と被害者との力の差が大きいところでは、問題が指摘されても汚染拡大が続くのである。1950年代の末に水俣病有機水銀説が出ても公式には否定され、その後10年近くも水銀流出が止まらなかったのは、典型例である。程度も、表現の仕方も異なるが、公式に問題が認められた後の「まきかえし」でも似た差別が用いられる。不都合な問題を指摘する科学者は、正統的でない、非科学的、政治的などというレッテルとともに発言を封じられたり、政治的に無視されたりする。複数の批判が立ち起こることによって、時には異論同士の間に矛盾が生じることもあるのだが、その点が科学的議論の対象になることは少なく、曖昧な部分を残したまま[3]、宇井純の言葉にしたがえば「しり抜け」に終わっていくのである。

2-2 解決過程における「放置」の特徴——被害拡大期との相違点

　被害の潜在化は、被害の原因が分からないから起きるとは限らない。激しい被害があり、訴えの声があがっていても生じ得るのである。第7章でみる土呂久砒素中毒はその典型で、砒素が毒物であることは最初からわかっており、反対があったにもかかわらず問題は継続した。その理由の一つは、加害企業と被害住民との力の差にある。亜砒焼きを行っていたのは大企業ではないが、小さな山村での存在感は大きかった。貧しい村民ほど鉱山労働の現金収入を重視したため、より健康被害を受けやすい人の方が企業側につくという状況も生まれた。もう一つは、宮崎県などが明らかに企業寄りの姿勢をとっていたことにある。

　これは土呂久だけにかぎらず、明治期から多くの鉱山・製錬所・工場周辺などで被害が仕方のないこと、時には繁栄のしるし、などとして継続していた。この状況を簡単なイメージとして示したものが図1-2である。そこでは客観的な立場であるはずの行政などが明らかに加害企業に加担するため、支点の位置さえ不確かで、ほとんど動くことのない天秤のように歴然とした力の差が存在している。被害者の数が増えても、天秤が傾いたままなので受け皿（運動など）からこぼれ落ちるものが多く、個々の存在が軽視されるためもあって天秤を動かすにはいたっていない。

　1960年代後半の反公害運動は、図1-2のような不均衡な天秤を一気に動かすことになった。その最大の原因は、言うまでもなく被害者運動の数と力が劇的に増えたことである。公害訴訟などに被害者運動が結集し、世論の支援・関心が増えただけではなく、1970年に杉並区で初の光化学スモッグが発令されるなど、大都市の居住者全体が公害被害者（候補）と認識されることで、構図が根本的に変わった。企業城下町のような地域的な勢力関係が意味をもたなくなり、行政の対応も批判の目にさらされるようになった。それは、「平和な文化大革命」と形容されるほどの激変で（橋本 1988: 166）、加害企業を飛び上がらせることになった。こうした状況を受けて、1970年末には公害関連の法律が一気に整備され、翌年発足の環境庁などによって公害行政も組織化された。

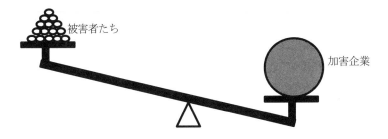

図1-2 被害・加害の力関係をめぐるイメージ（被害拡大期）

図1-3 被害・加害と行政の関係をめぐるイメージ（問題解決期）

　新たに公害行政を進めるにあたっての一つの考え方は、行政が被害者運動を支持し、すべての被害者を補償救済し、新たな環境汚染を徹底して防ぐことで、公害（被害者）そのものをなくそうとすることだろう。水俣病認定を拡大・促進し、イタイイタイ病についても前駆症状としてのカドミウム腎臓障害の段階から補償救済の対象に含めた初期の環境庁は、こうした方向性をめざしていたように見える。だが、あまりにも大きな被害の存在と財界などの抵抗によって、それが現実的でないことが判明する。

　そこで、現実の公害行政では科学的判断と法にもとづく公平性が重視される。いわば、被害者と汚染原因者との間で、行政が専門家などを介在させて天秤の釣り合いを保つという考え方である。環境庁は、有機水銀やカドミウムなどの慢性中毒に関する委託研究班を組織し、そのなかに健康影響との因果関係の研究も組み込んでいる。これは現在に続く公害行政の基本だと考えられる。ただし、これを厳密に行うことは現実的ではない。同じ量のカドミウムの蓄積でも健康影響には個体差があり、研究結果にも対象や方法などによる多くの違いがある。その平均をとるにしても、症例や論文が出るたびに

認定基準を微調整していては混乱するし、被害者間での不平等も起きる。したがってある程度長期的に均衡を保つように、いわば、天秤があまり敏感に揺れ過ぎないことが求められる。

　厳密な均衡を求めないとすれば、その天秤にはある程度の片寄りが生じる。それは、より被害救済を進める方向に傾くこともあり得、事例によってバラバラかもしれないが、現実には被害を軽視し、補償救済を少なくする方向に傾くことが多く、そこに構造的な要因がはたらいているというのが本書の仮説である（図1-3）。そこには、「分からない」ものを認めないことによって「ミニマムの被害」を切り捨てる仕組みがあり[4]、その切り捨てには科学と政治との結びつきがかかわる。では、なぜ、汚染源となる企業や財界は水面下で科学や政治に働きかけようとするのだろうか。そこには問題拡大期における加害の構造が関連してくる。

2-3　加害構造との関連性

　水俣病における組織的な無責任体制を論じた平岡義和はチッソの現場管理において「住民には我慢してもらう」という考え方が広がっていたことを示している（平岡1999）。それは工場の内部でも同様で、「けがと弁当は自分持ち」として（飯島1993［1984］: 22）、労働災害は労務者の自己責任とされていた。そこには、労働者は使い捨てにしても補充できるという論理と、それを可能にする地域間の経済格差がはたらいていた。結果として、生命にかかわるような大きなリスクをも企業経営の外部に転化することによって、チッソは規模を拡大していったのである。そして、水俣病問題が大きくなっても、そのすべてに対応していては経営を維持できない、という事情によって、「見舞金契約」などの被害の切り捨てが行われるようになる。

　土呂久や水俣市のように、後から見れば明らかに理不尽な被害軽視が可能だったのは、言うまでもなく企業城下町の特殊事情があったからである。このように環境問題を狭い範囲で考えるほど、その対処においては矮小化やゆがみが生じやすくなる。地方政治の勢力関係の中で、知事や行政担当者が「権威」として動き、「見舞金契約」が最善の解決であるかのように実現させていっ

た。その過程を詳しく追った T. George (2001) は、チッソがこの交渉過程で市長や県知事は企業をつぶすようなことはしないと学んだのだと述べる。

> 「議論がローカルなレベルに限定されるほど、その中での企業の相対的なウエイトは大きくなる。政府関係者は、事件をローカルなレベルに限定するほどその事件はコントロールしやすくなるということを学んだ。このようにして、それ(当時の水俣病問題)は、日本の政治システムに意味のある効果を与えなかったのである。」(George 2001: 118= 引用者訳)。

この指摘にも含意されるように、地域の閉じられた議論の中では企業と被害者の関係は対等ではなく、企業はコントロールする側に、被害者はコントロールされる側に回ることになる。上下のある関係の中では損害賠償と父権的な恩恵との区別もつきにくく、それは被害者運動にも影響を与える。たとえばチッソは見舞金契約の後、漁業被害との関連で水俣の漁業者を一定数雇用した。その中には後の水俣病患者も含まれ、利害の錯綜は、水俣病の長い歴史に影を残すことになった。

こうした閉じられた論理は、限定された地域の問題にかぎらず、グローバルな問題にも起こり得る。たとえば、ドイツの社会学者 W. Schluchter は国際環境会議の空疎さを次のように批判する。

> 「(2002 年開催ヨハネスブルク・サミットなどでは) グローバルに語り合い国レベルで遅らせる、あるいはグローバルに宣言して国レベルで汚染する、というのが最終結果だった。これはエネルギー産業界がグローバルに規定しているエネルギー問題に関する狭隘な理解が、カビのように全体のプロセスを覆っているという事実によるものであり、産業界は、ゆっくりとだが効果的に、エネルギッシュな成長が存在し続けると世界中の政府に信じさせているのだ。」[5]

この主張も、上記 T. George の指摘と同じように、問題を限定された範囲

で議論することによって一種の「まきかえし」が生じる可能性を示唆するものである。この指摘にしたがえばグローバルな会議は儀式にすぎず、重要な決定は産業界と各国政府との間で決まる状態が、矛盾を引き起こしている。企業活動が国際化しても、議論がグローバルに進むとは限らないのである。四大公害訴訟がイタイイタイ病の控訴審を除いて基本的に第一審判決でまとまり、その直後から「まきかえし」が起きたのは、公害の議論を世論から遠ざけて、行政による密室的な議論に押し込めたことになる。もちろん、そこでかつての水俣におけるように一方的な判断が下されるわけではないが、世論の動向にあわせて揺れ動く議論に比べて密室的な決定には一定のコントロールがはたらきやすい。では、そこで科学者の議論と企業の利害とはどのような関連を示すのだろうか。

3　密室での議論における科学的議論と経済的論理の関係

3-1　原因究明と対策費用との関係──イタイイタイ病とカドミウムの事例から

　福島原発事故後の脱原発への動きにたいして、原発の維持ないし拡大を求める一種の「まきかえし」が生じている。その主張は多くの場合、次の2点から成り立っている。一つは、低線量被ばくの安全性であり、もう一つは、経済性やエネルギー政策の観点から日本の原発を止めることは不合理だという主張である（山名他 2011、など）。ただし、リスク評価の議論と経済性の議論とは、互いに独立のもののようにも見えるが、背後ではある種の相克をはらんだ連続性をもっている。というのは、より低線量の放射線リスクを防ごうとすれば原発のコストは上がり、逆に原発のコストを抑えようとすれば放射能のリスクは上昇する可能性をもつからである。両者の間で合理的な折り合いをつけることができるかどうか、は一つの論点になり得る。だが、原発を擁護する主張の中ではリスクとコストの関係を詳しく論じるより、リスクの過剰評価への批判が強調されるのである。

　同じように、イタイイタイ病（以下「イ病」）判決後の「まきかえし」でイ病カドミウム説を疑う言説が出されて研究班が再編成された経緯は、科学者によ

る議論と関連企業の経済的事情との関係を示す事例だと考えられる。慢性カドミウム中毒は、食品や水などを通して微量のカドミウムが長期間にわたって体内に蓄積されることによって生じる[6]。一定量以上のカドミウムが腎臓に蓄積されると近位尿細管に異常が生じる。近位尿細管は、糸球体でつくられた尿から体内に必要な成分を再吸収する役割をもつのだが、その機能が低下し、カルシウム、リン、アミノ酸などの栄養素が体外に排出されてしまう。これは、カドミウム腎症と通称される。人体は血液中のカルシウム濃度を保つために骨を溶かし、結果として骨軟化症にいたる。その悪化した状態がイ病であるが、これは蓄積性の疾患であるため、カドミウムを摂取し始めてからイ病が発症するまで、20〜30年かかると言われている。ただし、カドミウム腎症が一定程度進行してしまうとそれを戻すことはできない。また、当然のことながら、発症には骨の密度や出産歴などにかかわる個体差があり、カドミウム腎症は男女による差が少ないのにたいして、イ病患者はほとんどが中高年の女性である。

　では、どれくらいのカドミウムを摂取すればイ病が発症するのだろうか。1970年に厚生省はコメの食品規格を1.0ppmと決めた[7]。それでは緩いという議論は当初からあったが[8]、さらにその後の研究が進み、カドミウム腎症がそれ自体でも腎臓障害など生命や健康に影響を与えること、より微量のカドミウム濃度でも人によっては腎臓への蓄積が進むことなどが明らかになっていった。詳細は割愛するが、2000年前後にカドミウム食品規格の国際基準が議論された時には、0.16ppm〜0.4ppmという値が争点となり、最終的には日本政府の主張によって0.4ppmに落ち着いた[9]。

　国際基準策定の舞台となったコーデックスにかかわる専門委員会では、これまでの研究成果をもとに、カドミウムの耐容摂取量を体重1kgあたり、週に7μgと設定した。体重50kgの人であれば1日50μgということになる。この量であれば、腎臓への蓄積はあってもカドミウム腎症になる確率は相当以上に低いという判断である。この耐容摂取量を日本人の標準的なコメの摂取量にあてはめると0.16ppmという計算になる。

　安全性を重視するなら0.16ppmをそのまま基準値にしてしまえばよいが、

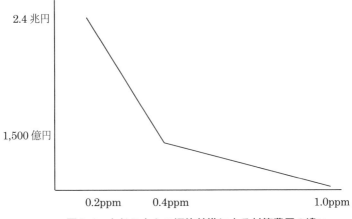
図1-4　カドミウムの汚染基準による対策費用の違い

それには現実の課題もある。コーデックス委員会での動きが始まった1997年から翌年にかけて農水省は全国の水田でコメのカドミウム濃度を一斉調査した。その結果、0.2ppmを超えるコメを産出する水田は3%にのぼった。これらの結果をもとに『毎日新聞』がカドミウム濃度の基準と、それに合わせるために必要な対策費用とを計算したところ、0.2ppmだと約80,000haで事業費2兆4000億円、0.4ppmだと約5,000haで1500億円という値になった（渡辺他2008: 8）。

　農用地の土壌汚染対策は、表面の汚染土壌を他の土と入れ替えることが基本だが、大規模になるほど代替土壌の確保などで費用が増える。他方1.0ppmという基準に沿って過去40年ほどの間に約6,000haの農用地で復元対策が行われてきたので、基準値がある程度上がれば追加費用はゼロに近づく（図1-4）。そこでどの基準が妥当かについて、科学的な議論に経済的・政治的な判断を加える形で0.4ppmという日本政府提案が浮かんだと考えられる。なお、先年の調査では0.4ppmの基準で5,000haが対象になると計算されていたが、現実には、カドミウムの吸収を抑える栽培方法を徹底するなどの対応により、2005年以降新たに増えたカドミウム関連の土壌汚染対策面積は266.2haにすぎない[10]。農家のリスクや手間という観点をふくめて、確認しておきたい（渡辺他: 2011）。

3-2 「まきかえし」をもたらす経済的事情の構図

　カドミウムの健康影響を重度の骨軟化症に限定せず、初期症状や前駆症状まで含めて被害ととらえていけば、その射程が広がるのは当然であり、その予防のための対策費用はあがる。この関係は、他の方向についてもあてはまる。イ病の例で考えれば、健康被害の補償対象は全認定患者に及ぶので、その判断基準によって人数が変わる。農地汚染についても、上記の汚染基準に比例する形で復元工事にかかわる費用や補償が必要になる。さらに、今後の汚染防止のためにはプラントの排水処理などの公害防止対策が必要になる。第2章で紹介するように三井金属・神岡鉱業は神通川に排出するカドミウムの負荷量をほぼゼロにするまでの対策を行ったが、それは例外としても、少なくとも排水基準を満たす必要があり、この基準も当然、土壌汚染の規格に連動する[11]。

　このように、被害の原因究明が進み、より小さな被害やリスクが対象になってくると、その対策費用も増えることになる。これは、直接の加害企業だけでなく同業他社や関連行政などにもかかわる。カドミウムによる腎臓への影響は富山以外の複数の地点で存在し、イ病は富山県だけの公害とされたがカドミウム汚染は全国的な課題である。

　したがって、一社にとっての費用は補償額と公害防止対策費用の足し算だが、原因究明の進展は、それにかかわる企業の数も増やすため全体としては掛け算の費用計算をもたらすことになる。このイメージを視覚的に示したのが**図1-5**である。カドミウムなどの人体への影響に関する議論は、認定基準を通して補償の対象となる被害者の数を決め、食品安全規格などのリスク評価を通して土壌汚染対策などを必要とする対象の大きさを決め、さらに、排水基準や環境基準などを通して、その対策をどこまで徹底するかに影響を与える。

　これを対策費用につなげてみると、土壌復元などの汚染対策は図1-5の「A. 予防措置を要する対象の範囲」に、発生源対策などは「B. 必要な対策」に、健康被害補償などは「C. 補償救済対象の被害者数」に比例すると考えられる。これらの数だけでなく、たとえば認定患者への1人当たり補償額は問題の大

きさが裁判所などにどう評価されるかという判断にかかわるので、イメージとしては図1-5の三角形の面積が対策費用額に直結することになる。現実には、原因究明にかかわる研究を受けて微量での健康影響を明らかにして対策の厳格化を求める動きは三角形の面積を広げる方向に働く。逆に「まきかえし」などの動きは規制緩和などによってこの面積を狭める方向を目指すことになる。社会問題として大きな課題である時期には、科学的知見がまだ不足している一方で、世論や政治力などの影響も受けやすく、三角形の大きさをどう決めるのか、流動的な要因も強い。だが、先述のように制度として固定

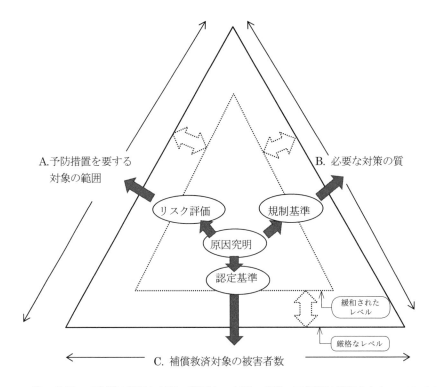

注：外側の三角形は厳密な対策の範囲を、内側の点線の三角形は緩和されたレベルでの対策の範囲をあらわす。点線の両矢印（⇔）は「厳格化」⇔「緩和化」の動きを示す。
　　濃色の矢印（➡）は、原因究明から諸対策の実施にいたる順序である。

図 1-5　原因究明と対策費用の関係のイメージ

化する必要もあり、その中で基準がつくられることになりがちである。後により適切な基準に改定されればよいが、暫定的だったはずのものが継続してしまうと、ある意味で中途半端な状態のまま時間が経過していくことにもなる。その結果、はた目には事態が落ち着いたように見えたとしても、救済されずに苦しみに耐える被害者から見れば長期的な被害放置が続くのである。

3-3 構造的緊張と変革のための議論

「まきかえし」の経緯を、冒頭で紹介した舩橋 (2001) による解決過程の「構造的緊張→変革主体形成→変革行為→決着→新しい構造的緊張」のサイクルにあてはめると、変革行為が長期化して決着にいたらず構造的緊張の「緊張」がうすれた状態といえるだろう。緊張拡大を忌避して緊張が緩和した状態を維持しようとすれば、その間にたとえば新たな事故や汚染問題によって社会的関心が大きくなったとしても、一時的な対策などによって議論の社会問題化を防ぐことが可能である。さらに、政治的な決定の枠組みを狭めて変革主体の形成を抑えれば、社会経済的な力をもつ側に都合の良い形で曖昧な緊張と対策を継続させることになる。それが累積すると、環境制御システムの形成が遅れる。こうしたコントロールが可能な状況では、企業にとっての経営のような全体的システムの中で環境制御を考慮する必要がうすれていく。

「まきかえし」を受けた公害行政は、こうした議論の場の限定を行なってきた。多くの審議会や委託研究班など密室的な議論では、参加者、議論の進め方、結論の適用範囲の3点があらかじめ決められている。カドミウム中毒に関する環境庁委託研究には、カドミウム研究に携わる医学者の多くが参加し、微量なカドミウムの蓄積による健康影響を示す研究結果をあげている。だが、それを総括して報告を書くのは少数のリーダーであり、その結論が政治的意味をもつことになる (津田 2008)。たとえば、1989年にイ病カドミウム説に否定的な「中間報告」が出された時には、動物実験によって骨軟化症を再現できるかが重要な判断基準とされたが、実験を担当した研究者は再現したと信じた実験結果について、総括では証明できなかったという逆の結論になっていた[12]。後から疑問の声があがっても、専門家の判断としてこの結論

には大きな政治的意味が付与されるのである。『環境白書』では21世紀に入るまで、カドミウムとイ病との因果関係には疑問の余地があると書かれていた (渡辺他 2011: 137、本書第2章も参照)。

　福島原発事故後の原発再稼働をめぐる安全審査の過程もこれに似ている。事故後に新設された原子力規制委員会には多くの専門家が参加しているが、それぞれは既定の項目を審査するだけで最終的な判断にかかわる人は少ない。それぞれが基準を満たしていれば適合と判断される。

　関係者の数が増えても、専門分化が進むだけであれば、組織として環境制御システムを内面化する契機にはつながらないだろう。むしろ逆に、部門間の隙間が増えることによって、組織的な無責任性が生じる可能性をもつ。2014年に田中俊一委員長が川内原発1号炉に関する審査結果を発表する際には「川内原発は新規制基準に適合したもので、安全と認めたわけではない」と述べ、だが、政府は審査結果を安全性の確認として再稼働を進めた[13]。この際、審査適合と安全の間、安全と再稼働との間についての議論を行う場所は用意されていないのである。

　舩橋 (2001) の解決過程のモデルにおいて、構造的緊張から構造的緊張への連続が「一直線的というよりも、試行錯誤と蛇行的展開」とされながらも、少なくとも進むべき方向は定まったものと措定されているのは、変革の過程でより大きな構造が問われるからである。公害が各地域のローカルな問題から全国的課題になり個別企業の排出物管理から有害物の使用規制へと論点が変化したのは、これに適合するものだった。だが、それが専門家による個別の論題に押し込められると議論は蛇行をくり返す恐れがある。それを防ぐには、変革の主体や制度を増やすだけでなく、議論の範囲を広げていくことが求められる。といっても、たとえば低レベル放射線のリスク評価については、国内研究者の間でも国際機関においても似たような議論が行われており、地理的な拡大が普遍化に直結するわけではない。では、どのような構造的緊張と議論があり得るのだろうか。

4 グローバル化の中での環境問題の展開

4-1 グローバル化による環境問題への影響の両面性

　ザックスによれば1970年ごろから進んだグローバル化には二つの意味がある（ザックス2003［1999］: 170-172）。一つは環境面であり、アポロ8号が1968年に撮影した写真は世界の人びとに地球が一つの天体であることを視覚的に示し、1972年の国連人間環境会議では「宇宙船地球号」がキャッチフレーズとして使われた。もう一つは経済面であり、世界市場化とともに拡張主義が進んだ。この相克を含んだ関係は、南北問題などの格差を含みつつ各国の環境対策にも両面の効果を与え続けている。

　環境規制に関してもこの両面性はあてはまる。上記のように、長く1.0ppmのまま据え置かれていたコメのカドミウム含有量規格はコーデックスによる国際基準という「外圧」によって再検討を迫られることになった（渡辺2007: 73）。他方で、世界市場化としてのグローバル化の中で環境規制にかんする国際格差は拡大する。1986年にアメリカでは「緊急計画・地域社会知る権利法（Emergency Planning and Community Right-to-Know Act）」が制定された。有害物を扱うすべての工場が化学物質の出入りを登録し、地域住民がそれを知ることができる、PRTR制度の先例である。産業界から強い抵抗を受けていた同法成立の重要な契機になったと言われるのが1984年12月にインドで発生したボパール事件である。第8章で紹介するように事故を起こしたユニオンカーバイド社はアメリカの企業で（現在は合併してダウ・ケミカル社）、さらに同社はアメリカでも翌夏にウエストバージニア州の工場で有毒ガスの漏えい事故を起こした。会社は、その毒性は比較的低く、ボパール事故の原因物質となったMICガスはこの工場では使用されていないと説明したが、病院に搬送された人もあり、周辺住民の反発は強かった[14]。こうした世論が「知る権利法」につながったのである。

　だが、大惨事を起こしたインドでは、環境運動は一部にとどまり、ボパール事件後も「知る権利法」のような法律制定の動きはなかった。事故後もインド政府は化学工場や原発などの誘致を進めており、今日では、被害地域以

外でボパール事件を知る人の数は少ないという。日本のカドミウム中毒研究がヨーロッパ諸国などでのカドミウム規制につながったように、先進国には他国の経験を生かして環境政策を進める余裕がある。それにたいして途上国では、自国の被害を教訓として後世に伝える余裕も限られるのである。途上国と先進国の間に規制のダブルスタンダードが生じるのを当然だとしてしまえば、全体として問題はなくならない。これは国家間のことだけでなく、国内での地域格差や貧困問題などに関しても同様である。

　こうした格差が放置をもたらす要因になるとすれば、事案対策型の問題解決方法には限界があることになる。先進国で規制された水銀が途上国で使用されるように、場所と形を変えながら問題がくり返されるからである。1970年前後の日本の公害行政は一つの問題の教訓を他に活かせる体制づくりをめざしたが、それが逆に放置構造につながる恐れもある。したがって、グローバル化と多様化・格差が拡大する今日では環境運動の側も、特定の問題を追及してそれが解決したら解散する形の運動より、関心と監視の継続を重視しつつ、取り組みへの視野を広げる意味があるのではないだろうか。

4-2　運動継続の意義

　社会問題の解決方法は一種類にかぎられるものではない。環境問題のように複合的な要因にかかわるものはとくに多様な展開が可能である。具体的な問題に端を発した運動でも、より普遍的な社会的課題にかかわるものに拡がり得る。ラブキャナル事件を出発点としたアメリカの有害廃棄物問題は、その一例と言えるだろう[15]。

　アメリカでは第二次世界大戦前から化学工業の展開が見られたが、その廃棄物処理は長くいい加減なままであり、有害物が垂れ流しにされることも多かった。ニューヨーク州のラブキャナルでも有害廃棄物埋め立て地の上に小学校や住宅が建設され、1970年代には大きな健康被害が発生した。州政府や投棄していたフッカー・ケミカル社などに住宅の移転などを求めた住民の運動は、全米に知られる社会問題となった。

　ラブキャナル事件が全国的な問題として注目された理由はいくつかある。

一つは、それが草の根環境運動のモデルになったことである。当時27歳の主婦だったロイス・ギブスをリーダーとした住民運動団体は、手探りで運動を展開していった。地域の声をまとめるところから始めて、集会や行政への陳情のほか、科学者と協力しての市民調査、マスコミへの働きかけなど、話題と関係者を広げていき、ついにはカーター大統領と面会し、その決断で政府による住宅買い上げを認めさせた。

　第二に、アメリカ環境保護庁（EPA）の調査で全米に数万か所の環境汚染が判明するなど、ラブキャナル事件がアメリカの有害廃棄物問題を一気に噴出させた影響も大きい。化学工業や軍事産業などが進んだアメリカでは、汚染問題への認識がかなり低かったが、ラブキャナル事件後に各地で同様の草の根運動が展開した。

　こうした背景もあって、ラブキャナル事件からはさまざまな展開が見られた。その主なものとしては、草の根環境運動が全米に広がり市民による有害化学物質への取りくみが起きたこと、それとも関連して、スーパーファンド法や地域住民の知る権利法などの法制度が整えられたこと、環境正義を求める運動への展開に続いたこと、などが挙げられる[16]。それに困惑した産業界などは、こうした草の根運動をNIMBYismと批判した[17]。必要な施設であるにもかかわらず自分たちの近所には引き受けない自分勝手な反対だという批判である。この課題は、運動の参加者たち自身にも跳ね返ってきた。というのは、反対運動に備えて企業側が複数の候補地を選定するようになると、反対運動をする住民同士は協力しながらも、自分たちの居住区以外での建設が決まれば自分たちの反対運動が成功するという状況も生じるからである。そして、こうした課題から、どこかで処分すればよいという発想のもとで有害廃棄物が生み出される現状がおかしいのだという批判へ、そして、化学物質を最初の段階から住民が監視する体制を求める主張などへとつながったのである（Szasz 1994）。上述の「知る権利法」もその一例である。ハイテク汚染問題、放射性廃棄物、公害輸出、ダイオキシン規制など、その問題が扱う主題はその後も広がり、もはや「草の根」の域を超えて今日にいたっている。

　このように運動の関係者たち自身が活動の視野を広げたことは、草の根

環境運動が全国的なものになった第三の理由といえるだろう。ラブキャナル事件は、アメリカにおける環境正義運動の始まりとされる (Dobson 1998: 18、Lerner 2011: ix)。住民運動のリーダーだったロイス・ギブスは事件が解決すると全国の草の根運動を支援するためのNGOを立ち上げたが、その直後からこの問題が差別と深くかかわることを認識し、NGOの名称も Center for Health, Environment and Justice (CHEJ) へと変えている。健康、環境そして正義こそ、自分たちの運動が求めるものの旗印だと言う[18]。

アメリカの環境正義運動は、黒人をはじめとする有色人種集住地域に廃棄物施設・軍事施設・化学工場などが集中する環境人種差別への抵抗として知られるが、必ずしも人種問題にかぎった主張ではない。ロイス・ギブスはCHEJの機関誌で、環境正義を環境主義における新しい形だがオールドファッションの草の根民主主義と位置づけて、次のように述べている。

「環境正義とは、選択する権利、オプションをもち、行動する権利である。市民集会や公開説明会で発言する権利であり、すべての決定が汚染原因者たちの共通利害によってではなく、コモンセンスと正義にもとづいてなされることを要求する権利である。」(Everyone's Backyard 8-1=Jan.1990: 2)。

寺田良一が指摘するように、アメリカの草の根環境運動は、1980年代の新保守主義政策のもとで拡大化した社会的弱者の問題をエンパワーすることによって、運動の「成功」と「社会運動性」の維持とを両立させることに成功した。とは言え、その両者が制度化して運動性を失う可能性も残る (寺田 2016: 64-66)。運動にかぎらず、取り組みを維持するためには目的の見直しも求められるのではないか。

4-3　社会的関心の継続

上述のように、現在のグローバル市場は国際的な格差を前提に成立している側面があり、それは環境にかんする規制や被害補償にもおよんでいる。経済状況が安全度の地域格差をもたらすのである。これは、先述の図1-5に即して言うと経済的理由で三角形を変形ないし縮小することにつながる。ギブスの「利害ではなく、コモンセンスと正義にもとづく決定」という言葉からは、

こうした不平等の放置への批判を読みとることができる。たとえば原発が経済的利益を理由として過疎地に集中し、立地自治体が増設や稼働を求めなければならない状態の不正義を指摘するものでもある。やむを得ない選択は「選択する権利」にもとづくものではない。経済的理由でマイノリティに周囲より緩い安全基準を受け入れさせることは、加害の構造を押しつけていることに他ならない。グローバル化とともに国際基準の制定などが進む一方で、こうした格差と加害をもたらす論理は残っている。

原発などにかかわる「安全神話」は、その一例だろう。それは、一部の人が決めた「安全」を「安心」して受け入れるように求める政治的圧力である。そこでは、しばしば安全を意識しなくてよい状態が安心であるかのようなすり替えが生じる。その「安心」は無関心に転じ、マジョリティの人にとっては原発の安全性基準は遠い存在であるため、その正否を深く考えることは少ない。その結果は知らないうちに原発にかかわる地域の人たちにも影響を与え、関連地域でも安全を議論する場所が失われ得る[19]。

たとえば放射線リスクについて何がどこまで安全かを厳密に決めることはできないが、その困難さを問題や格差の継続につなげないためには議論を続けることも重要である。こうした困難な課題について話し合う時、コモンセンスは、一部の関係者の利害に議論が左右されるのを防ぐ手段になり得る。ただし、そのためには利害にかかわらない人たちによる参加が不可欠であり、そのための社会的関心をどのように喚起し、継続させるかが問われる。

Heffernan（2011）がモンタナ州のアスベスト鉱山の事例を紹介するように、現代のアメリカでも地域社会の住民自身が被害を否定する動きはある（Heffernan 2011: 105）。また、先住民族が廃棄物受け入れをすべて拒否するという前提で声も力もない被害者と決めつけるのは問題だという指摘や（石山 2004: 62）、環境正義の主張に新自由主義の要素が入るのは当然であり、環境正義を抵抗的環境保護運動と決めつけるのはロマン主義だという批判もある（Malin2015: 21-24）。草の根の論理、環境正義の議論が常に環境規制の厳格化を求めるわけではない。同じく、環境問題の解決過程は環境規制の厳格化だけを指すものではない。重要なのは、何がよりよい解決なのかを模索し続ける

ことであり、その議論が誰によってどう行われているか、である。

5 過程を議論する意味——解決の多様な方向性と本書の企図

　環境問題における解決論は単純ではなく、あるべき解決方法と現実の解決過程とは分けられ、解決過程論の枠組みも明確ではない。その理由の一つは、現実に解決の理想像が見当たらないことにある。イタイイタイ病問題の解決過程は高く評価されるべきものだが、それでも救済されることなく苦しんだ先人の方たちを忘れることはできないし、また、これまでの成果のために費やされてきた多くの関係者の苦労もあまりに大きい。もう一つの理由は、その苦労の末に得られた成果が他の事例にも簡単に応用できるとはとても言えないことにある。よく似た問題であっても、地域や時期や関係主体の動向などによって、多様な経過をたどってしまうのである。

　本章では、それについて解決過程論の整理のために放置構造を仮説的に提示した。被害救済、汚染防止対策実施、規制強化の進め方に統一的なモデルを求めるより、それらを遅滞ないし緩和させる構造的な要因があり得ると考えた上で解決過程を見る方が分かりやすいのではないか、という仮説である。「幸福な家庭はどれも似たものだが、不幸な家庭はいずれもそれぞれに不幸なものである」というトルストイの言葉がある。公害においても、被害の現れ方はきわめて多様である。他方で、解決過程について言うと、逆の側面が指摘できる。放置のあり方に共通性が見られ、解決の仕組みは多様なのである[20]。放置されやすいのは、高齢者、女性、乳幼児、障害者や病気の人、有色人種や少数民族、経済的社会的地位の低い人、過疎地や辺境地、途上国などであり、そこでは被害構造論で指摘されてきたことがあてはまる。また、放置や緩和の主張が効力を発揮しやすい場については、限定された議論や経済的圧力など加害過程について指摘されてきたことがかなり持ちこされている。

　こうした仮説に立った時、解決過程の事例考察にもいくつかの変化が生じる。一つは解決過程について、単一イシューをめぐる攻防としてみるより、

他の多くの問題とかかわる展開としてみる可能性である。もちろん、運動の成否として成果が大事になる場面はあるが、一つの成功が他につながるとは限らない。グローバル化によって、この傾向はさらに強まった。特に途上国では各地で同様の問題がくり返される懸念がある。宇井純は、公害問題を説く際に「未来だけの議論は役に立たない」と繰り返したが（宇井 1971: 51 など）、未来だけを見ようとする姿勢は「問題」を無視しがちである。そのことが被害放置を生むとすれば、過去の「問題」を他地域や未来に伝える必要が高まっているということができる。その意味で、環境運動や問題関心の継続・展開がいかに可能なのかは、今後の解決過程を左右するほど重要なのではないか。

本書は、そうした観点から、さまざまな外的要因の影響を受けて解決過程が曲折した事例と同時に、曲折の中で断続がありながらも、関係者による運動や努力が維持された事例を中心に紹介し、考察している。

注

1 公害問題にかかわる人生や人生観の変化は、緒方（2001）をはじめとして多く、環境社会学の立場からこの論点を中心に比較考察を行ったものとして堀田（2002）などがある。また、被害放置に関する闘いの記録として、カネミ油症の被害者運動を支えた矢野他（2012）などを参照。

2 こうした偏見は解決過程による歪みがなくても生じ得る。たとえば、Walker（2010）の記述では、良妻賢母思想にかかわる多産と、色白を求めて肌を覆いすぎていたことをイタイイタイ病の原因に数えている。日本近代初期の環境政策・社会政策を専門とする著者が、どのような資料からこうした認識に至ったのかは不明だが、イ病裁判で原告側弁護士を務めた松波淳一はこれを「加害企業でさえ主張しなかった偏見」と評し、精緻な批判を展開している（松波 2015）。

3 イ病カドミウム説への異説としては、ビタミン D の不足を要因とする説と、治療過程でのビタミン D 過剰投与を問題視する説が両方存在したが、その関係は少なくとも公式な研究課題にはならなかった。

4 「ミニマムの被害」については、渡辺伸一の記述を参照（飯島他 2007）。

5 2014 年 7 月 12 日に開催された世界社会学会プレ・コンファレンスの資料による。(Schluchter, W. 2014 Fukushima and the Social Consequences: Energy Awareness, Energy Policy and Citizen Participation in Germany, Pre-congress Conference Sustainability and Environmental Sociology, organized by The Institute for Sustainability Research, Hosei

University et al, 12-13 July 2014, Proceedings, pp.57-70. 引用部分は p.61= 引用者訳）

6 　急性カドミウム中毒は、主にその粉末を呼吸することによって生じるもので、肺への影響が主となるため発がんなどの症状も異なり、事例としては労働災害がほとんどである。

7 　コメだけが対象になったのは、日本人の主食だったからであり、カドミウムは他の穀物や野菜、魚介などからも摂取される。決定の経緯やその後の議論などについては飯島他（2007）、松波（2015［2010］）などを参照。

8 　もちろん 1.0ppm では厳しいという主張もあり、それが「まきかえし」の根底にある。自民党などは、1.0ppm を超えたコメもより低い数値のコメと混ぜることによって安全な値にまで平均値を下げることが可能だと主張した。

9 　ただし、この決着は安全性に関する議論の結果というより、「ALARA の原則（= 合理的に達成可能な範囲でもっとも低くする）」に沿って日本では 0.2ppm 以下の達成は困難だという主張が認められたものである。小麦は 0.2ppm と定められた。

10 　環境省資料「平成 24 年度農用地土壌汚染防止法の施行状況」による。
　　http: //www.env.go.jp/press/file_view.php?serial=23555&hou_id=17531

11 　カドミウムの環境基準は、2011 年 10 月 27 日に 0.01ppm から 0.003ppm に引き下げられ、それに次いで排水基準は 2014 年 11 月 4 日に 0.1ppm から 0.03ppm に引き下げられた。

12 　1989 年の「中間報告」が「まきかえし」以降のカドミウム規制において重要な意味をもっていたことについては、この動物実験などをめぐる経緯とともに渡辺伸一が詳しく紹介している（飯島他 2007）。なお、松波淳一による最近の研究は、当時の動物実験の一般的な基準に照らしても不可解な手続きで進められたことを詳しく示している（松波 2015）。

13 　田中俊一委員長は再稼働許可証を交付した後「運転にあたり求めてきたレベルの安全性が確保されることを確認したことになる」と説明した一方で「リスクがゼロとは申し上げていない」と発言した。菅義偉官房長官は同日「安全性が確保されることが確認された」と再稼働手続きを進めている（毎日 2014.9.11）。この両者は別の場所での記者会見である。

14 　The New York Times、1985.8.12 　http: //www.nytimes.com/1985/08/12/us/toxic-cloud-leaks-at-carbide-plant-in-west-virginia.html

15 　ラブキャナル事件については、その住民運動リーダーであったロイス・マリー・ギブスによる紹介が詳しい（ギブス 2009［1998］）。なお、そこにも書かれているように、健康被害に関する原因物質などの究明は進まず、関連して、被害住民が受け取った補償も低額に終わるなど、重要な課題を残していることも忘れてはならないだろう。

16 全米各地で化学物質や有害廃棄物などに関する住民の反対運動が発生したことは、そうした危険施設などが黒人の多いコミュニティの近所などに集中する傾向を顕在化させることにもつながった。この傾向はラブキャナル事件の以前から存在し、他方で「環境人種差別」「環境正義」などの言葉が一般化するのはもう少し後になってからだという点を見れば、ラブキャナルと環境正義運動を直接つなげることには疑問もありえる。だが、ラブキャナル事件そのものにも環境差別の要素は存在し、住民運動リーダーだったロイス・ギブスらが、ラブキャナルの経験をもとに「Center for Health, Environment and Justice (CHEJ)」(当初の名称は「市民のための有害廃棄物情報センター」)などの活動を展開していることなどの関連も指摘される(Fletcher 2010)。

17 NIMBYは、「Not in my back yard (私の家の裏にはダメ)」の頭文字をとったものである。それにたいして、注16に紹介したCHEJの機関紙は「Everyone's Backyard (すべての人の裏庭)」という題名をつけている。

18 CHEJでのヒアリングによる(2013.8.27)。

19 1997年の動燃(旧)再処理工場での爆発事故の後、東海村の村上達也村長が「原発安全対策課」を設置しようとしたところ、原発は安全なのだから「安全」はいらないという議会の反対にあい「原発対策課」になったという(村上他 2013: 94)。

20 被害者補償・救済の制度における多様性とそれぞれの困難については、公害薬害職業病補償研究会が『公害・薬害・職業病／被害者補償・救済の改善を求めて』と題する制度比較レポート集を継続的に発表している(2009年、2012年、2015年)。貴重な労作である。

引用文献

Dobson, A., 1998, *Justice and the Environment*, Oxford University Press.
Fletcher, T., 2010, *From Love Canal to Environmental Justice*, University of Toronto Press.
舩橋晴俊・古川彰編、1999、『環境社会学入門』文化書房博文社.
舩橋晴俊編、2001、『講座環境社会学2 加害・被害と解決過程』有斐閣.
George, T., 2001, *Minamata*, Harvard University Asia Center.
ギブス、L・M、2009 [1998]、『ラブキャナル』せせらぎ出版.
ハンニガン、J・A、2007 [1995]、『環境社会学』ミネルヴァ書房.
原田正純、1992、『水俣の視図―弱者のための環境社会学』立風書房.
橋本道夫、1988、『私史環境行政』朝日新聞社.
Heffernan, M., 2011, *Willful Blindness*, Walker & Company.
平岡義和、1999、「企業犯罪とその制御―熊本水俣病事件を事例にして」宝月誠編『講座社会学10 逸脱』東京大学出版会: 121-151.

堀田恭子、2002、『新潟水俣病問題の受容と克服』東信堂.
飯島伸子、1993 [1984]、『改訂版環境問題と被害者運動』学文社.
飯島伸子、1985、「被害の社会的構造」宇井純編『技術と産業公害』東京大学出版会: 147-171.
Iijima, N., 1992, Social Structures of Pollution Victims, J. Ui ed. *Industrial Pollution in Japan*, United Nations University Press, 255-279.
飯島伸子・渡辺伸一・藤川賢、2007、『公害被害放置の社会学』東信堂.
石山徳子、2004、『米国先住民族と核廃棄物』明石書店.
海渡雄一、2014、『反原発いやがらせ全記録』明石書店.
Lerner, S., 2011, *Sacrifice Zones*, MIT Press.
Malin, S.A., 2015, *The Price of Nuclear Power*, Rutgers University Press.
松波淳一、2015 [2010]、『定本改訂版、カドミウム被害百年(重版)』桂書房.
松波淳一、2015、『最近の『イタイイタイ病非カドミウム説』論に対する反論』桂書房.
Miller, I, J. A. Thomas and B. Walker ed. , 2013, *Japan at Nature's Edge*, University of Hawai'i Press.
村上達也・神保哲生、2013、『東海村・村長の「脱原発」論』集英社新書.
中西準子、2014、『原発事故と放射線のリスク学』日本評論社.
緒方正人、2001、『チッソは私であった』葦書房.
ザックス、W、2003 [1999]、『地球文明の未来学』新評論.
Szasz, A., 1994, *EcoPopulism*, University of Minnesota Press.
寺田良一、2016、『環境リスク社会の到来と環境運動』晃洋書房.
友澤悠季、2014、『「問い」としての公害』勁草書房.
津田敏秀、2008、『医者は公害事件で何をしてきたのか』岩波書店.
宇井純、1971、『公害原論Ⅰ』亜紀書房.
Walker, B., 2010, *Toxic Archipelago*, University of Washington Press.
渡辺伸一、2007、『イタイイタイ病およびカドミウム中毒問題の被害・加害構造に関する環境社会学的研究』科学研究費研究成果報告書(課題番号 15530330).
渡辺伸一・藤川賢、2008、「公害軽視の論理はいかに生みだされるのか」『明治学院大学社会学部付属研究所年報』38: 3-17.
渡辺伸一・藤川賢、2011、「カドミウムの食品安全基準改定と農用地土壌汚染」畑明郎編『深刻化する土壌汚染』世界思想社: 130-145.
山名元・森本敏・中野剛志、2011、『それでも日本は原発を止められない』産経新聞出版.
矢野忠義・矢野トヨコ、2012、『地獄と向きあって 44 年』書肆侃侃房.

第2章 判決後40年間のイタイイタイ病住民運動と公害問題「解決」の意味
―― イタイイタイ病問題とカドミウム問題の「ずれ」を通して

藤川　賢・渡辺伸一

1　はじめに――イタイイタイ病40年目の「解決」

　公害・環境問題の区切りをどのようにつければよいのか、どうなれば公害が解決したと言えるのか、という問いは難しく、その参考にできる先例はきわめて少ない[1]。その中で、2013年12月17日にイタイイタイ病（以下、イ病）・カドミウム問題の被害住民団体と三井金属鉱業・神岡鉱業との間で調印された全面解決の確認書は、画期的な意味をもっている。これは妥協としての解決ではなく、被害者団体が加害企業に求めてきた対応が完了したことについて両者が合意したものだからである。判決の後、加害企業がその原因責任を認めてから40年にわたる取りくみを受けての成果であった。

　ただし、全国的にも大きく報道され、両当事者のみならず関連する研究者や他の住民運動グループからもおおむね好評をもって受けとめられた解決合意であるが、批判もあった。石本二見男慈恵医大教授は一時金の科学的根拠がないことを主張し（石本2014）、逆に、向井嘉之元聖泉大学教授はそれでは不十分だと述べる（畑・向井2014）。

　1968年に厚生省がイ病とカドミウムの因果関係を公式に認めた後に、各地でカドミウム汚染の調査などが行われた。長崎県・対馬と兵庫県・生野ではイ病と同様の症状も報告された（後に石川県・梯川でも）。環境庁研究班はそれをイ病とは認めなかったが、カドミウムによる腎臓障害（カドミウム腎症）が生じていることは認めた。カドミウム腎症は、秋田県・小坂、群馬県・安中などでも発見された。一部ではカドミウム腎症も公害病と認めて救済する

ことを求める運動があったが、第1章で紹介した「まきかえし」などの影響もあって今日まで実現していない。これまでの筆者らの報告でも触れてきたように(飯島他 2007; 渡辺他 2004; 藤川他 2008; 藤川 2009)、慢性カドミウム中毒は全国的な課題である一方、その対応には各地で差があり、放置されたままの問題も残る。

　2013年の合意は、こうした制約の中で被害住民団体と発生源企業がこれまで取り組んできた成果を確認するものである。カドミウム腎症の扱いについては、富山神通川流域のみでの「健康管理支援」の一時金支給ということで合意したもので、この地域での解決であり、全国的な慢性カドミウム中毒問題の解決ではない。のちに詳しく紹介するが、上記の相反する批判は、この点をめぐるものである。本章は、これを含めて、イ病訴訟にかかわる解決合意、イ病問題の解決、カドミウム問題の解決という3者の違いを念頭に置きつつ、今回の解決合意の意義と、それにいたる住民運動および加害企業による取りくみの成果を考察しようとするものである。

　以下、「2」では、解決合意の内容とそれにいたる歴史について概説する。とくに、「まきかえし」などによってイ病問題とカドミウム問題の関係が複雑化する過程と、全面解決の合意にいたった中心的な成果である発生源対策について、述べたい。

　続く「3」では、カドミウムのリスク評価をめぐる40年の議論と現状、合意書の意味について述べる。カドミウムの安全基準等に関する議論は、カドミウムは自然界にも存在するもので微量であれば毒性はないという主張をともないながら進められてきた。慢性カドミウム中毒が蓄積性で長い時間をかけて進行することともあいまって、医学論争は長期化しており、その議論には、今なお決着したと言い切れない部分が残る。慢性カドミウム中毒を「病気」として認めるかどうかについては今も不明瞭な部分がある。このあいまいさは、他方で全国的な放置を継続させる役割も果たしてきた。医学研究とその政治や現実における評価との間にある一種の「ひずみ」について、考察する。

　それらを受けて「4」では、公害における住民運動の継続の意義を考察する。公害は、普遍的な問題であると同時に地域と深くかかわる。公害に関する住

民運動は地域のイメージを下げるという批判にさらされることも多く、地域ぐるみの公害否定が行われることさえある[2]。公害の歴史にあまり触れないようにする姿勢は公害訴訟後も各地で一般にみられたことだが、21世紀に入る頃から公害資料館の建設が相次いだ。公害への取りくみを地域で再評価する意味について、住民運動の継続と合わせて考えたい[3]。1973年に制定された公害健康被害補償法が対象地域を細かく限定したように、公害は地域の問題とされてきたが、他方で、カドミウム腎症のように全体的な課題も現実にはある。その中で各地域に根ざした取り組みがもつ普遍的な意義について考察して、むすびとする。

2　公害経験にかかわる地域社会の活動──神通川流域発生源対策の事例

2-1　公害対策と「まきかえし」の経緯

　四大公害訴訟が進む1970年代前後、強い社会的関心に後押しされて、日本の公害対策は大きく進展した。この「平和な文化大革命」のような動きは、しかし、その直後から反動に見舞われることになる（橋本1988: 220-221）。第1章でも触れたようにこうした反動は一般的にも見られたが、公害病第一号でもあったイ病問題は「まきかえし」の中心的なターゲットになった[4]。ただし、この標的には二重性がある。一方には、イ病がカドミウムによる公害病であることを否定するかのような言説があるが、それによって、イ病の公害病認定を否定し、カドミウムが完全に無毒だと主張されたわけではない。富山のイ病の因果関係には未解明の部分があるという前提を立てることによって、他のカドミウム汚染地域の健康問題を富山から切り離し、その被害を軽視する役割を果たしたのである。同じく、カドミウムの安全性についても、慎重な行政判断を求める方向で現実的な影響を与えたのである。

　こうした事情は他の公害病に関しても似たところがあるが、それを含めてイ病をめぐる「まきかえし」には、次のような特徴がある。一つは水面下での動きとマスコミなどを使った表面的な動きの両方があり、多くの問題に波状的にかかわることである。イ病訴訟の高裁判決に先立って、被告側の尾本

信平三井金属社長はいかなる判決をも受け入れると明言して法廷での争いを終わらせた一方で、イ病の病因については行政の場での再検討を求めるとした。後に、環境庁はイ病研究班に原因究明の再検討を委託する。こうした見えにくい動きと並行するように、1975 年には『文藝春秋』がイ病を「幻の公害病か？」とするレポートを掲載するなど、マスコミによる動きもあった。
　第二に長期性である。水俣病の未認定問題の経緯にもみられるように、被告企業が争いの表面に出る訴訟は短く、患者個人の「認定」や行政の認定「基準」をめぐる争いは長くなる。イ病でも、1968 年に厚生省が見解を発表し訴訟判決でも認められたカドミウム原因説が 1970 年代から 40 年以上にわたって「疑われて」きた。長期化にはさまざまな理由が考えられるが、その一つとして、曖昧な状態のまま規制や対応が進まなければその間の経費はかからず企業側には問題が否定されたのと同様の経費削減をもたらし得る状況を指摘できる。カドミウムの排水基準や土壌汚染基準もその一例と言えるだろう。
　関連して第三の特徴として挙げられるのが科学および科学者の扱いの両面性である。一方では科学的検証にたいする細かい議論がある。イ病の動物実験では、単にカドミウムの大量摂取が骨軟化症を引き起こすことだけではなく、人間と同じように長期的な経口摂取による発症が求められた。実験動物の選定や投与量をめぐっても細かな経緯があった。それを追った松波淳一は、環境庁委託研究班の動物実験は政治的要請に沿ったもので、骨軟化症の再現を「成功させる訳にはゆかなかったから、おのずから否定的な結論になるように配慮して行われた」としか理解できないと批判する (松波 2015b: 65)。こうした研究の過程における配慮が細かいのにたいして、その外枠ともいうべき研究者の選定などは科学と関係ない経緯や理由をともなって行われる。イ病の発見者である萩野昇医師への中傷や扱いなどは、その典型と言えるだろう。
　こうした長期にわたる水面下での複雑な動きによって、ある程度の放置が容易になった。1970 年前後に大きく進んだ公害対策も、1970 年代半ばから明らかに後退する。その動きは、企業の公害防止対策への設備投資額の推移にもはっきりと表れている。1965 年には 297 億円で企業の全設備投資額の 3.1% しかなかった公害防止設備投資額は、1975 年に 1 兆 1783 億円 18.6% に

まで達したが、この年をピークに 1980 年の約 3000 億円にまで急低下し、その後の曲折はあるが、2008 年度は公害防止設備投資額 1314 億円、全設備投資額に占める割合 3.6% となっている。設備の普及がコストを低下させた面もあり、産業構造も変化したので単純な比較はできないが、全設備投資額に占める公害防止設備の割合は、1960 年代に戻りつつあるということもできる[5]。

2-2　神通川流域における取り組みの経緯

　イ病原告団となったイタイイタイ病対策協議会（以下、イ対協）は、判決後もイ病認定申請のための住民の窓口になり、未認定問題や地域全体の住民健康調査など、原告と認定患者にかぎらずイ病にかかわる住民全員にとって中心的な役割を果たしている。これは、熊本および新潟の水俣病や四日市公害と比べて大きな特徴である[6]。ただし、イ対協にとってはある意味で当然の判断だった。第一にイ病は蓄積性の慢性中毒であり、地域の田畑にも患者以外の住民の体内にもカドミウムが蓄積されているため、今後も被害者が出ることは確実で、それを可能なかぎり予防する必要があった。第二にカドミウムを含む汚染水は以前から農業被害をもたらしており、イ病訴訟はその対策にも深くかかわっていた。これら両方に関して、イ病訴訟は、イ病患者だけのものではなく、カドミウムと縁を切るための地域全体の運動として位置づけられていたのである[7]。第三に、勝訴しても三井金属神岡鉱業所（現、神岡鉱業）の操業を止めることはできず、したがってカドミウムの流出は続く。その公害対策は、カドミウムと縁を切るためにも必須だった。

　そこで、農業被害を中心に地区ごとに「対策協議会」を組織し、それらとイ対協が合同して神通川流域カドミウム被害団体連絡協議会（被団協）が形成された[8]。これら住民団体と弁護団は控訴審での勝利を確信すると同時に事前準備を進め（江川 2010）、1972 年 8 月 9 日の判決を受けるとすぐにバス 4 台で夜道を走り、翌朝から東京の三井金属本社で企業交渉に臨んだ。そして、11 時間に及ぶ交渉の末、イ病原因論について一切争わず今後のすべてのイ病患者に原告と同様の補償を行う「誓約書」、イ病発生地域の農業被害補償と土壌汚染農用地復元事業を全額負担する「誓約書」、および「公害防止協定」

を認めさせた。それにもとづく住民運動が今日まで続いているのである。

　なかでも「公害防止協定」にもとづく発生源対策の成果は大きい。被団協が推薦する科学者も参加し、住民と企業が協力して行ってきた対策によって、排水のカドミウム濃度は 0.0015ppm にまで下がり、今日では神通川のカドミウム濃度はほぼ自然界と同じになっている。神岡鉱業（三井金属時代を含む）の鉱害防止投資額の推移を見てみると、1970 年度から 2006 年度までの合計額は、約 179 億 3000 万円で 37 年間の平均は約 4 億 8500 万円／年である。重要な特徴は、年度による差異は大きいものの長期的に見ると、年間数億円程度でほぼ同水準の鉱害防止対策費用が継続されていることである。同時に、これらの対策が、企業の負担を考慮しながら進められてきたことも忘れてはならない。公害防止対策費用は公害発生時の被害（損害賠償額）より安く、したがって公害防止は企業経営にとっても合理的だというのは、旧環境庁が強調しようとしたことだが、水俣（チッソ）や四日市と並べた時、これをもっとも明確に示しているのは神通川流域である（地球環境経済研究会：1991）。

　住民運動は、同時に、「まきかえし」による影響にも対応しなければならなかった。カドミウム原因説に関する「まきかえし」によって、イ病認定の内容も変わった。1972 年に示された認定要件では、カドミウムによる腎臓障害と骨病変があれば「イ病」認定、腎臓障害のみで骨病変にいたっていなければ「要観察」となり、いずれも補償救済の対象になるはずだったが、両方の範囲が厳しくなり、カドミウム腎症は補償救済の対象から外された。認定患者数が減ることで、イ病は終わったという雰囲気が強まって、住民健康調査の受診率も低迷し、結果として潜在的な患者や悪化してから発見される患者の出現、といった事態も起きた。これはある意味で現在に続く課題であり、「解決合意」にも深くかかわっている。

　このほか、土壌復元工事も「まきかえし」の影響を受けて大幅に遅れたため[9]、基準緩和によって汚染農地が残されないよう監視を続けることも被団協・イ対協の中心的な課題になった。これらのたたかい、とくにカドミウム腎症をめぐる課題は今も続くのである。解決合意は、土壌復元と発生源対策に関しては大きな区切りであるが、カドミウム腎症については節目の一つと

いうことになる。

2-3 イ病の決着とカドミウム問題の継続

2013年12月17日富山市内で被団協に連なる被害者団体と三井金属鉱業・神岡鉱業の間で「神通川流域カドミウム問題の全面解決に関する合意書」が締結された。合意は4条からなり、それぞれ、①原因企業が謝罪し被害者側が受け入れる、②土壌汚染対策と農業被害補償については問題解決を確認し、イ病認定患者と要観察患者への補償および公害発生源対策については継続する、③原因企業は健康管理支援制度を創設し、認定患者と要観察患者以外のカドミウム腎臓障害が確認された住民に一時金を支払う、④上記の義務が履行されているかぎり、被害者側は原因企業に補償請求をせず、両者間の問題が全面解決したことを確認する、という内容である。

土壌復元工事の終了と、公害発生源対策の成果によって神通川のカドミウム濃度がほぼ自然界値にまで下がったことが解決合意書締結の契機ではあるが、この合意は、「国が公害病と認定していないカドミウムによる腎臓障

土壌復元工事完了の記念碑。写真は富山市婦中町鵜坂地区（2008年8月4日撮影）

害に対する救済に向け、両者が歩み寄った結果」とみられている（北日本新聞 15.12.18 解説）。条項の③がそのポイントであり、具体的にはイ病認定の指定地域に 1975 年以前に 20 年間以上住んでいた人のうち、カドミウムによる腎臓への影響が見られる人にたいして、健康管理支援として一時金 60 万円が支払われるというのがその主旨である。居住歴の対象者は 8〜9 千人で、一時金の対象となるのは 600〜1 千人程度と予測されている。

　さまざまな意味で画期的なこの合意は、おおむね高く評価されたが、上記のとおり、批判はある。

　石本二見男は、合意自体は画期的と評価するものの、その補償の基準に根拠がないと批判する。批判の前提にあるのは、カドミウムは腎障害を引き起こすが、それがそのままイ病につながることはなく、また、腎障害による低分子量蛋白尿は日常生活に影響を及ぼすことはない、という「まきかえし」につながる前提である[10]。尿中 β_2-ミクログロブリンが通常より多い人すべてを補償対象にすれば[11]、神通川流域にもそれ以外のカドミウム汚染地にも膨大な対象者がいるはずだが、合意の基準は正常の 10 倍ほどで、なぜその値になったのか説明されていないというのである（石本 2014: 170-173）。

　他方、向井嘉之による批判は、今回の合意が補償ではなく健康管理支援制度による「一時金」であり、カドミウム腎症を公害病として認めさせていく「補償請求権を放棄することになった」ことに違和感を示している。渡辺伸一の「ミニマム被害の予防対策のためには、ミニマム被害も公害被害だと認めさせることが前提になる」（飯島他 2007）という指摘を引用し、イ病は氷山の一角にすぎず、カドミウム腎症が恣意的に過小評価されてきたことを改めて問題にするのである（畑・向井 2014: 28-31）。

　向井のように補償請求権の放棄に違和感を示すかどうかは別として、カドミウム腎症を公害病として認めさせる必要は多くの関係者が述べるところであり、合意に向けた交渉の中でも、国の対応と企業交渉とは相互的な関係があった。被害者側弁護団は合意書に「カドミウム腎症の救済」の記載を求めたが、直接的な表現は回避され、山本直俊弁護士の言葉によれば「名より実を取った」結果となった（富山新聞 15.12.18）。対象者の高齢化が進んでいて早

期の対応が必要であり、この健康管理支援制度によって地元でのイ病への関心と住民健康調査受診率の高まりが期待されたのである。将来的に全国のカドミウム腎症を公害病と認めるかどうかは、国が今後の研究成果をどう受け止めていくかにかかっている。その意味でも、今回の合意は、神通川流域におけるイ病問題の解決であって、全国的なカドミウム問題は継続しているのである。

3 カドミウムリスク評価をめぐる40年の議論と現状

3-1 食品安全委員会によるカドミウム評価書の意義と限界

　第1章でも述べたように日本の食品中カドミウム濃度の見直しは、コーデックスの国際的議論と深くかかわるものだが、言うまでもなく、国内でも公式な審議を経てきた。では、その中でカドミウム腎症やイ病・カドミウムの因果関係はどのように扱われてきたのだろうか。この政策変更の根拠となった食品安全委員会のカドミウム評価書の内容について簡単に紹介した上で、その意義と限界を見ていこう。

　2008年7月、食品安全委員会は厚生労働大臣に『汚染物質評価書―食品からのカドミウム摂取の現状に係る安全性確保について』（以下、評価書）を提出し[12]、同時に「カドミウムの耐容週間摂取量（PTWI）を$7\mu g/kg$体重/週とする」との食品健康影響評価結果を出した。耐容摂取量とは「ヒトが汚染物質を一生涯にわたって毎日摂取し続けても、健康へ悪影響を及ぼさない摂取量のこと」である。厚労省が食品安全委員会に依頼したのが2003年7月であるから、5年かけて下された結果である[13]。

　この評価書を受け、厚労省の審議会では1ppmの見直しの議論が開始された。そして、2010年4月、厚労省は米の安全基準値を1ppmから0.4ppmに改定した。イ病裁判中の1970年に基準値がつくられて以来40年ぶりの改定となったのである。

　富山県神通川流域におけるイ病の発生を契機に、一般環境でのカドミウム暴露に関する日本国内での疫学調査は数多く実施されてきた。また、ヨーロッ

パや中国にもカドミウム汚染地域があり、多くの疫学調査が存在する。加えて、カドミウム中毒の用量 - 反応関係と毒性発現メカニズムを解明するための動物実験データも多数報告されている。2008年の評価書の最大の意義の一つは、それらの調査研究を全て踏まえた上で、特にわが国の多数の疫学調査から、カドミウム暴露と腎障害との因果関係が証明されていることを断言し、それに基づいてリスク評価を行った点にある。評価書の「要約」には「これまでの知見から、カドミウムの長期低濃度暴露における食品健康影響評価のためには、因果関係が証明されている腎臓での近位尿細管機能障害を指標とすることがもっとも適切である」と書かれている (評価書、6頁)。

ただし他方で、評価書は腎障害のリスクを強調しているわけではない。「現在、日本人の食品からのカドミウム摂取量の実態については、1970年代後半以降、大幅に減少してきており、導き出された耐容週間摂取量の7µg/kg体重/週よりも低いレベルにある」から、「一般的な日本人における食品からのカドミウム摂取が健康に悪影響を及ぼす可能性は低いと考えられる」としている (「要約」6頁)。

浅見輝男茨城大学名誉教授によれば、「0.4mg/kgADW (= ppm: 引用者註) のカドミウム米を1日160g (現在の日本人の平均摂取量) 食べるとすれば、それだけでも64µgとなり、コメからのカドミウム摂取率を全食品からのカドミウム摂取量の50%と仮定すれば1日128µgとなる。日本人の平均体重を50gとすると、17.9µg/kg体重/週となってしまい、PTWIである7µg/kg体重/週の2.6倍になってしまう」(浅見 2005: 87)。また、同様の方法で、0.3ppmの場合を計算しても、13.4µg/kg体重/週となるから、PTWIの2倍近くになってしまうのである。

にもかかわらず、なぜ「7µg/kg体重/週よりも低いレベルにある」から、「健康に悪影響を及ぼす可能性は低い」となるのだろうか。それは、一般消費者の場合は、0.4ppm近くのコメを毎日食べ続けることはありえない、としているからである[14]。しかし、これはあくまで一般消費者の場合であって、実際に0.4ppmに近い濃度のコメを食べ続けてきた汚染地域の農家のことは考慮されていない。このことは評価書作成委員にも自覚されており、ある委員

は「こういう方々（＝汚染地域の農家：引用者註）が、そういう自家保有米を食べ続けることも、将来、対応として考えないといけないな、と思っているところでございます」と、リスクコミュニケーションの場で発言している[15]。

ただ、現状ではリスクコミュニケーションとは説明に過ぎず、農家自身がカドミウム吸収の少ない作物や作付方法を選び、あるいは同じ農地の作物を食べすぎないように気をつけるしかない。基準となる値は大きく変わり、重要な論点であった腎臓障害に言及された意義は大きいのだが、この基準値改定によって現実に何が変わったのか、というと、ごくわずかなのである。

3-2 「厚生省見解（イ病カドミウム説）」への見解はどう変わったか

1968年に厚生省がイ病を公害病第一号に指定した際の説明では、カドミウムが腎臓に蓄積されると近医尿細管の異常をきたし（＝いわゆる「カドミウム腎症」）、尿からカルシウムなどの再吸収ができなくなって骨軟化症にいたる、これが悪化したものがイ病である。この厚生省見解は裁判でも完全に支持された。ただし、カドミウムが腎臓に蓄積されだしてからイ病の発病までに30年以上かかることもあり、その経過を病理学的に証明することは難しかった。この点が「まきかえし」の重要な論拠となり、1974年に組織化された環境庁委託研究班は、その原因究明を課題の一つとしてきた。そして、1970年代半ばから環境庁（省）は、「厚生省見解が成り立つかどうかは未解明」という立場をとり続けてきたのである。その後の研究で兵庫県市川流域や長崎県対馬のカドミウム汚染地域でもイ病の報告がなされるなど、カドミウムとイ病の関係を補強する研究は増えたが、環境庁研究班が1989年にまとめた「中間取りまとめ報告」（日本公衆衛生協会1989、以下『89年中間報告書』）では、次のように総括され（同：1-4頁）、厚生省見解の妥当性を認めなかった。

① カドミウム暴露による近位尿細管機能異常が起こることがあるが、その発生要件は必ずしも明らかでなく、可逆性、予後等に関し今後調査研究を行う必要がある。
② カドミウム暴露が腎性骨軟化症の発症に結びつくという考え方を肯定することは現時点では困難である。

③イタイイタイ病指定地域にみられた骨軟化症の多発に対しカドミウム暴露がどのように関与しているか明らかにする必要がある。

　これは、国際的な研究の進展に反するものであった。コーデックスにかかわる専門家委員会「JECFA」では、日本を含めた各国の研究成果を踏まえて1972 年からカドミウムの耐容週間摂取量（PTWI）として 6.7 〜 8.3µg/kg 体重 /週（1989 年から 7µg/kg 体重 / 週という表現に改定）を提唱していた。この PTWIからみれば、上記のとおり 0.4ppm でも完全ではなく、1ppm という安全基準値は甘すぎる。日本政府がそれを変えなかったのはカドミウム腎症（近位尿細管異常）とイ病との関係を疑問視し、腎症を健康影響として軽視してきたからであった。だとすれば 2010 年の基準改定は、この点についての見直しをともなうことになる。それは、どのような変化だっただろうか。

　この変化に関連する 2008 年の評価書の内容についてはすでに詳しく論じたことがあるので割愛するが（渡辺他＝畑編 2009）、この評価書で重要なのは、これまで総体としての研究班が評価してこなかった研究班員の研究を評価することで「中間とりまとめ報告」で認められなかった厚生省見解を認めていることである。だが、この変化は、行政書類の中では矛盾が顕在化しないよう巧妙にまとめられている。『環境白書』2003 年版には、「カドミウムと近位尿細管機能異常との因果関係をはじめ、イタイイタイ病の原因及びカドミウムの健康影響については、なお未解明な事項もある」ことが研究継続の理由として書かれているが、2004 年版ではこの部分が「イタイイタイ病の発症の仕組み及びカドミウムの健康影響については、なお未解明な事項もある」と変わっている（強調は引用者）。同様の変化は厚労省の関連団体が発行している『国民衛生の動向』でも 1990 年代末以降見ることができる。

　「カドミウムと近位尿細管機能異常との因果関係」と「イタイイタイ病の原因」が「未解明な事項」だという環境省の立場は、コーデックスや食品安全委員会の見解と異なっている。これは、WHO と ILO がカドミウムについてのクライテリアをまとめる際にも日本代表の研究者が議論を大きく遅らせたほどの重大な違いである（飯島他 2007: 173-174）。にもかかわらず、その削除という重大な変化が記述のうえでは小さな変化になっていることで、コーデック

スの動きや評価書の記述との間に齟齬がないかのような印象を与えることになる。削除の理由や経緯が明らかにされないのは疑問である。

付け加えれば、こうしたあいまいな表現の「効果」は歴史的に継続されてきたものである。2003年以前にも「カドミウムの健康影響」などを「否定」してきたのではなく、「未解明な事項もある」という位置づけだったことは、1ppmを長く据え置くことにも、それを改定するにあたっても、大きな意味をもっていたのである。

3-3 カドミウムの安全基準をめぐる変化と課題

カドミウムの安全基準見直しをめぐっては、他の分野でも変化の影響を緩衝してそれまでの姿勢と矛盾なく継承させる対応が見られた。農用地土壌汚染対策は中でも重要で、1997～98年の農水省の調査で0.4ppmを超える米が0.3％あったことなどから社会的な話題にもなった。対策を要する農地の面積を増やさないために、日本政府は米の国際基準値が0.2ppmになることに反対した。2007年7月のコーデックス委員会総会でそれが0.4ppmと決まったのは、日本政府が、0.4ppmでPTWIを越えるカドミウム摂取はないと主張し続けてきた「成果」であった。

この議論がなされている間に耕作の現場でも大きな「成果」があった。基準を超えるカドミウム米が出そうな地域では稲のカドミウム吸収を抑える湛水栽培が強く奨励され、転作も進んだ。その結果2009～2010年の調査では0.4ppm以上のカドミウム米は見られなくなり、2011年の農用地土壌汚染対策地域は6,428ha（63地域）と、1998年時点の6,107ha（58地域）から微増にとどまっている。環境基準や排水基準も同様に見直されたが、現実への影響は少ない[16]。

カドミウム腎症の健康影響に関する評価と、それへの現実的な対応は、安全基準見直しにかかわるもう一つの重要領域である。すでに述べたとおり全国的な変化はこれまでのところなく、2013年の被害者団体と三井との「合意書」では、イ病認定の指定地域に1975年以前に20年間以上住んでいた人のうち、カドミウムによる腎臓への影響が見られる人に対して、健康管理支援

として一時金60万円が支払われることが決まった。受診率が低下傾向にある富山県によるイ病住民健康調査の周知を図ることも、合意の重要な目的である。

　県が住民に配布した健康調査の案内には、「これまでの住民健康調査（環境省）の結果から、近位尿細管機能の検査で異常を示す方は、腎臓機能の低下速度が速い傾向にあることも新たにわかってきました」（括弧内原文）とある（富山県厚生部「平成26年度 神通川流域住民健康調査（検診）のご案内」2014年1月付）。

　ここで言う、住民健康調査（環境省）の結果とは、『カドミウム汚染地域住民健康調査検討会報告書』（2009年8月）のことで、「汚染地域で近位尿細管機能異常が認められる者のうち相当数がCKD（慢性腎臓病）の定義に合致し、eGFR（腎臓機能）の水準も一般人口に比べて低いと考えられる」とまとめられたものだ（85頁）。慢性腎臓病は、「心血管疾患や末期腎不全と相関があることが示されている」（76頁）。

　2013年の合意は、被害者団体と加害企業との間で決まったものである。だが、「健康管理支援」のためには行政による関与が不可欠である。行政には、健康管理や生活指導体制の一層の充実化が求められる。

　この合意書では、カドミウムによる腎臓への影響を認めている。それは、上述したように食品安全委員会の評価書でも同様であった。だが、慢性腎臓病の定義に合致する人が相当数存在するにもかかわらず、環境省は合意書の締結後も従来通り「検査値の異常は見えるが日常生活に支障はない」とし、カドミウム腎症を公害病だと認めようとしない（週刊金曜日2014年1月10日号）。富山での取り組みがこの溝を埋めるものになりえるかどうかは、今後の課題である。

　繰り返すが富山を含むわが国の多数の疫学調査から、カドミウム暴露と腎臓障害との因果関係は証明されている。だから、食品安全委員会は基準値を改定したのである。環境省の姿勢がどうであれ、汚染地住民の貴重な生命や健康を犠牲にして得られたデータが、一般国民の健康を守るために（カドミウム腎症にならないために）役立てられている、このことの重みを改めて確認したい。

4　公害経験と地域社会

4-1　イ病住民運動の継続

　カドミウム問題についてまず確認しなければならないことの一つは、「イタイイタイ病は終わっていない」ということである。イ病訴訟から40年たった今日も新しいイ病患者は発生し続けている。2014年8月にも男性2名がイ病と認定され、他に3名が「要観察相当」と判定された。これでイタイイタイ病認定患者はのべ198人、要観察者はのべ340人となった（2016年末時点では認定患者200人、要観察者343人）。イ病訴訟判決の1972年時点の認定患者数は125名だったから、約3分の1が判決後の認定患者であり、21世紀に入ってからも年に1人の割合でその数が増えていることになる。ただし、大量のカドミウム摂取は1970年ごろまでに止まっているので患者発生数は減り、症状もわかりにくくなった面がある。公害ぜんそくでは被害減少を理由に患者の新規認定そのものが打ち切られたのだが、神通川流域では、第7章で紹介する土呂久ヒ素中毒とともに認定制度が機能し続けている。これについては、関係する医学者や行政の尽力も大きいが、住民運動の成果という一面もある。1966年に結成されたイ対協は勝訴の後も、一貫した運動を続けてきた。この方針は、イ病訴訟と同時進行的に固められ、判決後の企業交渉において明確化された。弁護団長（訴訟当時は副団長）の近藤忠孝弁護士は、次のように述べる。

　　「完全勝利の控訴審判決がなされた1972年8月9日の翌日、三井金属本社で、準備した要求書に基づき、延々11時間余に及ぶ激しい交渉の結果、（ⅰ）全患者にたいする補償、（ⅱ）カドミ汚染田復元の誓約、（ⅲ）公害防止協定により立入調査権（専門家の同行を認め、費用は企業負担）を獲得しました。／これらの成果を勝ち取るたびに会場は、被害住民の割れるような歓声と拍手に包まれました。とても札束の前で、押し黙っていた一年前の被害住民と同一人とは思えませんが、札束とは違い、これ

らの誓約書等は、地域の公害根絶と全国の公害闘争の前進と直結しているとの思いに到達していたからです。」(近藤 2008: 151-152)

　勝訴判決や賠償金はイ病問題の解決ではなく、公害の根絶という解決に向けた始点だったのである。ただ、「まきかえし」などの影響もあってその後の道のりは長く険しいものになった。単純に言えば土を入れ替えるだけの土壌復元対策さえ、完了までに 40 年を要している。医学論争に直結する健康被害に関しては、認定要件がいつの間にか厳しくされるなど、現実的な後退もあった。それに対して、イ対協を中心とする住民側は、2 度の不服審査請求などを行い、新たに発生する被害者の救済を訴え続けてきたのである。

　その中で特筆すべきことは、こうした住民の活動が、医学者の研究成果や協力に支えられていると同時に、住民が研究を支えてもいることである。1998 年には富山市で「イタイイタイ病とカドミウム環境汚染対策に関する国際シンポジウム」が開催された。国内外のカドミウム中毒に関する研究者が集まった討論で司会を務めたスウェーデンのフリーベルグ教授が緊急動議的に質問した「イタイイタイ病はカドミウムが原因であるということに反対する人はいらっしゃいますか」という問いに全員の賛成が確認されたことは、「まきかえし」以来のグレーゾーンに一つのけじめをつけることになった。上記の食品安全基準にもかかわる議論も、こうした経緯と無関係とは言えない。このように、大きな勝訴などを勝ち取った公害被害者運動がその後も力を発揮する意義は大きく、その成果も多様である。近年、これらの実績への再評価が全国的にも進んでいるように見える。それについて、環境再生と近年の公害資料館設立を通じて、住民運動継続の意義を考えていきたい。

4-2　地域の被害と環境再生

　公害経験を受け継ぎ社会的に活かすための基盤として地域社会が重視される理由を実証的に明らかにしてきた一連の議論として、「環境再生」に関するものがある。地域主義や内発的発展論など先行する議論に比べて、環境再生の考え方がより明確に示しているのは被害との関わりである。

環境問題の全体像を図にすると、重篤だが被害者数は少ない公害病を頂点とし、その下に、比較的軽症で多数の健康被害が置かれ、さらにその下に、身体的以外の被害が広がる三角形が描ける。宮本憲一は、それらを「生活環境の侵害」「地域社会、文化の破壊と停滞（景観、歴史的街並みなどの喪失）」「自然環境の破壊」と分け、「生活被害の変容」を境として公害問題とアメニティ問題が連続していることを示した（宮本 2007: 111）。

この図にそって、公害問題解決のために地域全体のアメニティ改善を求めるのが、環境再生の基本的な考え方である。その出発点に位置づけられる「包括請求論」は[17]、熊本水俣病訴訟の原告側主張やスモン病訴訟における複数の判決でも認められたが、中でも重要な契機とされるのが1995年に締結された西淀川公害訴訟の和解である（淡路 2002: 29）。阪神工業地帯の中心に近い大阪市西淀川で企業・国・阪神高速道路公団を相手取った訴訟が提訴されたのは1978年であるが、すでに判決が出ていた四日市の判決は、立派だったものの被害救済と環境改善には多くの課題があることが明らかだった。その教訓を踏まえ、周囲の環境市民運動とも連携する形で、西淀川の患者会は1990年ごろ「環境再生のまちづくり」を構想する（除本他 2013: 12-16）。そして、和解金を基金として1996年に「あおぞら財団」がつくられた。被害者運動を基点に、交通や住環境などアメニティまで視野に入れた「まちづくり」を提起し、実行していこうという取り組みは、水島（倉敷市）など他の大気汚染地域にも受け継がれている。

こうした取り組みは、地域における公害経験の継承を重視する。環境再生は行政主導でも可能だが、現行法では緊急避難的な原状回復にとどまると同時に、被害者や地域住民が置き去りにされる（礒野 2006: 263）。そこで、公害の歴史を知らない新住民に公害の実態と闘いの経験を伝え、公害を身近な存在だと自覚した住民が語り合うことによる地域再生・環境再生が求められるからである（小田＝除本他 2013: 262）。

神通川流域の住民運動も経験の継承と伝達には力を注いできた。発生源対策の立ち入り調査には100名ほどの住民が参加する。交渉力を高めるためでもあるが、新しい参加者を増やす意味も大きい。立ち入り調査の前日には学

発生源対策住民立ち入り調査。(2012年10月14日撮影)

習会があり、ほぼ全員がイ病・カドミウム問題の歴史について学んだ後、調査の重点項目などを確認する。こうした継続によって、企業も地域も、立ち入り調査やそこでの要求が一部の住民運動ではなく地域全体の意思であると認めてきたのである。健康被害についても毎年「イタイイタイ病セミナー」を開催するなどして、地域住民が最新のイ病研究を知る機会をつくってきた[18]。ただし、こうした継承が可能だったのはカドミウム汚染地域の中にとどまり、なかなか広がらなかった。訴訟の頃にはイ対協が作成した小学校用の副読本『イタイイタイ病のはなし』などによる公害教育が行われていたようだが、それも減り、イ対協の資料室を訪問する児童生徒も少なくなった。

　その中で住民運動にとっても積年の願いだった富山県立イタイイタイ病資料館が2012年4月に開館した。並行して小学生用の副読本も作成され、開館1年目の来場者数は4万人近くに達した。長い間できなかった公立資料館が設立された背景には、文科省の指導要領改訂や新潟など各地の動きの影響もあり、石井隆一知事の意向などもあったが、発生源対策などの成果も見逃

富山県立イタイイタイ病資料館(2014年1月23日撮影)

すことができない。

4-3 公害の継承と環境再生

　四大公害訴訟に関しては、現在、すべて公立資料館がつくられているが、いずれも訴訟から時間を経ての開館であり、問題「解決」と深くかかわる趣旨をもっている。水俣市立水俣病資料館は1993年1月に開館した。それに先立つ1990年3月から「環境創造みなまた推進事業」が始まり、1992年には「環境モデル都市づくり宣言」が出されている。また、1994年5月の水俣病犠牲者慰霊式には、吉井正澄市長が行政の長として初めて出席し、「もやい直し」発言をしている。環境モデル都市としての再生の強調と、水俣病問題を地域の重要事項として認めることとが表裏をなしていると言えるだろう。

　新潟県立環境と人間のふれあい館は、1995年(平成7年)12月の新潟水俣病被害者の会・共闘会議と昭和電工との解決協定における約束を受けて2001年8月開館した。「自然豊かな水の公園福島潟に位置し、周辺環境と調和を

図った外観であるとともに、雨水利用設備を備えるなど環境に配慮した」同館は[19]、水と人との新たな関係を考えることが重要なテーマになっている。

2015年3月に開館した四日市公害と環境未来館も、「公害や環境問題に対する本市の取り組みを国内外に広く情報発信する拠点」を目的の一つとし[20]、展示の後半は「環境改善の取り組み」「現在の四日市」「環境先進都市四日市」と環境改善に重点を置いている。

富山県立イタイイタイ病資料館でも、5つある展示室の最後は「美しい水と大地を取り戻してきた環境被害対策」と名付けられ、発生源対策と土壌復元事業が紹介されている。上述した住民立ち入り調査の紹介映像などの展示は、同館の特長の一つである。

これらの共通点は、行政が公害資料館を開設する際には、何らかの「解決」と「環境改善」が伴われやすいことを示している。行政の中立性としては当然なのかもしれないが、このことは二つの面で公害の継承のためにも住民運動の継続が大事であることを物語る。一つには、運動の成果が資料館設立の動きと重なりやすい。富山県が「イタイイタイ病関係資料継承検討会」を設置したのは2009年であるが、その前年末にはイ対協による提訴40周年の記念集会に神岡鉱業の渋江隆雄社長が招待され、発生源対策についての講演を行っている。土壌復元工事が最終段階に入ったことと合わせて、イ病問題が新たな段階に入ったことを富山県が確認する大きな節目だったと考えられる。

二つ目に公害資料館で何を伝えるかという点がある。環境再生について上述したのと同じく、行政主導で環境改善を語ることもできるが、そこでは住民の思いや被害経験との関係が見落とされる可能性がある。たとえば基準を満たすことが環境改善だとするなら、神岡鉱山の排水口のカドミウム濃度も神通川のカドミウム濃度も、訴訟終結の1972年にはすでに当時の排水基準、環境基準をそれぞれ下回っていたのであり、公害防止協定にもとづく発生源対策などなくてもよかったことになりかねない[21]。カドミウムと縁を切ることを求めた被害住民の思い、それを実現した住民、企業、行政の尽力と誇りを伝えていくためには、経験に基づいた記憶の継承が不可欠である[22]。

各公害資料館で「語り部」活動などがあるように、「環境が改善された」の

イタイイタイ病提訴40周年記念集会。神岡鉱業社長も参加、講演した。
（2008年12月6日撮影）

ではなく「誰がどのように改善させてきたのか」を伝えるためにも住民の取りくみの継続が求められる。イ病資料館では、イ対協の関係者などが語り部を務めているほか、それとは別に「イタイイタイ病を語り継ぐ会」も結成された。

　富山以外のカドミウム汚染地域では、近年、関係者の系譜が途絶えて資料も散逸し、問題があったという事実さえ失われようとしている。このことは、富山イ病問題の「解決」の裏で全国的問題としての慢性カドミウム中毒に未解決部分が残っている現状とも直結する。

5　むすび──地域社会の公害経験の普遍的意義

　イ病問題は日本の慢性カドミウム中毒問題の先駆けである。だが、1961年に吉岡金市・萩野昇の両氏がイ病カドミウム説を唱えた後につくられた文部省・厚生省・富山県による研究班はあいまいな結論のまま1966年に幕を

閉じようとし、それに失望した被害者住民が訴訟に向けて動き出したのである。神通川流域以外にもカドミウムに関連する鉱山があることはわかっていたが、カドミウム汚染について国が各種の調査を行ったのも 1968 年の厚生省見解の後であった。こうした行政の姿勢が現在に残る側面について、本章では見てきた。

それと並んで重要なのは、「まきかえし」後の幕引きを許さなかった住民運動のあり方だろう。イ対協などの被害者団体は全国のカドミウム中毒患者救済の要求をリードする役割を果たしてきた。先述の「イタイイタイ病セミナー」でも各地の症例研究が報告され、医学者の研究交流の機会にもなっていた。だが、見てきたように結果としての現状には大きな違いがある。「全面解決」によって神通川流域ではカドミウム腎症に関する健康管理支援が進んだが、他の地域では健康調査すら行われなくなったところが多い。土壌復元と発生源対策も神通川流域では慎重に進められた結果、土壌や水質はカドミウム汚染の痕跡をほぼとどめないほどになり[23]、もちろん湛水栽培などの対策の必要もない。他方で、群馬県安中など再汚染が懸念されて久しい地域も存在する (平田・谷山 2005)。

このように、神通川流域での成果は明らかだが、それを実現するにはイ対協・被団協や関係者の長い苦労があった。個々の環境対策としては神通川流域での経験は普遍性を持っているが、全体として、これと同じことがどこでもできるかどうかは、企業の立場のみならず、住民の立場から考えても判断しがたい。この意味で、地域の経験がそのまま先例として次に使えるわけではない。前節で述べたように、継承されるべきものは成果ではなく、それを可能にした人たちの言動であり、意思であり、苦労だろう。寺田良一が述べるように、地域は普遍性を保証する場ではなく、より普遍化が困難な具体的状況の中で普遍化をめざす試みの場ということになる。地域での取り組みが地球環境問題の解決にもつながるという普遍性を認識した形での地域レベルの環境活動が重要なのである (寺田 2001: 247)。

カドミウム問題をめぐる各地の経緯が異なるように、地域そのものが普遍的な単位になるわけではない。時に、すべての地域や個人が対等の位置に立っ

ているかのように語られることがあるが、それが事実でないことは歴史が示すとおりである。多くの後発途上国では、たとえ豊富な資源に恵まれていても、厳しい貧困状態から抜け出せず、むしろ資源ゆえに汚職や紛争が激化する「資源の呪い」が指摘される。独立国でありながら政治的腐敗が生じるのは、その国の責任だとはいえないであろう。植民地時代から続く悪条件が、現在も未来をも拘束しているのである。それは、公害病被害者にも通じるし、また、被害地域にもあてはまる。被害をもたらした条件や、たとえば地域対立など被害後の打撃は、地域の未来像を変える。にもかかわらず未来は平等だと考えることは、逆に格差を助長することにつながる[24]。

同じように、地域の中によいものだけを探す姿勢は、世間の一般的な価値観で地域を見ることになりがちである[25]。したがって、公害経験の普遍化とは、その経験から後世や世界に伝えるべき重要な点を見つけ出すことではない。いかに被害の全体を認識し伝えていくかという過程こそ、普遍化と呼ぶべきであろう。それは、健康被害救済にかかわる環境再生と同様、簡単ではない。その試みを地域に委ねてよいという理由はないが、関係者の熱意と努力に頼っているのが実情だろう。今後、社会全体としてそれを支え、さらに、社会全体として公害経験の意味を確認することが必要ではないか。

注

1　行政の決定や住民と企業との協定などによって「決着」する例は多いが、言うまでもなく、それと「解決」とは異なる。長崎県対馬のカドミウム問題では10年以上にわたる取りくみの末に住民団体と原因企業とが「最終解決」の協定をかわし、双方の納得という点では評価すべき先例だと考えられる。ただし、そこでも本章で扱うカドミウム腎症の扱いなど懸案は残り、医学的な研究も続いた（飯島他 2007）。

2　対馬の公害否定については鎌田（1991［1970］）が詳しい。イ病訴訟後の動きやその他の地域のカドミウム汚染を含めて、飯島他（2007）、渡辺他（2004）などを参照。

3　神通川流域の発生源対策の評価については、住民側科学者として長くかかわってきた畑明郎の一連の著作が詳しい（畑 1994、2001、畑・向井 2014 ほか）。

4　当時のイ病弁護団は、宮本憲一大阪市大教授（当時）の見解として、「まきかえし」を日本経済の不況を背景とする資本側の動きとして、その中でも米などの農

産物にかかわるために影響が大きいイ病はねらいうちにあっていると指摘している（神通川流域被害者団体連絡協議会 1976: 5-6）。弁護団の中心的存在の一人である松波淳一は、全国のカドミウム汚染における土壌復元費用がまきかえしに影響を与えた背景を詳しく論じる（松波 2015a［2010］: 311-323）。

5 　経産省の公害防止設備投資調査による。ただし、ホームページ上のデータは平成 21 年で止まっている。（http://www.meti.go.jp/statistics/kan/kougai/gaiyo.html、2016.9.9 最終確認）

6 　新潟水俣病では外部からの様々な差別などによって、認定患者と未認定患者の運動が合同できず（飯島他 2006）、熊本水俣病ではさらに複雑な分裂が生じた。四日市公害訴訟はもともと原告をごく少数にしぼっていたこともあり原告団としての活動は弱かった。ただし、原告の野田之一氏は現在にいたるまで反公害運動で活躍している。

7 　小松義久会長、高木良信副会長、江添久明副会長をはじめ創設時から 40 年以上にわたってイ対協を引っ張ってこられた方たちの個人的な献身もきわめて重要である。

8 　「公害対策協議会」「鉱害対策協議会」など、地区によって名称は異なる。判決後に組織された地区もあり、被団協（「鉱対協」の略称も使用される）の結成は 1972 年 12 月である。同年 8 月の企業交渉ではイ対協と各地区鉱対協がそれぞれに署名している（松波 2015a［2010］: 339-340）。

9 　三井金属は誓約書にしたがって「まきかえし」の表に出ることはなく、決められた費用の支払いを拒むことなどもなかったが、それでも富山県が農用地の公共用地や商工業地への転換によって土壌復元の対象面積を大幅に減らしたことなどによって、経済的な利益を得ている。松波淳一によると、判明している被害総額 728 億円超にたいして、三井金属が被害者や富山県などに支払った負担額は約 350 億円である（松波 2015b）。

10 　イ病控訴審でイ病カドミウム説を否定する被告側証人として出廷した武内重五郎金沢大学教授（当時）を反対尋問で完全に論破した松波淳一弁護士は、石本の主張に詳細な反論を示している。なかでも委託研究班における動物実験についての批判は、まきかえしの歴史全体にたいする批判としても重要である（松波 2015c）。

11 　尿中 β 2-ミクログロブリンは、ある種のたんぱく質が尿中に溶け出していることを示す指標の一つであり、その値が高くなるとカドミウムによる腎臓障害があると認められる。

12 　食品安全委員会の HP より入手した。http://www.fsc.go.jp/hyouka/risk_hyouka.html（2016.9.9 最終確認）。

13 実際に評価書作成のための作業を行ったのは、委員会内に設置された「汚染物質専門調査会」(2007年9月まで)と「化学物質・汚染物質専門調査会」(2007年10月から)である(評価書、5頁)。
14 日本の米中カドミウム濃度の平均値は、平成9〜14年度調査では0.06ppmだったが、平成21〜22年度調査では0.05ppmに低下した。農水省(http://www.maff.go.jp/j/press/syouan/nouan/160223.html、2016.9.9最終確認)。
15 東京で開催された「食品に関するリスクコミュニケーション―食品からのカドミウム摂取に関するリスク評価について」(開催日:2008年6月18日)において、食品安全委員会の化学物質・汚染物質専門調査会委員である香山不二雄自治医科大学教授によってなされた発言(議事録:31)。議事録については、下記から入手した。http://www.fsc.go.jp/koukan/risk-cadmium2008/risk-tokyo200618_gijiroku.pdf(2016.9.9最終確認)。
16 2010年4月に水道水の安全基準、ついで2011年10月27日に環境基準が0.01ppmから0.003ppmに改訂され、事業所からの排水基準は2014年11月4日に0.1ppmから0.03ppmに改められた。それにたいして、発生源対策が進んだ神岡鉱業の排水のカドミウム濃度は0.0015ppmとすでに環境基準をも下回っている。フローよりもストックを重視し、濃度よりカドミウムの排出量全体を減らすことを重視した発生源対策の結果である。濃度を下げるために水で薄めるのは簡単だが、カドミウム排出量を減らすには、薄めずに処理量を限定させた方が効率的である。こうした「廃棄物と汚染」への着眼は、地球温暖化問題のように従来の規制では対応しきれない環境問題においても必要だと指摘される。ストック(排出量や蓄積量)を減らす取り組みの成果は、排水濃度などのフロー中心の規制への批判にもなっている(吉田1998)。
17 「包括請求論」とは、公害被害を被害者個人の身体的障害に限定せず、家庭・地域・職場へと及ぶ実体的な広がりの中で把握しようとし、そのような被害の回復のために必要とされるすべての費用を損害賠償の対象にしようとする考え方である(淡路2002: 25)。
18 勝訴10周年の記念講演から始まったこのセミナーは、全面解決に先立って30年の歴史に幕を閉じた。
19 同館ホームページによる(http://www.fureaikan.net/guidance/、2016.9.9最終確認)。
20 同館準備室作成のパンフレット「平成27年3月四日市公害と環境未来館が開館します」による。
21 規制や基準を軸とする環境改善と神岡での発生源対策の違いにかかわる四日市の大気汚染との比較については藤川(2009)を参照。
22 土壌復元の実務主体である富山県農林水産部の取り組みも重要である。その

23 対策後の米中カドミウム濃度は平均0.08ppmと全国平均とほとんど変わらない。
24 被害者と加害者を等分に見て客観的に被害をはかろうとする第三者は加害者の側に立たざるを得ないと、宇井純が述べたのと同じ意味で（宇井1971）、過去を清算して未来を語ろうという主張は加害者側に立つものとなる。
25 ルーマンの「不知のエコロジー」を論じた三上剛史は、多元的国家論を典型とする多元主義的な社会観を楽観主義と批判する。存在しない共有価値をユートピア的に設定することで、旧来の枠組みから抜けられないというのである（三上2003: 183-4）。地域社会の不用意な強調も、同じ批判を受けることになるだろう。

引用文献

浅見輝男、2005、『カドミウムと土とコメ』アグネ技術センター.
淡路剛久、2002、「公害裁判から環境再生へ」永井進ほか編『環境再生』有斐閣pp.23-38.
地球環境経済研究会、1991、『日本の公害経験』合同出版.
江川節男、2010、『昭和四大公害裁判・富山イタイイタイ病闘争小史』本の泉社.
藤川賢・渡辺伸一、2008、「公害軽視の論理はいかに生みだされるのか―カドミウム汚染基準をめぐる研究と政策の関係」『明治学院大学社会学部付属研究所年報』38号: 3-17.
藤川賢、2009、「地域における訴訟判決後の公害経験とその普遍性―イタイイタイ病住民運動の成果を中心に」『明治学院大学社会学社会福祉学研究』.
橋本道夫、1988、『私史環境行政』朝日新聞社.
畑明郎、1994、『イタイイタイ病』実教出版.
畑明郎、2001、『土壌・地下水汚染』有斐閣.
畑明郎編、2009、『深刻化する土壌汚染』世界思想社.
畑明郎・向井嘉之、2014、『イタイイタイ病とフクシマ』梧桐書院.
平田熙・谷山鉄郎、2005、「群馬県安中精錬所周辺で進む農地の重金属汚染」『人間と環境』31-3: 148-152.
飯島伸子・舩橋晴俊編著、2006、『新版 新潟水俣病問題』東信堂.
飯島伸子・渡辺伸一・藤川賢、2007、『公害被害放置の社会学』東信堂.
石本二見男、2014、『イタイイタイ病―さらなる科学の検証を』本の泉社.
礒野弥生、2006、「環境再生のための主体形成と法」礒野ほか編『地域と環境政策』

勁草書房 pp.253-284.
神通川流域カドミウム被害団体連絡協議会、1976、『カドミウムによる健康被害と土壌汚染』.
鎌田慧、1991［1970］、『隠された公害』ちくま文庫.
近藤忠孝、2008、「公害裁判勝利への展望開いたイタイイタイ病のたたかい」『前衛』2008.11: 148-152.
松波淳一、2015a［2010］、『定本　カドミウム被害百年（重版）』桂書房.
松波淳一、2015b、『イタイイタイ病の社会経済学―水俣病と比較して』桂書房.
松波淳一、2015c、『最近の「イタイイタイ病非カドミウム説」論に対する反論』桂書房.
三上剛史、2003 「リスク社会の共生空間」今田高俊編著『産業化と環境共生』ミネルヴァ書房、pp.164-192.
宮本憲一、2007、『環境経済学（新版）』岩波書店.
日本公衆衛生協会（発行）、1989、『環境保健レポート 56 号　イタイイタイ病およびカドミウム中毒（中間取りまとめ報告）』.
食品安全委員会、2008、『汚染物質評価書―食品からのカドミウム摂取の現状に係る安全性確保について』.
寺田良一、2001、「地球環境意識と環境運動―地域環境主義と地球環境主義」飯島伸子編『講座環境社会学 5 巻』有斐閣、pp.233-258.
宇井純、1971、『公害原論』亜紀書房.
渡辺伸一他、2004、『イタイイタイ病およびカドミウム中毒の被害と社会的影響に関わる環境社会学的研究』文部科学省科研費研究成果報告書（課題番号 11410051）.
除本理史・林美帆編著、2013、『西淀川公害の 40 年』ミネルヴァ書房.
吉田文和、1998、『廃棄物と汚染の政治経済学』岩波書店.

付記：本章は「3」を渡辺が、その他を藤川が執筆した後、両名で全体的に加筆修正をくり返した。

イタイイタイ病・カドミウム問題略年表

1890	神岡鉱山周辺で煙害が激化、絶え間ない苦情が始まる。
1911	この頃、最初のイ病患者発生（厚生省1968のグラフによる）。
1946	萩野昇医師が復員。やがて、イ病に直面。このころイ病の激甚期。
1949	農業被害について被害町村などが「神通川鉱毒対策協議会」結成。
1955	萩野医師らが「イタイイタイ病」に関する初めての学会発表。
1961.6.24	吉岡金市教授、萩野医師の連名でイ病「カドミウム説」を発表。
1961.12.15	富山県「富山県地方特殊病対策委員会」を設置。文部省、厚生省も続く。
1966.9.30	富山県、文部省、厚生省の3研究班合同会議「カドミウム＋α説」で幕。
1966.11.14	イ病の激甚地で住民大会、「イタイイタイ病対策協議会」発足。
1968.3.9	第一次原告、訴状を提出（富山地裁）。
1968.5.8	「イタイイタイ病に関する厚生省見解」公害病認める。富山県は否定の見解。
1969.3.27	厚生省が、対馬、安中などをカドミウム汚染「要観察地域」に指定。
1970.7.7	厚生省、玄米のカドミウム安全基準を1.0ppmと規定。
1971.6.30	イ病訴訟富山地裁判決、原告全面勝訴。被告即日控訴。
1972.8.9	イ病訴訟控訴審判決、原告全面勝訴。翌日、三井金属本社で直接交渉「イ病賠償誓約」。
1974.4.4	自民党議員が衆議院委員会でイ病厚生省見解に関する質問、「まきかえし」の表面化。
1975.1	『文藝春秋』に「イタイイタイ病は幻の公害病か」掲載。
1975.3	「イタイイタイ病に関する総合的研究班」発足。非カドミウム説論者を中心に新編成。
1988.2	前年度の認定申請で全員却下された7名が県に異議申し立て。後、不服審査請求へ。
1989.10	環境庁研究班、カドミウム汚染地域住民健康調査の中間報告。イ病とカドミウムの関係について懐疑的な結論。
1993.4	イ病認定の不服審査で却下された3名の取消を求める行政訴訟を提訴。
1993.11.15	7月に再編された富山県イ病認定審査委員会が過去に申請却下された19名を再審査し、翌月とあわせて13名を新たにイ病認定（全員死後）。
1993.12	行政訴訟取り下げ。前月に認定審査会が3名中2名を認定したため。
1998.5.	富山市で「イ病とカドミウム環境汚染対策に関する国際シンポジウム」。
2001.3	国際機関コーデックス委員会が玄米のカドミウム濃度基準0.2ppm案を示す。
2001.6	神岡鉱業、亜鉛をすべて輸入製鋼に転換し、鉱山をすべて閉山。
2003.3.21	20年来なかったほどという劇症患者がイ病認定（死亡の4日後）。
2003.10.16	認定却下の4名（3名は遺族）が国に行政不服審査請求。

2003.12	厚生労働省、コーデックス提案についてコメのカドミウム汚染の 0.4ppm への緩和などを求める修正案提出の方針を固める。
2004.7.3	コーデックス委員会が、コメの基準 0.4ppm などの食品カドミウム基準を採択。
2007.10.29	国の不服審査会が、2名について裁決。1名は申請却下、1名はX線写真を資料に加えて再審査するよう不認定を取り消し。
2008.4.27	富山県公害健康被害認定審査会、2名を新たにイ病認定、1名を判定保留。住民健康調査で「要観察」と判定され患者認定につながった近年初のケース。
2008.12.6	イ病訴訟 40 周年記念集会。神岡鉱業の渋江社長が参加、講演。
2010.4	厚労省、コメのカドミウム食品安全基準を 1.0ppm から 0.4ppm に変更。
2012.3.17	土壌復元事業の完工式。計 863.1ha、407 億円。転用予定の未完了地残す。
2012.4.29	「富山県立イタイイタイ病資料館」開館。
2013.12.17	神通川流域カドミウム被害団体連絡協議会と三井金属・神岡鉱業との間で、「神通川流域カドミウム問題の全面解決に関する合意書」調印。
2016.11.12	イ対協結成 50 周年式典。「イタイイタイ病 闘いの顕彰碑」を建立。

2016 年 11 月 12 日に序幕された記念碑、裏面には 50 年の歴史が刻まれている。
出典:イタイイタイ病対策協議会結成五十周年記念式典の案内から

第3章　大分市大気汚染公害と新産業都市開発
―― 大気汚染被害はいかに否定されたか

渡辺伸一

1　はじめに

　わが国の公害発生地域においては、多くの被害者が公害病と認められることなく放置されてきた。水俣病(有機水銀中毒)については、全国各地でその発生が報告されたにもかかわらず、国が公害病と認めたのは九州不知火海沿岸地域と新潟県阿賀野川流域の2つでしかない。また、イタイイタイ病(慢性カドミウム中毒)の場合も、各地で被害者発見の調査研究が存在するのだが、公的には富山県神通川流域でしかその発生が認められていない(飯島他 2007)。水俣病でもイタイイタイ病でも、国によって公害病患者と認められ権利回復された被害者は氷山の一角であった。このことは、大気汚染問題に関しても同様である。

　国は、1973年9月制定の「公害健康被害補償法」(公健法)によって、1978年までに41地域を大気汚染地域(第一種地域)として指定してきた。だが、全国の大気汚染地域の中には、国によって指定されなかったところが少なくない。公健法による指定地域は、中央公害対策審議会答申「公害健康被害者補償法の実施に係る重要事項について」(1974年11月25日)において、「著しい大気汚染」が生じ、その影響による疾病が「多発している」地域として定義され、大気汚染の程度を判断するにあたっては、固定発生源からの排出が多いSO_2(二酸化硫黄)濃度のみが指標とされた(除本 2002: 274)。つまり、SO_2の汚染度から、健康被害の実態を探り当てるしくみなのだが、このような方法をとると、SO_2以外の汚染物質や複合汚染による健康被害を拾い出すことは難

しい。この結果、多く公害被害地が、国によって公害病発生を否定されたのである。本稿が対象とする新産業都市（新産都）の大分もその1つである。

とはいえ、国が公健法に指定しなくとも、十分なものかどうかは別として、独自の健康被害者救済制度を続けたり、新たに作ったりした自治体は少なくない。例えば、新潟県上越市（1972年条例制定）がそうだし、新産都でいえば、富山市（1973年制定）、八戸市（1977年制定）などが挙げられる。大分県もそうした自治体の1つであり、1973年に「大分県公害被害救済措置条例」を策定している。だが、大分県の場合、他の自治体と決定的に違う点がある。それは、条例は制定したものの、条例の適用を受ける地域を指定していない点だ。つまり健康被害については一度も運用されていないのである。管見の限りではそのような自治体は大分県だけである。

大分県と言えば、今日、一村一品運動の発祥の地として、広く知られている。その提唱者は平松守彦元知事（1979-2002）だが、彼が副知事（1975-78）だった1970年代の大分地区は、新産都建設の「成功モデル」（庄司編1985）とされる一方で、大気汚染による深刻な公害問題が発生していた。だが、新産都推進のために大気汚染被害者の発生を認めない県の強い姿勢ゆえに、激甚地である大分市三佐地区での公害病は否定されてしまうのである。70年代に大分で大きく社会問題化したこの事例を、今日あえて取り上げ検討しようとする理由と意義は、次の2点にある。

第1。大分県が三佐地区での公害病を否定し、被害者運動を沈静化へと導いた方法は、他の公害発生地においてほとんど類例がなく、わが国公害史の中でも極めて希な事例だと位置づけ得る。ここでは、その独自な方法とその方法の有する加害性を明らかにしたい。

第2。だが、県の公害病否定の対応を可能にしたのは、三佐地区で反公害運動が大きくは興隆しなかったからでもある。その理由としては、「加害企業からの心理的・地理的距離及び経済的・社会的拘束性」（飯島1993）という要因が指摘できるが、加えて、本事例を通して「補償的受益圏の受苦圏化」という地域特性のもつ重要性を強調したい。

以下、まずは、大分県における新産都建設問題と反公害運動の概要につい

て押さえておく (2 節)。その上で、3 節と 4 節において、公害病否定における県の独自の方法を明らかにするとともに、三佐地区において反公害運動が大きく興隆しなかった社会的背景を、上記の「拘束性」と「補償的受益圏の受苦圏化」に着目して検討していく。そして、まとめの 5 節では、県の公害病否定に関わる二重の加害性と、公害病を否定された三佐地区の特徴を受益圏・受苦圏論の視点から考察する。

2　新産都開発問題と公害反対運動の概要

　大分新産都の建設は、新産業都市建設促進法 (新産法) に基づき、1964 年 1 月に、大分地区が新産都の区域に指定されたことにはじまる。だが、実質的にみると、同新産都の建設は、それよりかなり以前に着手されたとみなしてよい。すなわち、大分県は、1953 年頃から大分鶴崎地区に臨海工業地帯を建設することを計画し、1962 年には大分鶴崎臨海工業都市の建設に伴う施設整備計画、大分県基本計画、大分港の港湾計画等を次々と策定していった。そして、同年 8 月に新産法が施行されるや、これらの計画を新産法上の基本計画に策定し直し、1964 年 12 月に内閣総理大臣の承認を受け、以後その計画を実施に移してきたからである。よって、新産都一期計画である 1 号地から 5 号地の埋め立ては、新産法による区域指定を受ける前の 1958 年に開始されている。大野川左岸の計 1066ha が埋め立てられ、九州石油、昭和電工石油化学コンビナート、九州電力、新日本製鉄などが進出し操業を開始した。この一期計画に続いて、大野川右岸から佐賀関町[1]に至る 1190ha を埋め立てようとしたのが二期計画 (6 〜 8 号地) であった。折からの高度経済成長を背景に、数多くの企業が進出の名乗りを上げる (帯谷 2004: 181)。

　ところで、一期計画地に進出した企業によるコンビナート操業が本格化すると、大分市内では大気汚染や水質汚濁、悪臭などの公害が発生した。特に、三佐地区 (三佐・家島地区)[2] の大気汚染は深刻であった (図 3-1 参照)。この地区には、新産都指定以前から、住友化学 (1937 年操業決定)、鶴崎パルプ (1959 年操業開始、現王子マテリア大分工場) などの工場が内陸部にあり、既に公害を

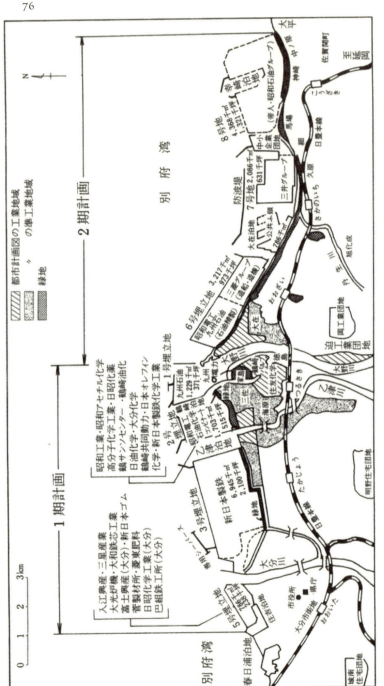

図 3-1 大分新産業都市計画(第 1 期・第 2 期)

出典：川名 (1992)

第 3 章　大分市大気汚染公害と新産業都市開発　77

大野川大橋から西を見る。左側の鶴崎パルプ（現王子マテリア）・住友化学と右側の九石・九電・昭電の工場群に挟まれて三佐地区がある。（2015 年 5 月渡辺撮影）

被っていた (船橋 1972: 32)。そこへ、北部の一期計画地に、工場が立地・操業したのであるから、三方を工場群に囲まれてしまった三佐地区は、「大分における公害の先進地」(同上) となった。そして、「公害のふきだまり」といわれる状況が現出することになったのである (畠山 1979: 103)。

　三佐地区は、1945 年までごく普通の農村および漁村から成り立っており、漁業に従事するものは 500 人を越えていたとされる (船橋 1972: 46)。三佐の漁業は、主として、冬季におけるノリの養殖と夏季における漁獲であった。

　三佐地区には、公害反対運動の歴史があった。戦前の住友化学立地に対する小作人らの土地買収反対運動や、1957 年の鶴崎パルプ誘致反対運動である。しかし、後者についていえば、県、鶴崎市 (1963 年に大分市に合併) そして鶴崎商工会議所も誘致賛成のなか、結局、反対運動は実らなかった。「これ以後、工業化それ自体に反対する運動は三佐地区に起こらなかったと言ってよい」(同上 60-63)。この点については、3 節で改めて検討する。

　その三佐地区で運動が復活してくるのは、二期計画による 8 号地埋立

(430ha)に強力な反対運動をしていた佐賀関町の神崎地区住民(三佐地区から14kmほど東)の働きかけがあってからである。神崎地区の住民は、当地区では400〜500mの山地が海岸線のごく間近までせまっており、夏には海風と陸風が交互に吹くことから、もし沖合に工場を建設すると、工場からの悪臭有毒ガスが同地区に吹きつけられ、甚大な公害被害が生じうることを懸念した。また佐賀関町が旧新産都基本計画では埋立計画の対象地区ではなかったこともあって、8号地計画に強く反発し、1970年9月、「8号地埋立絶対反対神崎期成会」を結成して反対運動を開始していた。そして、佐賀関町の漁業者や三佐地区の住民に対しても、二期計画の問題性を訴え、反対運動のネットワークを広げていたのである。

彼らが中軸であった8号地反対運動は、環境庁への度重なる陳情や同庁調査団による現地視察、革新系国会議員の現地公害調査の実現など、国政をも巻き込んで強力に展開された。この結果、6号地と7号地は埋め立てられるのだが、8号地計画については中断せざるをえなくなった。8号地計画中断を解除する条件として、立木勝知事は、①地元住民の同意を取り付けること、②環境アセスメントを実施すること、③佐賀関町漁協が正常化することの3点をあげた。当時、佐賀関町漁協の内部では8号地埋立賛成と反対の両派が激しく対立し、流血事件まで起こっていた(4章で詳述)。

その後、県は、これまで県の計画として遂行してきた8号地計画を含む二期計画を新産都基本計画に組み入れることを考え、旧基本計画の改訂作業を開始する(1977年3月、内閣総理大臣が承認)。そして、1976年9月には、県の働きかけにより、佐賀関町議会が8号地埋立を含めた「基本構想案」を強行採決した。

これら一連の県の動きに対し、危機感を抱いた8号地埋立反対の各団体は、1976年10月、8号地阻止県民共闘会議(「神崎期成会」、県労評、社会党、公明党、共産党、大分の環境を守る連絡協議会などで構成)を結成する[3]。そして、知事が8号地中断の際に示した3条件が履行されないまま計画を再開するのは、約束違反であると主張し、計画の取り消しを強く求めたが拒否された。そこで、1977年1月、神崎地区の住民を中心に約330名が、8号地計画の取り消しを

求めて大分地裁に提訴するのである（川名 1992: 148）。

1979年3月、8号地計画取消訴訟の判決が出る。判決の結論は、大方の予想通り、計画の処分性を判例・学説の大勢にしたがって否定し、原告の訴えを却下するというものだった（畠山 1979: 103）。だが反面で、一期計画で発生した深刻な健康被害や漁業、農産物の被害の実態には理解を示し、公害問題に対する行政の取り組みの不適切さと企業よりの開発行政を批判した。三佐地区に公害があることをいわば「認定」した判決に、原告側は一定の評価をした（川名 1992: 153）。

しかしながら、県は最後まで、三佐地区での公害病の発生を認めない姿勢をとり続けた。それは、この判決から1年余り経った1980年5月に公表された環境アセスメント報告書に示されている。報告書では、二期計画を実施しても工業化に伴うSO_2などによる大気汚染は適切な対策をとることによって環境基準を達成できるなどと結論され、健康被害問題については「大気汚染との関連で説明することは困難と考えられる」とした（大分県 1980: 39）。

平松守彦知事（1979年4月就任）は、この報告書を受け、6月、「3条件は満たされた」としてついに8号地計画の中断解除を表明する。だが、2度目のオイルショックなど経済情勢の変化で進出予定企業が立地に消極的になるなか、結局、知事は埋め立てを実施することはなかった[4]。

なお、埋め立てられた6号地、7号地についても問題は多い。もともと石油化学コンビナートを予定していた6号地は、7社が用地取得したが、実際に立地した工場は2社に過ぎず、残りは遊休地のまま30年間も放置された。その東、三井造船が1971年に購入した7号地A地区（170ha）も有効利用されず、1989年から一部がゴルフ場（三井不動産所有）となった（大分合同新聞 2004.5.2）[5]。

他方、8号地計画による海の埋め立てを阻止できた神崎地区（現大分市）では、海水浴場の整備を端緒に、住民が主体となって「環境」と「福祉」に力点をおいた地域づくりが実践され、今日に至っている（稲生 2008）[6]。

8号地計画から海を守り作られた「神崎海水浴場」。奥(北)に見えるのが佐賀関半島。(2012年8月渡辺撮影)

「神崎海水浴場」にはウミガメが産卵に訪れる。左奥(西)に見えるのは7号埋立地に立つLPガスタンク。(2012年8月渡辺撮影)

3 大分県による公害病否定の経緯とその独自な方法

上でみたように、新産都推進のためには大気汚染被害の発生を認めないとする県の強い姿勢ゆえに、激甚地である大分市三佐地区での公害病は否定されていった。この公害病否定の仕方と、三佐地区における被害者運動の沈静化への対応は、他の公害発生地においてはほとんど類例を見ない。本節では、その独自の方法を、県に公害病発生を認めさせようとした各種の取り組みや反公害運動の展開過程を見ていく中で、明らかにしていきたい。

3-1 71年医師会報告書と市民による公害調査

三佐を含む鶴崎地区に公害病が発生していることは、大分県医師会による各種調査結果をみても明らかであった。県医師会による大気汚染問題への対応は1963年9月から開始され、「県内の諸機関に先がけて、部内に公害対策研究委員会（委員長、九大教授・矢野良一）を組織し、独自の立場で行動することを決定した」もので、先駆的な取り組みといえる（大分県医師会1971）。

対象地域は、鶴崎地区を構成する、三佐、鶴崎、別保、高田、明治、松岡、川添の各分区であり（図3-2）、調査された疾病は、大気汚染と特に関係があると考えられる感冒、急性・慢性気管支炎、気管支喘息、肺炎、扁桃腺炎、咽喉頭炎の6種である（これを特殊疾患と呼ぶ）。

県医師会は、1962年〜1969年の8年間にわたり、国民健康保険診療報酬請求明細書をもとに、この鶴崎地区で疾病構造の調査を行っていた。それによると、特殊疾患罹患率は、1963年、1964年が33%、1969年に50%を越え、一期計画地での工場の操業にともなって（九州石油操業開始は1964年）、特殊疾患が増大していた。

加えて、1971年公表の調査結果（鶴崎地区人口30,783人）では、感冒、気管支炎、扁桃腺炎、咽喉頭炎の主要4疾患について、「年間対人口罹患率は鶴崎79.64%、三佐61.64%、高田52.31%、別保51.66%、川添43.89%、明治39.79%、松岡27.52%のように、工場群からの距離が近いほど罹患率が高く、離れるほど低くなっている。これは大気汚染の濃度と特殊疾患発生との関

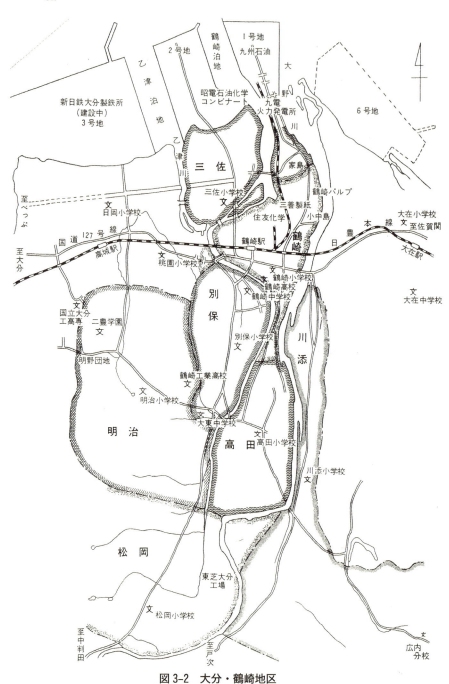

図3-2 大分・鶴崎地区

出典：大分県医師会(1971)

係が明らかに正比例することを証明している」としている（同上：5）。そして、環境基準に関しては、「SO_2 について、わが国の環境基準は 0.05ppm と決めているが、一般にこの程度であれば安全であるかのように錯覚しているものが多く、はなはだ危険であるといわざるをえない。さきに行った鶴崎地区の疾病構造調査の結果で明らかなように（略）、同地区の SO_2 濃度が 0.02 を超えなかった時期においても、呼吸器系、耳鼻科系疾患は汚染のほとんどなかった頃に比べて、年々増加していることを証明している」と書き、「SO_2 濃度が 0.05ppm 以下であっても、健康に影響があることは明らかである」（同上：14）と断言している。

「公害の吹きだまり」と呼ばれた三佐地区では、この医師会の調査結果を受け、反対運動が活発化していく。彼らにとって、二期計画によって工場が増えることは公害のさらなる悪化を意味するからだ。橋本健司氏をリーダーの 1 人とする「三佐・家島公害青年追放研究会」は、1972 年 6 月、地域で二期計画反対の署名活動を展開し、子供を含め約 6,000 人の住民のうち大人 3,000 人の署名を集めている（Broadbent1999: 230）。「追放研究会」は、さらに主婦たちと協力して、三佐地区で乳幼児の健康調査も実施する。調査の結果、三佐地区板屋町では 11 人の乳児のうち 9 人が気管支炎に罹っており、扁桃腺炎、結膜炎、喘息の罹患率も極めて高かった（藤井・高浦 1974）。他方、臨海工業地帯のすぐ背後地にある大分県立鶴崎高校の教諭たちも、藤井敬久氏が中心となって三佐地区で調査を開始していた。その調査結果によると（大分鶴崎高校 1972）、家島地区では、全住民の 40.9%、全世帯の 66.7% が大気汚染に関係のある異常、すなわち「カゼをひきやすい」「ノドが痛い」「セキが出る」「扁桃腺肥大」などを訴えていた。藤井氏らの聞き取り調査（1972 年 9 月）から一部引用する。「夫が 7 年前からぜんそくであけ方にひどくなる。特に時候のかわり目が悪い。公害のためです。私も 1 年前からのどが痛くせきが出る。工場の設備をよくして下さい（三佐、60 代女性）」。「夫は 1 年ほど前ぜんそくで死んだ。それまでぜんそくの気はなかったのですから『じいちゃんは公害で死んだのだ』とみんなにいっています（家島、50 代女性）」。「父は近くの企業につとめ、2 年程前から入院。高血圧にぜんそくを併発して死亡。母

も2年前から咳が出て、工場から風の吹く時にはひどくなる (家島、30代男性)」 (大分鶴崎高校 1972、藤井・高浦 1974)。

『大分県労評新聞』(1972.11.1) は、県医師会 (1971) にはじまるこれらの調査結果を掲載した上で、「ぜんそく患者の集中する四日市の塩浜・磯津地区は、大分市の三佐・家島地区に相当します」と書き、見出しで「大分を第2の四日市にするな」と訴えた (図 3-3 参照)。

このように、三佐を含む鶴崎地区に公害病があることは、県医師会調査で

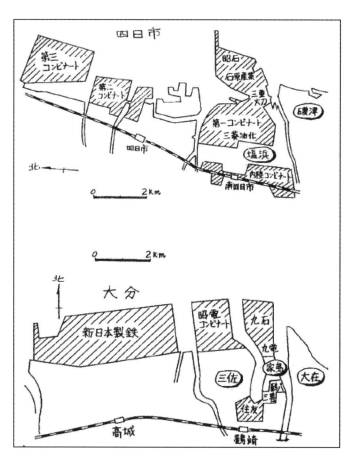

図 3-3　四日市の塩浜・磯津地区と大分の三佐・家島地区の比較
出典：『大分県労評新聞』(1972.11.1)

も住民調査でも明らかになっていったのであるが、県は、大気汚染被害の発生を認めようとはしなかった。それどころか、県企画部が1972年10月に「新産都二期計画」を推進するための資料として発表した「新産業都市建設の状況」には、「人の健康に影響が出るような事態にはいたっていない」と書かれていた(川名1992: 120)。これを知った橋本氏ら三佐地区住民たちは、上記一連の調査結果をもって県庁を訪れ、立木知事に、健康被害の発生を認めること、そして公害防止対策を強化することを強く訴えた。交渉の結果、知事は、三佐地区で詳細な調査をすることを約束し、県医師会に依頼する。

3-2 73年県委託医師会報告書とそれへの批判

その報告書は、県環境保健部の名で、1973年5月に公表された(大分県環境保健部1973)。この報告書は、三佐地区の住民4,801名を対象として呼吸器系統の面接調査を行い、その結果を集約したものである。それによると、成人の慢性気管支炎(CB)有症率は4.1%、40歳以上の有症率は6.1%となっていた。

慢性気管支炎とは「セキ及びタンが年3ヶ月以上、2年以上にわたって続く症状をもつ」ものをいう。公害対策基本法第9条で定めた「大気汚染物質」は、人の健康保護の観点から「40歳以上の慢性気管支炎有症率3%以内」を判断尺度として、基準値を定めている。よって、三佐地区の6.1%という数値は高率といってよい。しかし、報告書では、有症率の高さの原因に関しては、加齢と喫煙が強調され、「三佐地区のSO_2濃度からみて(=1972年度で0.02ppm程度=引用者注)、それほど汚染の程度はひどくないのにCB有症率がこのように高い理由について、今後解明する必要があると思っている」(同上: 6-7)と、高い有症率の原因を大気汚染と認めず、未解明としたのである。

同じ医師会による調査にもかかわらず、特殊疾患多発の原因を大気汚染にあるとした医師会単独の71年報告書とは見解が異なっている。なぜなのか。県医師会副会長の加藤新医師は、これまでの医師会調査でも、この73年公表の調査でも「大気汚染による健康被害が確認されています。ところが、県はこれらの調査をいっこうに行政に取り入れようとしません」と批判してい

る（大分合同新聞1974.1.1）。73年報告書で病気多発の原因を大気汚染としなかったのは、医師会ではなく、県行政の判断ということだ。

ジャーナリストの内山卓郎氏（『週刊エネルギーと公害』編集発行人）も、この報告書に疑問を抱いた1人である。氏の疑問点とは、次のようなものである（内山 1974）。

①通常、「成人有症率」という場合、「40歳以上の有症率」を意味しているのに、県の報告書では15歳以上で統計処理したこと。②地区別、男女別の有症率も15歳以上の値で示したこと（老齢者ほど高い有症率を示すから、15歳以上でとると薄められた低い値となって出てくる）。③他の地域の有症率を男女別の40歳以上で示したこと（15歳以上の有症率とは比較できないはず）。④三佐地区の40歳以上の有症率についてはただ一つ、地区全体の平均値6.1%という値のみ示し、地区別・男女別の値を出さなかったこと等である。

そこで、内山氏は、報告書に添付されていた調査集計表から、40歳以上の慢性気管支炎有症率の算出を試みている。それによれば、家島地区（三佐5区）の有症率は、男子11.4%、女子6.7%、平均8.9%という極めて高い有症率が出てきた。これを、報告書が引用している山口大学野瀬善勝教授の6都市の有症率と比較すると、家島地区（男女）と三佐地区全体（男）の有症率は、四日市に次いで第2位。他の大阪、徳山、南陽、宇部、神戸などの有症率をはるかに上まわっていた（**図3-4**）。それにもかかわらず、73年5月の報告書では「東京、大阪の中等度汚染地区なみの有症率とほぼ同じ」としていたのである。この分析は『週刊エネルギーと公害』（1973.10.25, No.285）で公表され、住民運動側は県の報告書を大いに問題視する。また、1973年11月の国会でも取り上げられ、議論されている[7]。

三木武夫環境庁長官は、「……四区、五区の数値は相当高い数値が出ておりますし、これに対しては健康調査は再調査をやる必要があると考えております」と答弁。加えて、「大分地区については、いろいろと問題のある地域でありますから、これは相当環境庁としても、その環境汚染について十分慎重にいろいろな影響というものを絶えずやはり監視する必要を感じております」とも述べている。県は環境庁の要請により再調査をすることになる（1974

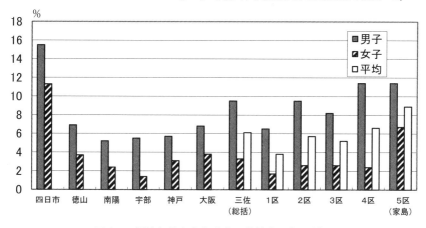

図 3-4　慢性気管支炎有症率の比較 (40 歳以上)

注：①三佐地区の対象者数 (40 歳以上) は、男子 748 名、女子 896 名。② 6 都市のデータは、大分県環境保健部 (1973) が引用している野瀬善勝山口大学教授 (公衆衛生学) のもの。
出典：内山 (1973)

年 9 月〜75 年 5 月)。当時環境庁は、「『三佐・家島地区の大気汚染による健康影響の実態はどうか。健康被害の状況が新産二期計画 (6〜8 号地) 具体化の鍵を握るだろう』と考え、三佐・家島地区を重視していた」[8]。県の報告書は、環境庁を納得させるものではなかったのだ。

1973 年 12 月、県医師会は、会報において、鶴崎地区の調査結果を 10 年にわたる取り組みの総括として再度発表している (大分県医師会［公害対策研究委員会］1973)。注目すべきは、5 月に県の名で出た委託報告書とは異なり、ここでも、鶴崎地区における特殊疾患の原因を大気汚染に求めている点だ。だが、この報告書が県の施策に影響を与えることはなかった。県からすれば、施策に関係のない純粋な医学的研究に過ぎないからなのだろう。県にとって意味を持つのは、あくまで県が医師会に行政委託を行い、調査・作成された報告書の方だからだ。環境庁から要請されたその県の再調査の報告書が公表されるのは 1976 年 2 月である (後述)。

3-3　三佐地区と加害企業との関係──家島の集団移転問題の発生

ところで、前述の藤井氏は、二期計画反対運動は 8 号地埋立を中断に追い

込む (1973 年) など大きな成果をあげてきたが、「肝心要の大分市内」の健康被害が最も深刻な三佐地区では「非常に運動が起きにくい」と述べていた (藤井 1974: 54)。すでにみたように三佐地区には橋本氏らの運動が存在したが、それは支援者や神崎の住民運動に支えられたものであり、地区内の運動参加者はあくまで少数にとどまっていたからである。なぜか。

　まず、指摘できるのは、企業による地域支配ということだろう。住友化学 (1937 年操業開始、当時の名は日本染料) を例にとろう。藤井氏によれば、住友化学は、「近くの三佐、下鶴崎、小中島という部落に多くの従業員や、下請関係を持ち、強大な影響力をもってきたため、公害対策はほとんど手をつけなかった企業」(藤井 1974: 14) である。三佐地区に住む橋本氏は、「住友は殿様」で、「何十年にわたって住友は巧妙にこの地を支配してきた」と言い、「大きな健康被害があるにもかかわらず、これら周辺地区の住友に対する怒りの声は非常に少ない。その原因は？　それを知るためには自治会組織を知らねばならない」と指摘する (橋本 1973: 17)。

　三佐地区には、「三佐地区公害対策連合協議会」という組織が存在する。船橋泰彦氏によれば「公害が発生したときの対策を住民にとっても公害発生企業にとってもできるだけ円滑に機能する役割を果たしてきた」(船橋 1972: 59) のであって、企業に公害防止対策を強く迫ることはしていない。なぜなのか。**図 3-5** からわかるように、委員長が住友社員 (かつ大分市議) で、事務局次長もまた住友社員なのである (1973 年当時)。

　橋本氏らは、反公害運動のなかで、公害の実態をスライドにして学習会等で見せるという活動をしていたのだが、1970 年頃、委員長から「スライドを見せてくれ」と言われ、「協議会メンバー」(= 常任委員) に集まってもらって見せたという。その時は別の住友社員も来ていたが、各委員の感想は次のようなものだった。「こういうものを他地区の人に見せてもらっては困る。人が来なくなり土地の値が下がる」「こういう公害は我々 (常任委員) が話し合って先ず解決しなければ、そしてみんなに見せればよい」等々。橋本氏らの運動に対する牽制と言うことであろう。「委員長が住友の社員であることは、常に住友の影響下におかれているということである」(橋本 1973 : 19) と橋本氏

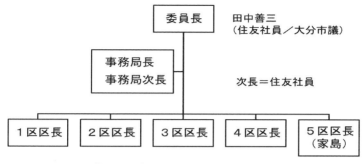

図3-5 三佐地区公害対策連合協議会常任委員会(1973年頃)

は書いている。

　第2にいえるのは、企業と利害関係がある人が多いということだ。住友化学の場合、藤井氏が「近くの三佐、下鶴崎、小中島という部落に多くの従業員や、下請関係を持」つと述べていたことは既述したが、住友は地域に密着した組織を作り就職の斡旋にもかかわっていた。

> 「昭和36年当時、三佐地区から約50人が住友化学に就業しており、彼らは住友三佐会という企業の地域対策組織を形成していた。住友化学の労働組合委員長がその組織のリーダー格になって、地区内で住友化学に就業する者はその組織あるいは労組委員長の推薦を得ることとなる」(船橋 1972: 54)。

　1961年以後も住友への就業者は増加していくのだが、その結果、地域の伝統的な実力者層の基盤の一部を壊すことになった。地域に利害関係者が増加することで、住友の地域における支配力も増すことになったのである(同上)。飯島(1993)の概念で表現すれば、「加害企業との心理的・地理的距離が近く、かつ経済的・社会的拘束性も強まっていった」と言うことができ、この点は、反公害運動が大きくは興隆しなかった重要な要因だと考えられる。

　こうしたなか、大気汚染による健康被害を認められず、救済も受けられずにいた住民の一部は、1974年9月に集団移転を決意するに至る。県の1973

年の報告書で最も大気汚染被害が酷かった三佐5区＝家島地区の住民である。実現すれば、全国でもあまり例のない300世帯以上の移転となるはずであった。

家島地区では、何年も前に、県議会や市議会へ集団移転の要望書を提出していた。要望を受けた県や市ではプロジェクトチームを編成して、四日市市の先行例(平和町、雨池町など)を調査するなど準備を進めていた。また、地元でも家島地区集団移転対策委員会を設置し、移転希望地などの話し合いを続けていた。だが、少数の移転反対者もおり、住民全体の合意には至っていなかった。それが317世帯のほとんどが賛成することになった契機には、住友化学の2回にわたる事故がある。

1974年5月の有毒ガス流出事故と8月の火災事故である。8月の事故では、県の調査によると被害者は365人にのぼり、92人が医師の手当を受けた(橋本1973: 16)。家島在住の三浦正夫氏は、当時を振り返り、「(5月の有毒)ガスの調査も終わらぬ八月一二日夜、住友化学工場大分製造所の農薬製品倉庫が火災を起こし、真っ赤な火柱が百メートル以上にも噴き上がり、風に乗って火の粉や灰が雨のように家島上村地区に降った。全住民は戦時の空襲を思い出し身をおののかせ、風に乗って流れてくる有毒ガスに逃げまどった」と記している(三浦2004: 283、括弧内引用者挿入)。三佐地区公害対策連合協議会は、このときも事故再発防止策を強く要求しようとはせず、5月の有毒ガス流出事故の際には、「県や市に、早急に住化の操業を認めよ」との申し入れさえしていたという(橋本1973: 19)。

8月の事故から1ヶ月後、大分市議会公害対策特別委員会による「公害対策についての住民の声を聞く会」(住民出席者150名)が開かれた。そこでは、次のような訴えがなされている(橋本1973: 19)。「ただ単に事故のみではない、慢性疾患についてはどういう考えか。子供が扁桃腺でうらをかえしたように高熱を出す。医者に行くと、なるべく早く空気のいいところへ引越しなさい、と言われたが、引越せるような家の状況ではない。どうすればよいのか」(若い主婦)。「2人とも毎晩咳き込んで、お乳や食べたものを吐く。薬を飲んでもよくならない。お医者は、お金をためて引越しなさい、これくらいの状態

は、他（横浜や尼ヶ崎）では公害病認定患者になっている、と言う。本当に子供のことを考えると暗い気持ちだ」（3才と2才の子供を持つ母親、括弧内原文）。

集団移転を決断するにあたり、幸久男移転対策委員会会長（家島地区自治会長）は、「工場側に移転を求めようとも思ったが、工場に勤めている地元の人も多く、職を失うことを考えればわれわれの方が出て行かざるを得ないという結論になった。一日も早く公害のない場所に移転してきれいな空気を吸って生活したい」と述べた（朝日新聞1974.9.28）。朝日新聞は、これを次のように解説している。家島地区は「住友化学や大分新産都企業に勤めている人も多い。漁村だった家島地区の大半はいまはサラリーマンであり、有毒ガスに苦しみながらも結局自分たちが身を引かねばならないと決意した背景にはこのような弱みがあった」（朝日新聞1974.9.24）。幸会長自身も住友化学出身である（毎日新聞1984.1.17）。加害企業との利害関係者が多いということが集団移転の決断に大きな影響を与えていたといえよう。

9月28日、県と市、地元の三者で締結された集団移転の合意書は、「基本的事項」と「実施事項」とに分かれ、全体で11条項からなっている。このうち「基本的事項」では、①家島地区に居住する全世帯が一カ所に集団移転する（場所は、同じ鶴崎地区の別保地区と決まった）。②集団移転の跡地（宅地以外の土地を含む）の取り扱いについては県、市当局に一任する、となっていた（大分合同新聞1974.9.28）。

一方、「実施事項」として次の点があげられた。①移転先は地元の要望を尊重する。②移転方式は、公共事業の施行に伴う「損失補填基準」による。③移転宅地の区割りは等価交換方式で、一区画最低198㎡、買い増しの取り扱いは今後協議する。移転先での宅地の割り付けは現在地を基準にする。④公園、児童館、公民館、消防車庫など公共施設利用地は県、市で確保する。⑤農地、雑種地などについては登記簿面積によって現況評価する。⑥借家人で公営住宅に入居を希望するものについては県、市で入居資格に応じて措置できるよう努力する。⑦家島地区の現況調査を年内に終了できるよう努力する。⑧移転完了は1978年度末を目標とする。⑨この合意書に定めていない細目、事項については今後協議する。

県、市はすでにこの年の予算で合わせて3000万円の調査費を措置していた。そして、住民は1978年度末までに宅地156,000㎡と農地とを手放し、交換に別保地区の宅地115,000㎡を取得する旨の協議が成立していた[9]。移転費用は、おおよそ300億円と見込まれていたが(朝日新聞1974.9.29)、最大の課題は、この費用をどう捻出するかにあった。県は、「基本的には県、市が負担すべきだ」との原則を持っているものの、めどは全く立っていなかった(毎日新聞1974.9.29)。

ただし、移転費用について明確な点はあった。それは、「公害防止事業費事業者負担法」を利用しないということだ。「事業者負担法」では、企業活動による公害を防止するために、国や自治体が実施する事業の費用を企業が負担することを定めている(宮本・塚谷1995: 146)しかし、県は、大気汚染被害による移転ではなく、あくまで「住環境整備のための移転」[10]であるから、「事業者負担法」を利用しないという姿勢だったのである。家島の移転合意により三佐地区での抗議活動、すなわち公害病を認めさせる運動も、二期計画反対の運動も、さらに沈静化していくことになる(Broadbent1998: 283)。

ところで、県がそこまでして、大分に公害病は存在しないとの強い姿勢をとったのはなぜだろうか。それは、公害病が発生しているとなれば、二期計画推進に支障が出ると考えたからであった[11]。特に懸念していたのは、環境庁による「監視の目」であった。このことは既述したとおりだが、三木環境庁長官は、別の国会答弁でも、「一期計画においても色々問題があるわけであるから、二期計画の場合にはよほど全体の環境保全或いは第一期計画全体の見直しと言ったものをやらねばならないので今後この問題につき県当局も非常に慎重な検討を加える必要がある」と述べていた[12]。

3-4　76年県委託医師会報告書(石西報告書)とそれへの批判

1976年2月、医師会は、県から委託されていた三佐・徳島地区(家島に近い)における健康調査結果を公表する(大分県医師会1976)。県が、環境庁から再調査すべきと要請されていたもので、報告書とりまとめの中心となったのは、石西伸九州大学医学部教授である。

比較対照地区を高田地区 (図 3-2 参照) に選んで実施された調査結果の結論は、「大分三佐徳島等地区と対象地区高田との比較における慢性気管支炎有症率の高まりを、第一義的に大気汚染の影響に帰することは困難であった」(同上 : 62) であり、原因を大気汚染と断定していない。では、慢性気管支炎有症率の高まりの原因は何だというのか。報告書には「……大分市における両地区の有症率の差は、大気汚染のレベルの差のみでは理解できず、宿主要因としての呼吸器系疾患既往歴、喫煙歴等の影響および急性呼吸器感染症 (いわゆるカゼ : 引用者注) を生みやすいような住環境等の影響も考慮すべき要因だと考えられ、三佐・徳島地区における環境整備が必要だと思われる」(同上 : 62) とある。急性呼吸器感染症を生みやすいような"住環境"とは、具体的には、狭い家に多くの家族がいるため、相互に感染しやすいということである (大分合同新聞 1978.9.1)。

これらの調査結果に対して、住民側からは、高田地区は、臨海工業地帯の工場が全て高煙突拡散方式を採用し煤煙等が降下する汚染地区であり (三佐地区から 3 〜 4km しか離れていない)、比較対照地としては不適切である、また、大気汚染物質として SO_2 濃度しかみていない、などの批判が出された (川名 1992: 158)。加えていえば「慢性気管支炎有症率の高まりを、第一義的に大気汚染の影響に帰することは困難」であり、有症率の差は「住環境等の影響も考慮すべき」で、「三佐・徳島地区における環境整備が必要だ」との結論は、家島地区の移転理由が"公害"ではなく「住環境」="衛生問題" にあるとの県の集団移転理由を、正当化するものになっている点が注目されよう。県医師会は、単独の調査研究では慢性気管支炎等の高まりを大気汚染に求めるのだが、県による委託研究では大気汚染以外の要因を強調する、というパターンがここでも確認できる。

この「石西報告書」に疑問をもった住民側と 8 号地阻止県民共闘会議 (事務局長 : 稲生亨氏、以下「共闘会議」) 、は、岡山大学衛生学教室助手の柳楽翼医師に三佐地区での調査を依頼する。柳楽氏は、倉敷市水島の協同病院の医師でもあった。協同病院は、大分と同じ新産都の水島で大気汚染被害の実態把握に精力的に取り組んでいた (森山 1976: 11、川名 1992: 178) [13]。

柳楽医師は、1976年7月、三佐地区住民の協力の下、三佐3区、4区、5区(家島)の住民600名余りを対象とした健康調査を実施する。比較対照地区には、40km離れた中津市大新田地区が選ばれた。それによれば、慢性気管支炎の有症率は、三佐3・4区で9.5％、5区で10.8％(計10.1％)という高率が示された(柳楽1977: 31、岡村1979: 50)。柳楽医師の報告書は、「大分三佐3,4,5区に3年以上居住する40才以上の住民の呼吸器症状有症率は対照地区の中津市大新田より著しく高率であり、また倉敷市水島を上まわり、新居浜市、四日市市、尼崎市、大阪市などの高度汚染地区に匹敵している」(柳楽1977: 37、森山1976: 13)と結ばれている。
　9月、この報告書の内容に対する説明会が家島地区で行われたのだが、住民からは憤りの声は聞かれず、反応は非常に弱かったという(森山1976: 14)。この時点では、既に集団移転を決めているわけだから、その影響が見て取れよう。
　「石西報告書」は、「共闘会議」が開催した「公開学術討論会」でも批判されることになる。すなわち、「8号地訴訟」継続中の1978年、「共闘会議」は、この石西報告書をめぐって、石西教授本人を招いて大分市内で公開の討論会を開催している。行政の調査報告をめぐり実際に調査を担当した研究者と住民が公開の場で討論をしたという事例は極めて珍しいといえる。ただし、県と県医師会は、学術的な雰囲気が期待できないとして不参加だった。
　8月20日の討論会には、8号地訴訟の原告側住民や三佐地区住民など約80名と石西教授、三佐地区で健康調査を行った岡山大柳楽医師、司会役として田中豊穂名古屋大学医学部助手が参加した。討論会では、石西教授は、比較対照地区を工場地帯の煙が直接流れてくる高田地区を選んだこと、及び大気汚染物質として硫黄酸化物の濃度しかみなかったことなど、共闘会議側が、5月下旬に面談した際に認めた調査方法の欠陥や配慮不足を改めて認めた(川名1992: 158)。また、"住環境"問題については、「結局正確な住環境調査をしていないのに、三佐・徳島地区の有症率が高い原因を住環境に結びつけたのは適当ではなかった」と述べた。その結果、報告書中の要約から"住環境"の部分を削除するとともに、「慢性気管支炎有症率の高まりを、第一義的に大

気汚染の影響に帰することは困難であった」という報告書の結論が、「大気汚染のみの影響に帰することは困難であった」に変更されたのである（大分合同新聞 1978.9.1）。

この討論会での結論変更を各紙は大きく取り上げた。『大分合同新聞』は、「これは、それまでの"大気汚染主役説の否定"から一転して、大気汚染を主役の1人に認めたことになる。重大な訂正である」と論評した（1978.9.1）。また、『西日本新聞』は、討論会翌日の朝刊一面に、「県側はこれまで一貫して石西報告を"公害なし"の裏付け資料に使っており、調査責任者が自ら報告書の修正を認めたことは、こんごの大分県の開発、環境行政のあり方に一つの軌道修正をせまることは必至と見られる」と書き、「揺らいだ県側の切り札八号地訴訟の補強証拠に」と報じた（1978.8.21）。

実際、1979年の裁判判決は、三佐・家島の健康被害を「認定」した形となった。すなわち、「特に佐賀関町とは大野川をへだてて隣りあっている三佐家島地区は一期計画の一号地埋立地の背後地に当たっている関係上周囲を住友化学工業大分製造所、鶴崎パルプ、九州石油大分精油所、九電大分発電所、昭電コンビナートに取り囲まれ悪臭ばい煙の被害を受け、住民らは気管支炎で苦しむ者が多く公害の吹きだまりの観を呈する状態となっていたこと」、また県が、「住民の反対運動に動かされて三佐地区の全員五〇〇〇余人につき健康調査に着手し、同調査結果は昭和四八年五月九日医師会から正式に発表されたが、同結果を四〇歳以上の者を被調査者とした場合に修正して同地区の慢性気管支炎を算出すると、大阪、神戸、徳山を越え四日市に次いで、約九パーセントに及んでいることが判明したこと」等に対し、「以上のような事実が認められ、右認定を覆すに足りる証拠はない」とした[14]。

だが、県は最後まで公害病の発生を認めなかった。それは、2節で触れた県の環境アセスメント報告書（大分県 1980）に書いてある通りである。

3-5　家島集団移転の中止と「住環境整備」による決着—公害病否定の独自な方法

他方、家島地区の集団移転計画は、1977年には暗礁に乗り上げていた。理由としては、①別保地区の宅地化が進んで、移転先の公示価格の方が高く

なり、この差額をだれが負担するかという問題が起きてきた。②別保地区の農民が土地を売却する際にかかる所得税負担についても、行政、企業ともにきらっている、③移転しない人が少数でもいるとスプロール現象により跡地の買い手がつかない等の事情が挙げられている(大分合同新聞1978.1.14)。他方、移転合意した74年以降、各企業の公害防止対策は進み、大気汚染は徐々に減少し始めていた(毎日新聞1984.1.17)。

これらのため、1978年1月、ついに県は家島住民に移転の中止を提案するのである。そして、12月には、集団移転の合意書を交わして以来、4年間余りぶりに180度転換した現在地での「住環境整備」という形で決着をみる。合意した住環境整備計画は、1979年度から5カ年計画で約42億円を投じて、幅8mの南北幹線道路3本と幅5.6mの東西幹線6本を通すことや、下水路や上水道の整備、工場と住宅地を仕切る緩衝緑地帯や児童公園、プールを建設するというものだった(大分合同新聞1978.12.27)。

移転交渉が行き詰まった原因は、住民側が「事業者負担法」を適用するなど「公害防止事業」という観点から集団移転を進めるように求めてきたにもかかわらず、県があくまで承諾しなかった点にあるといってよい。このため、集団移転については、国の補助や企業の費用負担に対しても法的裏付けが期待できなかった。家島の移転対策委員の1人は、「公害防止事業として本気に移転計画に取り組んでいたら、等価交換や税負担など問題にならなかったはず」と述べている(大分合同新聞1978.12.27)。住民の中には、この住環境整備に不満を持ち、反対する者もいた(三浦2004:284)。しかし、「移転に固執していると住環境はますます悪化する」との判断から移転を断念し、結局、県、市の示した住環境整備案を受け入れることになったのだ。移転対策委員会の事務局長は「こうなった以上、一刻も早く環境整備を進めてほしい。住民の行政不信は根強」く、「再びあざむかれることにな」らないよう、行政の誠意ある対応を望むと述べた(大分合同新聞1978.11.10)。

ここで注意したいのは、県による集団移転中止の提案時期(78年1月)が、総理大臣が二期計画を新産都基本計画として組み入れることを承認(77年3月)した後だったということである。この点に関し、ブロードベント氏は、

次のように書いている。「国が 8 号地埋立を含む二期計画を承認したことで、県は環境庁による反対に対し、前よりも恐れを抱かなくなった。その結果、県においては、家島住民を新しい公害のない土地に集団移転させるという契約を維持する気持ちも弱まっていった」(Broadbent1998: 297)。公害病被害者を救済もしないし、その代替方法であるはずの集団移転も中止とし、最後は「住環境整備」で決着させたわけだ。

　ここまで検討してきてわかるのは、新産都推進のためには大気汚染被害者の発生を認めないとする県の強い姿勢である。その姿勢は、県が医師会に委託して実施された健康調査報告書に端的に示されていた。医師会が単独で公表する研究報告書では、「健康被害の原因は大気汚染による」という結論であるのに、県が同じ医師会に委託して実施された報告書の結論では、「原因は今後解明する必要がある」とか、「住環境の影響」を強調したものになっていた。委託報告書には、県による直接的・間接的な介入があったからである。そもそも県委託による住民健康調査は、既述のように三佐地区の被害住民から突き動かされて実施したり (大分県健康保健部 1973)、あるいは環境庁による再調査の要請からなされたものであり (大分県医師会 1976)、県が主体的に取り組んだ調査ではないのである。

　公害病の存在を認めたくない場合、従来、いろいろな方法がとられてきた。①原因不明とする、②全く別の原因説を出す、③結論を先延ばしにする等が知られるが、大分県による、病気多発の原因を「住環境」に求める方法は、②に該当しよう。とはいえ、大気汚染による公害病を否定するために「住環境」を持ち出すという事例は実に珍しく、大分県独自の方法といってよいだろう。

　患者多発の原因を大気汚染によると認めようとしなかったのは、二期計画推進の妨げになると考えたからだが、この点、同じ新産都でも倉敷市水島の場合とは異なっていた。倉敷市は、1972 年 8 月、公健法の公布 (1973 年 10 月) より早く大気汚染による健康被害者を対象に、市独自で認定患者医療給付制度を設け、医療給付を開始している。そして、1973 年 1 月には認定患者の数が 400 人を越えた (川名 1990: 178-179)。他方、水島臨海工業地帯の建設・整備の方は、1970 年まででほぼ終了していた (同上: 195)。公害病の発生を認め

ると建設・整備に多大な支障が出る、という状況ではなかったと考えられる。

また、公害を認めないという姿勢は、家島の集団移転をめぐる行政対応にもみられた。家島集団移転の行政対応にみる狡猾さと加害性については、5節であらためて検討する。

4 三佐地区における地域特性──開発による「補償的受益圏の受苦圏化」

以上みたように、県は8号地埋立を含む二期計画推進の立場から、独特の方法で公害病を否定し、三佐地区の被害者運動を抑えていった。すなわち、病気多発の原因を大気汚染ではなく「住環境」に求め、また家島からの集団移転の要望についても、結局は反故にし「住環境整備」で決着させたのであった（いわば、健康被害補償の代替措置としての住環境整備）。

とはいえ、大分県のこのような公害病否定の対応を可能にした要因としては、家島を含む三佐地区全体において反公害の運動が大きくは興隆しなかったという点も無視できない。そこには、3節でみたように、「加害企業からの心理的・地理的距離及び経済的・社会的拘束性」（飯島 1993）という問題が大きくかかわっていた。

以下は、藤井敬久氏と橋本健司氏に、当時の状況を橋本氏のご自宅（三佐地区）でうかがった際の記録である（2011年3月、括弧内筆者挿入）[15]。

> 橋本氏：ここは企業城下町みたいなところがあって、住友化学、鶴崎パルプ、それに昭電や九石なんかもできてね。当時は、そこに勤めている人が多かったんですよ。今は少なくなってきたけどね。住友あたりには市会議員なんかがおって、子弟を優先的に入れよったりしたしね。当時、私ぐらいの年代は、工業高校あたりを出るとみんなそこに入っとるんですよ。だからそういう雰囲気ちゅうのか環境ちゅうのがあってね、なかなか声は出しにくかった。私はたまたま自由業だから（反対運動が）できたけどね。これだけね、工場が来て、たくさんの人が就職しているとなると、なかなか面と向かって反対は言えんですよ。（中略）

藤井氏：とにかくね、橋本さんがいなかったらね、三佐の運動というのは表面に出てくるのが難しかったんですよ。ここがね被害地の一番の中心でしょ、場所的にもそうだし、その意味でここで旗を揚げたってことはね、手を上げるというのはものすごく勇気がいるわけですよ。回りじゅう、企業の城下町ですからね。10人いたら8人は企業に勤めているわけですから。

橋本氏の奥様：なんかかんか関係がある、息子が（勤めている）とかね。

　上記から見て取れる「経済的・社会的拘束性」に関連して、ここでは三佐地区の持つもう一つの特性、すなわち「補償的受益圏」（あるいは「疑似受益圏」）という性格に着目して、さらに検討を加えてみたい。補償的受益とは、危険施設受け入れと引き替えに地元に与えられる経済的・財政的メリットのことをいう(舩橋 1998: 112)。

　本稿が対象とした三佐地区には、地域開発問題を経験した後で、産業公害問題に直面したという歴史がある。開発反対運動も生起したとはいえ、最後には田畑や漁業権を売ることになったり、あるいは開発の受け入れを条件に企業に採用されたりした農業者や漁業者が多いのだが、その開発地に立地した工場群により公害被害地にされたという地域である。つまり、産業公害被害地（受苦圏）になる前に、開発に伴う補償的受益を得た地域（補償的受益圏）なのである。いってみれば、三佐地区には「補償的受益圏の受苦圏化」という側面があり、これも強力な運動展開へとつながらなかった重要な要因の1つだとみなせるのである。

　以下、舩橋(1972)と三浦(2004)に基づき、住友化学、鶴崎パルプ、県の臨海工業開発（新産都建設の実質的開始）の順でその歴史的経緯を簡潔にまとめてみる。

〈住友化学〉

　戦前の1937年、三佐地区において、住友化学（当時は日本染料）の立地が決定し、土地買収過程で小作人らの強い反対運動が発生する。しかし、従業員に地元民を優先的に採用するなどの補償で反対運動は収束する。1961年、

工場拡張のため、中州(三佐地区内で唯一の畑地)の土地の買収が計画され、当初、地主会約200戸は買収に応じなかったが、県が介入して最終的に総額1億円で決着している。

〈鶴崎パルプ〉

1956年11月、県と市が鶴崎パルプ工場の誘致を突然発表する。大分県漁連は直ちに反対決議を挙げる。最大の理由は、パルプ工場の排水による漁場破壊、特にノリ漁場汚染への危惧のためだ。県と市は推進の立場で、土地買収予定地の三佐地区農家と鶴崎商工会議所は全面賛成。対して漁業者は鶴崎市商店街では商品を買わないとする不買同盟を結成する。また、約1,500名がボーリングなどの基礎調査に対し実力阻止行動をとるなど、漁業者は強力な反対運動を展開する。が、県の仲介で運動は「敗北」し、ノリ被害が生じた場合の措置等を決めた「覚書」が締結される(1957年3月)。一方、農家151戸に対する工場用地買収費は総額4825万円。用地買収に応じた者や有力者の推薦で若年層約50名が工場に就業している。

〈県の臨海工業開発〉

鶴崎パルプ誘致問題で敗北した三佐地区漁業者は、いわば「県是」として推進された大分鶴崎臨海工業地帯の造成(1号地、2号地)でも、県と漁業補償交渉を開始した。そして、1959年、三佐地区の漁業者255戸に対して総額約8億9000万円の漁業補償金が支払われる(一戸あたり平均約350万円)。これにより、4年後の1963年3月、三佐漁協は解散した[16]。1号地には九州石油と九州電力火力発電所が、2号地には昭和電工石油化学コンビナートが立地する。また、1962年、小中島川の埋め立て補償金で885万円、40m道路の用地買収で8280万円が三佐地区住民に支払われている[17]。

こうした経緯からわかるように、三佐地区というのは、開発に伴う補償的受益を得た後に、あるいはそれとほぼ同時に公害被害地化した地域といえる。つまり、「補償的受益圏の受苦圏化」という地域特性がみられる。そして、

三佐4区に立つ三佐漁協解散記念の「漁協沿革碑」(1963年8月建立)。裏面碑文に「県当局の漁場買収となり(中略)やむなく調印」とある。(2015年5月渡辺撮影)

これが、強力な運動展開を困難にしていた面が大きい。

こうした地域では、「今公害を被っているといっても、土地を売った引き替えにその工場に職を得た立場上、反公害を声高には叫びにくい」という人がいるだろう。あるいは、「こんなに公害が酷いとわかっていれば、農地や海を売らなかった。だから公害に反対したい」と思っている人でも、周囲から「自ら播いた種」と言われるのを避けたい、という気持ちがある人もいるだろう。実際、集団移転に追い込まれた家島住民の思いが新聞に掲載されたとき、それに対して否定的な反応を示した人がいた。

「(その新聞記事には)本当に海を売ってしまったがために、とうとう故郷も家までもとられるようになった。本来ならばあとからきた企業が出て行くべきだ。だけどもこんなに企業がきてしまった今、子供や孫がゼンソクで苦しんでいるのを見ていると、そんなことも言っておれないか

ら、きれいな空気を求めて移りたいという、本当に人間として最低の言葉が出ているんですね」[18]。

さて「疑似受益圏」という概念は、そもそもは砂田一郎氏が原発建設をめぐる社会紛争の分析から作り出したものである (砂田 1980、梶田 1988)。原発が建設された地域では、開発主体がその受苦圏の一部を交付金や補償金等の手段によって「疑似受益圏」化していったわけだが、では、そうしてできた「疑似受益圏」で実際に原発事故が起こり、放射能被害によって「受苦圏化」してしまったら当該住民はどう対応するのか。これは今まさに、福島の原発城下町と呼ばれた自治体で進行中の事柄である。

東京電力福島第一原発が立地する大熊町の住民は、原発事故のため集団移転ならぬ集団的避難を強いられた。吉原直樹氏は現地調査を踏まえ、「文字通り、大熊町は『原発さまの町』であった」が、その町が、「3・12を境にして大きくゆらいでいる」。そして、「むしろ便益よりは受苦をもたらし、生活困難の現況となっているという意識が多くの町民の間にみられる」と指摘する。だが、その一方で、「原発さまの町」が依然強固なものとして存在しているのも事実であり、それは、「仮設住宅に身を置いている人々の間で東電を批判することがタブーとなっていること、そうした人々が競うようにして原発もしくは原発関連部門で職を得ていること、また東電にたいする訴訟に加わると『村八分』になりかねないことなど」からわかるという (吉原 2013: 4)

ここには、反公害を声高に叫ぶのではなく、逆に自らが集団移転する道を一時は選択せざるを得なかった当時の家島住民と、きわめて近い状況がみられることに注意しよう[19]。

「補償的受益圏の受苦圏化」という事態は、何も原発事故のケースに限らない。三佐・家島の事例を含め、開発により山林や農地、漁業権を売らざるをえなくなった住民や、進出企業に就業することを条件に開発を受諾した住民 (補償的受益圏) が、その企業によって公害や労災を被るのだが (受苦圏化)、その受益と受苦の狭間で声があげづらく、あるいはぎりぎりまで我慢してしまうという事態は、高度成長期はもちろん、わが国の戦前、戦後を通じて数

多く出現したのではないか[20]。

5 むすび──県による加害の二重性と受益圏・受苦圏論からみた三佐地区

　大分県における公害病否定の仕方と三佐地区の被害者運動の沈静化への対応は、他の公害発生地においてはほとんど類例を見ない方法をとっており、わが国公害史の中でも希な事例だと位置づけ得る。以下では、その独自な方法が有する加害性を明らかにし、また、受益圏・受苦圏論からみた三佐地区の特徴を指摘して本章を閉じたい。

　大分県は、新産都二期計画推進のため、三佐地区の公害病発生を否定した。それは、病気多発の原因を公害ではなく、「住環境」に求めるという独特のものであった。同じことは、家島の集団移転をめぐる行政対応にも見られた。移転理由を公害とせず、「住環境」に求めたからだ。そして、移転は、公害（の発生や予防）のためではないからと、公害防止事業としては取り組まず、費用負担問題を発生させ、これが移転中止の大きな原因を作っていた。また県が移転中止を住民に呼びかけたのは、国から二期計画の承認を得た後であり、"家島問題"が新産都建設推進のための"障害"ではなくなったからであった。

　家島住民は、公害被害のさらなる深刻化を回避すべく、住み慣れた先祖の土地を離れ、集団移転をすることまで決意した。そして、県も一旦はその要求に答え、移転の契約までしたのである。しかるに公害被害を認めない県は、その代替措置であるはずの集団移転も中止とし、最後は「住環境整備」で決着させた。これは、被害者側の正当な要求に対し、単に拒絶で応え、何もしないという被害者放置のありかたよりも、より狡猾だということができる。

　第1。一旦、集団移転という「解決合意」ができることで被害者運動を沈静化させることができた。三佐地区のそもそもの訴えは、病気の原因を公害と認め、公害防止対策を適切に実施せよ、そして、さらなる公害をもたらす二期計画には反対だ、という点にあった。しかし、集団移転をするとなれば、そのような訴えのトーンは下がる。そして、「解決合意」がなされたということで、少なくとも家島地区に対しては、マスコミや世論の関心も低下して

いくのである。

　第2。県は、家島地区の将来における移転を根拠として、新産都建設推進に不可欠な大規模産業道路を家島地区南部につくることができた。この道路建設によって、家島住民は、工場からの大気汚染に加え、車や大型トラックの騒音や排気ガスにも悩まされることになったが(Broadbent1998: 285)、「いずれ移転するのだから」と我慢を強いられた。

　第3。とはいえ、硫黄酸化物汚染については、時間の経過を利用して、その汚染レベルを下げることができた。大気汚染被害は、イタイイタイ病や水俣病とは異なり、その症状が必ずしも不可逆ではないので、汚染レベルが低下していけば、その間に被害の緩和(あるいは治癒)が期待できる。たとえば、大分市内における SO_2 濃度のピークは1974年度の0.03ppm(年平均)であったが、この頃から県は、各企業と公害防止協定を締結し、削減強化に乗り出していた。その結果、1977年度には0.013ppmと下がっている(大分県環境保健部1978、1982、Broadbent1998: 282-285)[21]。こうした規制強化の影響か、新しく気管支炎に罹った人の割合(新患総件数に対する割合)は、「鶴崎地区」全体の数値だが1972年以降徐々に減じていく(大分県1980: 29-30)。

　第4。集団移転を困難にした要因の一つに、移転先予定地の価格高騰問題があった。だが、集団移転の原因が住民にあるわけではないのに、なぜ住民が差額分を負担すべきという議論が出てくるのか、はなはだ疑問である。この原因をつくったのは、繰り返すが、公害防止事業として取り組まなかった県にある。しかるに、県は、差額を住民が負担すれば移転可能なのに同意しないとか、全住民の合意が得られないから移転が困難になったという形で移転中止の責任を住民に転嫁している[22]。

　第5。関連して、行政や汚染企業は、集団移転が中止になったことで、過大な費用負担をせずに済んだ。当初、300億円ともいわれた移転費用だが、住環境整備に変更となったことで費用は32億円余りにとどまった(1979-1983年度事業)。むろん、国庫補助はなく、行政(県、市)と企業(住友化学、鶴崎パルプ、九州電力、九州石油の4社)の負担割合は87対13。企業側が13%(約4.2億円)と少ないのは、"加害企業"としてではなく、あくまで寄付金名目の費

用負担であるためだ (大分合同新聞 1984.12.20)。

このような行政対応について、8号地訴訟判決 (1979年) は、次のように書いていた。「……三佐地区は、二号地埋立地の昭電グループの背後にあたり地区内には臨海産業道路と昭電直通の県道が東西南北に走り地区は4つに分断され、この道路建設で地区内を一巡する排水路は遮断され雨期には毎年水害を受けるといった開発と環境整備とが跛行状態をきたしている有様で、しかも気管支炎等の発生状況は前記のとおりであることから、昭和49年9月28日、同地区の318世帯1370人が鶴崎の別保地区に集団移転することを決意し、県、市との交渉の結果」、合意に達した。「しかし、現在に至るも右移転は実現しておらず、依然公害に苦しんでいる」[23]。

上で挙げたような行政の一連の対応は、狡猾であると同時に、被害者を欺き、精神的な苦しみを加重させる行為であるから加害性を持っているということができる。この加害性を、ここでは「解決合意不履行としての加害」と呼んでおきたい。

大気汚染問題の放置過程には、この加害性がみられる場合がある。大気汚染問題の「解決」のため、移転要求を突きつけられた行政あるいは汚染企業は、被害地住民との間で移転合意を結ぶことで、一旦は、紛争状態を沈静化させることができる。そして、時間の経過を利用し、その後にさまざまな理由を持ち出すことで (「移転先の地価が高騰した」「汚染レベルが下がった」等)、結果として移転合意を反故にし、被害者の受苦を増幅させるという加害過程のことである。この場合の「移転」には、大分のように「住民の集団移転」という方法もあれば、その逆の「汚染企業の移転」もあり得る。例えば、住友金属和歌山製鉄所の工場移転中止のケース (1969移転計画発表、1991年移転計画中止を発表) は、後者の事例に当たろう (阿部1993、佐藤1997)。

大気汚染被害者としての正当な要求 (認定や救済) に拒絶で応える「追加的加害」(舩橋 1999: 105) のみならず、「解決 (＝移転) 合意不履行による加害」という行政による二重の加害性が見られる点で、大分の事例は和歌山とともにわが国公害放置史において記憶されるべき事例と位置づけ得る。

病気多発が公害ではなく「住環境」に起因するとされたのは、他の三佐地

区でも同じことである。家島以外の三佐地区で住環境整備事業の話が最初に持ち上がったのは 1977 年 10 月であり、県が集団移転中止を家島地区に提案し住環境整備で決着させようとした時期 (1978 年 1 月) と同じ頃だ。公害対策の代わりに住環境整備を行うことで行政への不満を吸収しようとしたと捉えられよう。三佐地区における住環境整備は、土地区画整理事業の名の下、今日まで続いている (大分市 2004: 15)。

　このように、県の公害病否定の姿勢は極めて強いものであったが、そうした加害性をもつ県の対応を可能にした理由としては、三佐地区にて反公害運動が大きくは興隆しなかった、という点も挙げることができた。「公害・開発問題期」(終戦から 80 年代半ば) の公害・環境問題の特徴は、受益圏と受苦圏との分離と対立にあると総括されることがある (舩橋編 2011: 14)。しかしながら、みたように三佐地区の大気汚染問題の場合、この指摘は当てはまらない。この地区における受益圏 (加害企業と直接的・間接的に利害関係があり受益している人々の集合) と受苦圏との布置関係は、両圏が交わっているところに特徴がある。つまり、「分離型」ではないが、かといって両圏が完全に重なり合う「重なり型」でもなく、いわば「交わり型」といえ、しかもその交わり部分が大きい[24]。そこにおいては、産業公害の場合「加害企業からの心理的・地理的距離」が近く、「経済的・社会的拘束性」が大きいため (飯島 1993)、強力な反対運動がしにくいのである。

　こうした「拘束性」による影響に関連して、三佐地区が歴史的にもつ「補償的受益圏の受苦圏化」という地域特性も、反公害運動には抑制的に働いていた。公害による被害を受けていても、当該被害地がその原因企業立地にかかわる開発等による「補償的受益圏」という特性をも合わせ持つのか否かによって、被害の受け止め方や精神的被害等の様相は異なるはずである。そして、そのような影響と特性をもつ地域においては、深刻な被害を受けているにもかかわらず被害を声高には叫びにくい状況が生じ、それが被害の潜在化や被害者放置へとつながったり、加害主体に利用されたりという場合がある。大分県があくまで公害病の発生を認めず、集団移転の要望も反故にし (家島の場合)、結果として「住環境整備」で問題を「解決」させた三佐地区のケースは、

その端的な事例だといえよう。

注

1　佐賀関町は2005年に大分市に編入されたが、本章ではそれ以前の時期を対象としていることから、原則、「佐賀関町」と表記する。
2　三佐地区は、1区から5区まであり、5区は家島（地区）と呼ばれる。家島は、1886年に三佐村と合併するまでは家島村だった。また、江戸時代、三佐村は岡藩の飛び地だが、家島村は臼杵藩の飛び地だった（三浦2004:175）。こうした歴史もあり、三佐地区のことを三佐・家島地区と呼ぶ場合もある。本章では、引用の場合を除き、原則、家島を含めて「三佐地区」と表記する。
3　8号地阻止県民共闘会議機関誌「八号地とまれ」第1号（1977年7月25日発行）。
4　平松知事は、後にこう語っている。「中断解除といっても、当時は企業進出の見込みは全くない。地元住民にも歓迎されない八号地問題は、そもそも不毛の論争だった。（略）。中断解除は『産業政策として引き続き取り組んでほしい』と主張する自民党や県経済界の意向を尊重すると同時に、八号地問題に終止符を打ち新しい産業政策を進めていくうえでの再出発のための"通過儀礼"だった」（大分合同新聞編集局編2004: 48-49）。
5　6号地、7号地における遊休地やゴルフ場（2014年5月閉鎖）には、2013年から丸紅や三井造船、日揮によってメガソーラーが建設され、今日、合計出力12万5000キロワットと国内有数のメガソーラー集積地となっている。雇用創出にはつながらないが、遊休地の有効活用にはなると、大分県が20年間の暫定利用として認めたものだ（日経新聞2012.9.15）。2014年8月、国の再生可能エネルギー固定価格買取制度に基づく10キロワット以上の太陽光発電で、大分市内にある設備の発電能力は全国の市区町村でトップとなった（朝日新聞2014.8.21）。これはほとんどが上記のメガソーラーによるのであり、埋立地における遊休地の面積がいかに広大なものだったかを示していよう。
6　元「大分新産都8号地埋立絶対反対神崎期成会」（代表：稲生亨氏）は、2001年、第10回田尻賞を受賞している。また、稲生氏ら神崎地区住民は、1985年に「特定非営利活動法人　福祉コミュニティKOUZAKI」を立ち上げたのだが、2016年6月、環境大臣より「平成28年度地域環境美化功績者表彰」を受けている。受賞理由は、「昭和60年から、神崎地区全世帯が参加して、海岸や駅、道路などの清掃美化活動に取り組んでいる」、また毎年7月に神崎海水浴場で「うみ亀まつり」を主催し、「市民等1,000人規模が参加している」というもの（環境省HP報道発表資料より。http://www.env.go.jp/press/102602.html、2016.8.10確認）。

7　衆議院・公害対策並びに環境保全委員会議事録 1973.11.13 を参照のこと。
8　『週刊エネルギーと公害』(No.285,1973.10.25)。
9　『判例タイムズ』(No.381: 70,1979)。
10　参議院・公害対策及び環境保全特別委員会議事録 1974.11.25 を参照のこと。
11　ブロードベント氏によれば、県の財務当局は、知事に「事業者負担法」の適用を訴えたが、知事は拒否している。企業に費用負担をかけたくない、というのが理由だったという (Broadbent1998: 284)。
12　衆議院・公害対策並びに環境保全特別委員会議事録 1973.4.25 を参照のこと。
13　水島協同病院の公害問題への取り組みは、今日も継続している。例えば、「みずしま財団」と連携して「公害死亡患者遡及調査」を実施している。これは、501 例の患者の闘病の足跡を医学的に整理し、95 の解剖例をまとめた貴重な研究である (「みずしま財団」の HP 参照、2016.8.22 確認)。
14　『判例タイムズ』(No.381: 69-71,1979)。
15　このインタビューは、藤川賢氏とともに行った。
16　三佐四区には三佐漁協の解散を記念する「三佐漁業協同組合漁協沿革碑」と刻まれた高さ約 2m の石碑が立っている (1963 年 8 月建立)。その裏面の碑文には、「……時の流れにより、大分鶴崎臨海工業地帯の造成に伴う県当局の漁場買収となり (中略) やむなく調印……」とある。
17　三佐地区における雇用状況を 1965 年以後でみると、まず住友化学と鶴崎パルプへの就業の増大をきたし、その後立地した九州石油、九州電力、昭和電工の社員が三佐地区に住むようになっていった (船橋 1972: 53-54)。1965 年頃までは農林漁業者が三佐地区全就業者の 30%(628 人)を占めていたが、1970 年には 14%(371 人)と半分以下になった。
18　『公害研究』(4 巻 7 号 : 42,1978)。「きれいな空気を求めて移りたい」という状況は、いわば自ら"播いた種"の結果であって、こうした生き方は人として最低だ、と住民を非難している発言と捉えられる。
19　東電福島第一、第二原発立地自治体からの避難者に対して、「自業自得だ」などの批判が陰に陽になされるというのも、当時の家島の状況と似ている (たくき 2012: 86-87、朝日新聞 2016.3.1)。
20　この問題をより一般化すれば、「受苦圏に属しているにもかかわらず、雇用や補償等で加害主体と利害関係ができると、公害が継続 / 激化した場合でも大きな反対の声はあげにくく被害が潜在化しやすい。そして加害主体はしばしばこのメカニズムを意図的に利用する」といえよう。これは、神岡、安中、土呂久などでみられた側面である (藤川 2014: 58-59)。
　なお、三佐地区のある住民の方 (80 歳代) は、A 社という企業での労災につい

て語ってくれた。A社に勤めていた人で、「胃を切った人が大勢いる」という。「胃が悪いという人が多かった、A社を出た（退職した）人は」。「私よりも先輩の人、50代くらいでみんな死んでいった。多いわ」。「従兄弟も48か9（歳）で死んだ」。「叔父も、70（歳）になる前に亡くなった」。その方によれば、ほとんどがA社のパラチオン工場で働いていた人で、「Aなんかに入ったら（就職したら）殺されると思ったから、（私は）入らなかった」と述べている（括弧内筆者引用、2011年9月のインタビュー記録より）。本章では、中心的には取り上げられなかったが、三佐地区の住民にとっては、大気汚染だけでなく、労災も深刻な問題だったと認識されている。

　ここでいうパラチオンとは殺虫用農薬のことだが、あまりにも毒性が強いため、日本では1969年にその製造が中止され、71年には使用禁止になっている。農薬は、製造の当初から、使用者の農家だけでなく、生産現場で働く労働者にも被害を与えていた。DDTの事例だが、飯島（2007: 115）の1949年3月の事項に、「宇留野勝正ら、DDT工場労働者について、肝機能障害が軽度だが認められることを報告」とある。

21　但し、窒素酸化物、二酸化窒素、オキシダント、降下煤塵、浮遊粉塵についてはほとんど変化がなかった（畠山 1979: 103）。

22　三佐地区と同規模で、実際に大気汚染公害による集団移転を実施した事例に、北九州市の城山地区（旧八幡市、移転家屋268戸）があげられる（実施期間1979-1985）。北九州市は、大分県とは異なり、城山地区の移転をまずは「事業者負担法」に基づく事業として進めようとした。だが、関係企業は賛成しなかった。「公害防止のために多額の設備投資を行い、その効果が顕著にあらわれてきているのに、住宅の移転補償まで負担するのは二重負担である」というのがその理由だ（谷 1982: 128）。そこで市は、公害防止事業を都市計画事業である緩衝緑地事業として実施することにした（北九州市公害対策局 1981: 94）。この方式だと、国庫補助（建設省）が得られ、かつ長期低利融資制度が活用できるので、企業や市の負担が大きく減るからだ。このケースでも事業費は増えたのだが、差額分は移転住民が負担すべきか否かという大分で起こったような問題は生じていないのである（北九州市公害対策局 1986: 130）。

23　『判例タイムズ』（No.381: 70, 1979）。

24　「交わり型」は、大気汚染問題一般や、福島第一原発事故にもみられる特徴だと考えるが、詳細は別で論じたい。

引用・参考文献

阿部泰隆、1993、「埋立地の用途変更・譲渡の法的規制―住友和歌山製鉄所沖出し

中止、関電 LNG 発電所誘致問題」『環境と公害』23 巻 2 号.
Broadbent, J., 1998, *Environmental Politics in Japan -Networks of Power and Protest*, Cambridge University Press.
藤井敬久・高浦照明、1974、「大分新産都市の公害」『公害原論』自主講座第 7 学期（埼玉大学共生社会研究センター監修『公害原論 第 2 回配本 第 3 巻』すいれん舎、2007 [宇井純収集公害問題資料 ; 2] に収録).
藤川賢、2014、「辺境の地の公害から国際協力へ─慢性砒素中毒公害と土呂久での動き」『明治学院大学社会学・社会福祉学研究』142: 53-83.
舩橋晴俊、1998、「開発の性格変容と意思決定過程の特質」舩橋晴俊・長谷川公一・飯島伸子編『巨大地域開発の構想と帰結─むつ小川原開発と核燃料サイクル施設』東京大学出版会 : 93-119.
舩橋晴俊、1999、「公害問題研究の視点と方法─加害・被害・問題解決」舩橋晴俊・古川彰編著『環境社会学入門』文化書房博文社 : 91-124.
舩橋晴俊編、2011、『環境社会学』弘文堂.
船橋泰彦、1972、「大分市三佐地区における工業化と公害」『研究所報』第 6 号、大分大学経済研究所.
橋本健司、1973、「住友化学大分工場の火災事故と日常公害」『自主講座』第 31 号（埼玉大学共生社会研究センター監修『自主講座 第 2 回配本 第 1 巻』すいれん舎、2006 [宇井純収集公害問題資料 ; 1] に収録).
畠山武道、1979、「大分八号地計画取消訴訟判決」『ジュリスト』No.690.
飯島伸子、1993 [1984]、『改訂版　公害問題と被害者運動』学文社.
飯島伸子、2007、『新版　公害・労災・職業病年表 索引付』すいれん舎.
飯島伸子・渡辺伸一・藤川賢、2007、『公害被害放置の社会学─イタイイタイ病・カドミウム問題の歴史と現在』東信堂.
稲生亨・吉田孝美・畠山武道・田尻宗昭・柴田徳衛（司会）、1978、「[座談会] 大分 8 号地訴訟をめぐって」『公害研究』7 巻 4 号.
稲生亨、2008、「全国総合開発の総括が必要、失われつつある自治の復権を」田尻宗昭記念基金（編集）『なにやってんだ、行動しよう─田尻賞の人々』: 206-211.
梶田孝道、1988、『テクノクラシーと社会運動』東京大学出版会.
環境庁公害健康被害補償制度研究会編、1999、『公害健康被害補償・予防関係法令集』中央法規.
川名英之、1990、『ドキュメント日本の公害　第 5 巻　総合開発』緑風出版.
川名英之、1992、『ドキュメント日本の公害　第 7 巻　大規模開発』緑風出版.
北九州市公害対策局、1981、『公害行政の歩み』北九州市.
北九州市公害対策局、1986、『北九州市の公害』20 号、北九州市.

三浦正夫、2004、『歴史散策と家島考』(私家版).
宮本憲一・塚谷恒雄、1995、『公害―その防止と環境を守るために』東研出版.
宮本憲一、1999、「公害患者の運動からなにを学ぶか」(財)公害地域再生センター（あおぞら財団）編集・発行『大気汚染と公害被害者運動がわかる本』.
森山賢太郎、1976、「再燃する大分・8号地計画」『自主講座』第67号、亜紀書房.
柳楽翼、1977、『大分市三佐地区および中津市大新田地区における大気汚染に関する健康調査報告―「大分市及び津久見市住民健康調査報告書」批判』(私家版).
帯谷博明、2004、『ダム建設をめぐる環境運動と地域再生―対立と協働のダイナミズム』昭和堂.
大分合同新聞編集局編、2004、『回想・平松県政四半世紀』大分合同新聞社.
大分県、1980、『大分地域工業開発計画に係る環境影響評価書』.
大分県医師会、1971、「大分市鶴崎地区における大気汚染の影響についての疫学的研究」『公害対策研究活動報告』大分県医師会会報（特別号）(1971年4月).
大分県医師会[公害対策研究委員会]、1973、「大分市鶴崎地区における疾病構造について―大気汚染防止活動のための基礎調査」大分県医師会会報（特別号）(1973年12月).
大分県医師会、1976、『大分市及び津久見市住民健康調査報告書』.
大分県環境保健部、1973、『三佐校区住民健康調査結果報告書、1973年5月』.
大分市、2004、『三佐土地区画整理事業竣功記念誌』大分市土地区画整理事務所.
大分鶴崎高校分会、研究者・鶴崎の街研究会、1972、『新産都大分と公害』昭和47年度教研発表資料.
岡村正淳、1979、「大分8号地埋立訴訟判決について」『公害研究』9巻1号.
尾崎寛直、2010、「地域医療と環境問題―西淀川公害と医師会」『ワーキング・ペーパー・シリーズ　西淀川公害と「環境再生のまちづくり」』東京経済大学学術研究センター.
佐藤万作子、1997、「公害対策の名目でやりたい放題、住友金属和歌山製鉄所」『週間金曜日』5月23日号。
庄司光・宮本憲一、1975、『日本の公害』岩波新書.
庄司興吉編、1985、『地域社会計画と住民自治』梓出版社.
砂田一郎、1980、「原発誘致問題への国際的インパクトとその政治的解決の方式についての考察―和歌山県古座町の社会調査データに基づいて」馬場伸也・梶田孝道編『非国家的行為主体のトランスナショナルな活動とその相互行為の分析による国際社会学』津田塾大学国際関係研究所：61-76.
たくきよしみつ、2012、『3・11後を生きるきみたちへ』岩波ジュニア新書.
谷伍平、1982、『緑のまちにしませんか』(私家版).

内山卓郎、1973、「大分の健康調査は家島の有症率8.9%を隠している」『週刊エネルギーと公害』285: 1-8.
内山卓郎、1974、「それでも突っ走る大規模工業基地化―大分新産都二期計画の進行にみる」『市民』(1月号)
除本理史、2002、「公害被害者の救済と地域再生」永井進・寺西俊一・除本理史編著『環境再生―川崎から公害地域の再生を考える』有斐閣選書.
吉原直樹、2013、『「原発さまの町」からの脱却―大熊町から考えるコミュニティの未来』岩波書店.

大分市「三佐地区」公害問題略年表

1957	大分県、大分鶴崎臨海工業地帯開発計画（のちの新産業都市第一期計画）を発表。
1958	1号地から5号地までの埋立造成工事の開始（〜1974年、計1066ha）。
1962	県、全国総合開発計画に対応して「大分県基本計画」を策定。
1963	2市3町1村（大分市、鶴崎市、坂ノ市町、大南町、大分町、大在村）が合併して、大分市が誕生（人口約30万人）。
1964.1	大分市、新産業都市建設推進法に基づく区域指定を受ける。
1964.6	九州石油操業開始。
1969	昭和電工操業開始。
1969.4	九州石油二期増産。
1969.8	九州電力大分発電所操業開始。新日鉄化学操業開始。
1970.3	県、新産業都市第二期計画を決定（6号地〜8号地；1190ha）。
1970.4	新日本製鉄操業開始。
1970.6	九州電力大分発電所二期増産。
1970.9	神崎地区で「8号地埋立絶対反対神崎期成会」が結成され、反対運動を開始。
1971.4	県医師会、「公害対策研究活動報告」を『大分県医師会会報（特別号）』にて発表。
1972.6	三佐・家島公害青年追放研究会（代表：橋本健司氏）、主婦たちと協力して両地区の乳幼児の健康調査を実施（8月にかけて）。罹患率は異常に高率。
1972.9	三佐・家島公害青年追放研究会、当該地区で新産都二期計画反対の陳情を集める。3000人が署名する。同月から10月、大分鶴崎高校・鶴崎の街研究会、三佐地区全域で住民健康調査（聞き取り調査）を実施。
	三佐・家島公害青年追放研究会、立木知事や安藤市長に対し、各種健康調査結果をもとに、健康被害発生を認めない姿勢を抗議。知事、三佐地区での住民健康調査実施を約束する。
	県、三佐地区4500人を対象とした住民健康調査を実施。
1973.5	県、三佐地区での住民健康調査結果を公表。「神崎期成会」や佐賀関漁業者ら、環境庁を訪問し、二期計画反対の直訴状提出。立木知事、県庁にて①地元住民の同意、②環境アセスメントの実施、③佐賀関町漁協の正常化の3条件が満たされるまで8号地計画を中断すると発表。家島地区（三佐5区）の住友化学、毒ガス流出事故。8月、同社農薬倉庫で火災発生。
	県医師会公害対策研究委員会、「大分市鶴崎地区における疾病構造について」を『大分県医師会会報』に発表。
1974.9	家島地区住民、県、市の三者、集団移転の合意書を交わす（75年5月、集団移転細目協定書調印）。県医師会、県の委託により、慢性気管支炎を中心とする住民健康調査を大分市鶴崎地区と津久見市において実施（〜1975年5月）。

1976.2	県医師会、県の委託で実施した調査結果を『大分市及び津久見市住民健康調査報告書』として公表（いわゆる石西報告書）。
1976.9	岡山大の柳楽医師、三佐地区600人余りを対象に7月に実施した住民健康調査結果を家島（三佐5区）で発表。佐賀関町議会、8号地埋立を含めた「基本構想案」を強行採決。
1977.1	8号地計画に反対する住民330名、知事を相手に計画の取消を求める8号地行政訴訟を起こす。原告団長は須川与八氏（佐賀関町秋の江）。
1977.3	県が提出していた「大分新産業基本計画改定案」が総理大臣の承認を得る。
1978.1	県、家島地区住民に集団移転中止の提案をする。→結果、中止に。
1978.8	県、環境アセスメント実施の計画を発表。8号地阻止大分県民共闘会議、「石西報告書・公開学術討論会」を大分市の自治労会館で開催。
1979.3	大分地裁、8号地訴訟判決で原告住民の請求を却下する。
1979.4	平松守彦氏、知事に就任。
1980.5	県、『大分地域工業開発計画に係る環境影響評価書』で、三佐地区の公害病を否定。
1985.6	平松知事、『評価書』を受け「3条件は満たされた」と8号地計画の凍結解除を表明。→だが、埋立は実施されず。

出典：川名（1992）や『大分合同新聞』など各新聞記事をもとに作成。

第4章　関あじ・関さばの誕生
——大分・佐賀関における公害・開発問題との関連

渡辺伸一

1　はじめに

　大分県佐賀関と言えば、「関あじ・関さば」の名で有名である。1990年代から本格化する佐賀関町漁業協同組合(現大分県漁業協同組合佐賀関支店．以下、佐賀関町漁協)[1]による大衆魚のブランド化の取り組みは、今日各地で試みられている地域ブランド化の先駆けとして知られるだけでなく、一本釣りという持続可能な漁業による地域振興の成功例としても評価が高い。今日各種の水産物がブランド化されているが、それらは、関あじ・関さばの成功に触発され、90年代から取組が活発化したのである。今や、「全国的に名声を得、ブランド水産物の代名詞ともなり、確固たる地位を築いた」とされる(波積 2010: 121)。

　関あじ・関さばは、漁業者だけでなく地元住民からも強く支持されている。佐賀関町は市町村合併により2005年に大分市となったが、その際、佐賀関という地名が消える可能性もあった。だが、「関あじ・関さば」の故郷である佐賀関という地名を残そうという住民らの強い活動があり、大分市佐賀関という地名が残されたのである。住民らは佐賀関町漁協に続く商店街の通りを「関あじ・関さば通り」と名づけ、第3土曜日に朝市が開催されるようになった(2005年～)。また、漁協主催の「関あじ・関さば祭り」は(2001年～)、その場で関あじ・関さばが食べられるということで、毎年2,000人ほどの来場者で賑わっている。ツアーが開催されたこともあり、関あじ・関さばの漁場である壮観な速吸瀬戸(豊後水道)をみることができる(同上: 133)。2006年には、

漁協・商工会議所・自治会などが中心となり「NPO法人さがのせきまちづくり協議会」が立ち上がった。初代専務理事は、関あじ・関さばのブランド化に尽力した1人である元漁協職員の岡本喜七郎氏である。

　このように関あじ・関さばは、佐賀関における地域づくりの核となっているのだが、他方で、佐賀関は、公害史の分野では、1970年に強力な公害反対運動が展開された地域としても知られている。3章でみたように、大分県は、1970年に新産業都市第二期計画を策定した。そこでは佐賀関海域を工場用地として埋め立てる計画(8号地計画)がうたわれていたのだが、強力な反対運動もあり中止に追い込まれている。これには、佐賀関漁業者の果たした役割も大きかった。また、1973年には日本鉱業(現パンパシフィック・カッパー)佐賀関精錬所による上浦港(佐賀関港)の重金属汚染問題が起こるのだが、その際、漁業者は漁船約160隻で精錬所の海域封鎖を行い、最終的に港を会社の費用で浚渫(環境復元)するなどの「覚書」を交わす。これは、「補償金はいらん、海をきれいにして返せ」とする佐賀関漁業者の理念を具現化したものだが、朝日新聞がコラムで「佐賀関方式」と名付け紹介したことで有名になった(朝日新聞1973.7.4)。

　わが国で大衆魚を最初にブランド化した佐賀関と、公害史に残る公害反対運動を展開してきた佐賀関とが、これまでは別個に論じられてきた。しかし、私は、この公害紛争と「関あじ・関さばの誕生」とは大いに関連していると考えている。

　では、いかに関連しているか。告発型・対決型の公害反対運動を経験した漁業者らが、その後地域資源を生かした漁業振興に取り組み、これが地域づくりへとつながっていった。この点だけをみれば、佐賀関の事例は、いわゆる「内発的発展」の事例のように思われるかも知れない。実際に「内発的発展は公害反対運動や環境保全の住民運動を出発点にしている例が多い」からだ(宮本1989: 297)。

　こうした事例としてしばしばあげられるのは神戸市真野地区や丸山地区、北海道小樽市であり、大分県では湯布院町(現由布市)が知られている。告発型・対決型の住民運動が内発的発展や地域づくりへと移行していくのは、望まし

くない「外部条件」の闖入を押しのけるために、住民は結束して運動を展開するが、その過程で運動の意味を自問し、新たな生活の再編を試みようとすることが多いため、とされる（鳥越 1983: 170、帯谷 2004: 162）。3 章では、大分県新産都二期計画に最後まで反対し、8 号地の埋め立てを中止に追い込み、その後、守り通した海と山を核として地域づくりを実践してきている佐賀関町神崎地区（現大分市）の取り組みにふれたが、この事例は上記のモデルに近いといえよう。しかし、佐賀関の漁業者らの運動の場合、このモデルで説明することはできない。

　鳥越皓之氏は、丸山地区の事例を典型的な成功例とする際、その対極の事例として原発誘致のケースを挙げている。すなわち、原発誘致という外部条件に対して、住民の意見が真っ二つに分裂し、感情的なこじれをともない、住民相互の関係修復が不可能に近い状態になった事例があるという。実は、佐賀関における公害紛争はこうした側面をもつ。

　上で佐賀関の漁業者は、県の 8 号地計画を中断に追い込んだ中核的主体の一つであり、また、汚染された港を加害企業によって浚渫させたと書いた。しかし、こうした公害・開発反対運動には常に対立する漁業者もおり、この結果、佐賀関町漁協は深刻な事態に何度も追い込まれている。既述の岡本氏は、8 号埋め立て問題や上浦港汚染問題など、「事件の度に組合員は賛成・反対に別れ、組合員同士でいがみ合い、反対の組合員は組合にある貯金を引き出し、また水揚げは組合に出荷しない等を武器に組合執行部に抵抗してきた。組合存亡の危機を迎えた時期もあった」（岡本 1992: 30）と書いている。また「1977・78 年には公害の問題で漁協そのものがどうなるかといった事態に直面しました」（岡本 1996: 39）とも述べている。このような経験をもつ漁協と漁業者が作り出したのが、関あじ・関さばなのである。佐賀関の場合も、外部条件の闖入があり、これが一つの大きな契機となって主体的な漁業振興に乗り出したのは間違いないのだが、その契機の内実が上記のモデルとは異なっているのだ。

　外部条件の地域への闖入に対しては、住民が結束して住民運動を展開し、その過程で運動の意味を自問し、新たな生活の再編を試みようとするケース

もあれば、その対極に住民の意見が真っ二つに分裂し、後に残ったのは賛成と反対に分かれた住民間の感情的な啀み合いだけ、というケースもある。だが、なかには、住民が賛成派と反対派に分裂したにもかかわらず、それを乗り越えあるいはバネとして、産業振興や地域づくりへとつなげた地域も存在するはずである[2]。その一つが佐賀関である。

以下、2節では、関あじ・関さばがブランド化していった経緯についてまとめ、ブランド化の原点が1988年の佐賀関町漁協による「買取販売事業」の開始という漁協改革にあったことを確認する。その上で、「漁協はなぜこの事業を開始したのか」にかかわる従来の説明への疑問点について述べる。3節では、この疑問点を解明すべく、佐賀関町漁協が70年代に経験した公害・開発問題の歴史を、8号地問題と上浦港重金属汚染問題を中心に検討する。これらの問題を考察した代表的な論考には川名(1992)やBroadbent(1998)が存在し、本章は多くの点をそこから学んでいる。だが、それらには不十分な点もあるため、3節では、当時の新聞記事やインタビュー調査で得た新しい知見を追加した[3]。以上を踏まえ、4節では、関あじ・関さばの誕生の原点たる買取販売事業の開始には、佐賀関町漁協が経験した公害・開発問題の歴史が大きくかかわっていたことを明らかにする。

2 ブランド魚「関あじ・関さば」の誕生の経緯とその従来の説明への疑問点

2-1 佐賀関町漁協による買取販売事業の開始とブランド化の取り組み

関あじ・関さばは、瀬戸内海と太平洋の水塊がぶつかりあう豊後水道(豊予海峡水域)で漁獲される。潮流が速い上に餌となる生物が豊富に発生し、海底が起伏に富み、瀬と呼ばれる漁場が多い。また、水温変化が少ないという漁場特性のため、一般のアジ・サバと異なり、脂の量が年中ほぼ一定している。このような好漁場に恵まれた瀬付き魚(回遊魚でない)である関あじ・関さばは一本釣りで捕獲されていることもあり、地元では、同漁法で捕獲される他の魚とともに「関もの」と呼ばれ、元々その品質の高さが評価されていた(波

佐賀関半島からみた豊後水道。関あじ・関さばが捕れる。手前は高島で奥に見えるのが愛媛県佐多岬。(2011年9月渡辺撮影)

積 2002: 161)。

　関あじ・関さばが全国的にその名を知られるようになったのは、1984年、TBSテレビ「時事放談」に出演していた政治評論家の藤原弘達氏が、当地で食した関あじ・関さばの刺身を絶賛したことによる。だが、このときはまだ、関あじ・関さばの名は定着していない。この名が本格的に使用されるようになるのは、漁協が、買取販売事業という当時としては「漁協のやる仕事ではない」と考えられていた事業に乗り出すのだが[4]、そのポスターに名を記してからである。後述するように、この事業があって高級魚「関あじ・関さば」は生まれたのである。では、その買取販売事業とはいかなるもので、その事業を始めた契機は何だったのか。

　買取販売事業とは、漁協が組合員から水産物を買い取って、後に他へ販売する方法であるから、端的に言えば、仲買の仕事に乗り出したということになる。佐賀関町漁協では、伝統的に仲買人を通して組合員（漁業者）の捕獲し

た魚を販売する仲買人制度を採用していた。鮮魚は通常、産地卸売市場と消費卸売市場の二つの市場を経由して最終消費者の手に渡る。この一連の流通活動において、産地卸売市場で魚を調達し、消費地卸売市場の販売者（卸売業者）に引き渡す活動を担うのが仲買人である。

佐賀関町漁協では、形式上、組合員が佐賀関町漁協に販売を委託する形をとっていたが、実際の取引は直接個々の組合員と仲買人との間で行われていた。具体的には、まず、仲買人が漁協の用意した伝票を持って組合員に会い取引する。取引終了後、その内容を記した伝票を漁協に渡す。仲買人は購入代金を漁協に支払い、漁協はそこから 5% の手数料を差し引いて組合員の口座に振り込む、というものである（小林 2003 など）。

仲買人と組合員との取引価格は、組合員、仲買人、漁協の代表者から構成される「値立て委員会」(7 ～ 10 日毎に開催) で魚種ごとに定め、取引量は漁船の生け簀で泳ぐ魚をみて数や目方を推定する「面買い（つらがい）」という方法で決められてきた。

佐賀関町漁協が買取販売事業に進出したのは、組合員がこの仲買人に不満を抱いていたからである。仲買人（当時は 5 社）は値立て委員会が定めた価格で取引することになっていたが、実際には組合員によって取引価格が異なることが多々見られた。また、取引量の決定にも不信感を抱いていた。佐賀関町漁協が採用している面買いは、目視で魚の数や目方を決定するため、売り手と買い手の信頼関係が取引の成否に大きく影響する。しかし、「仲買人が儲けすぎている」などの理由から、取引量をごまかしているのではという不満が高まったのである。

こうした不満は、1982 年頃から出始めたとされるが（岡本 1992: 30）、これを問題視した佐賀関町漁協は、組合員を対象にアンケート調査を実施し、仲買人に対する意見を求めた。その結果、組合員の 9 割以上が不満を抱いていることがわかり（姫野 1999: 35）、1988 年、自ら買取販売事業に進出することを決めたのである（値立て委員会は廃止）。

仲買人の問題ということでいえば、先のテレビ番組の放映後に始まった東京の業者との取引が、仲買人の不誠実な対応で頓挫してしまった、というこ

第4章 関あじ・関さばの誕生　121

ともあった (姫野 1999: 34、竹ノ内 2004: 135)。

　佐賀関町漁協の買取販売事業への進出は、組合員にとっては取引する仲買人が一業者増えたことを意味する。事実、佐賀関町漁協は、買取販売事業への進出に際し既存の産地仲買人を排除するようなことはせず、組合員に対して自身を含め最も高く買ってくれる業者と取引するよう奨励している。

　ところで、なぜ他の方法ではなく、買取販売事業だったのか。岡本氏は「販売事業の改革を行うにあたり買取がいいのか、共同出荷がいいのか、組合の執行部、参事、販売課の課長、われわれの中で随分議論をした。組合員の収入を上げるにはどっちが有利になるのかを前提に考え、買取販売事業にした」と書いている (岡本 1992: 33)[5]。

　共同出荷では、組合員からの買取価格は、市場での販売価格に基づいて決まる。他方、漁協が買取販売事業に乗り出した場合、買取価格の決定には漁協と仲買人との間で競争原理が働くから、共同出荷の場合よりも買取価格を高くできる可能性が高い。また、共同出荷は、価格が決まるまでに日数を要するから、今日獲った魚の価格を参考にして明日は値の良い魚を獲りに行くという従来からの佐賀関漁業者の漁撈実態に合わない、との判断もあったという (姫野 1999: 36)[6]。

　しかし、買取販売は組合員には有利でも、漁協にとってはリスクが高いといえる。というのは、第1に漁協職員の労働的な負担が増えるからであり、第2に、組合に損失が出る可能性があるからだ。第1の点について。漁協が買取販売事業をするといったとき、仲買人から批判があったが、他方で「ほっとけ、半年も続かん」とも述べたという。なぜ、こう述べたのか。「職員が大変なんです。夜中から起きての作業、もちろん順回りの休みはありますが、日曜・祭日なしで雨の日も寒い日も毎日頑張る、こうした体制を維持してゆく努力」をしなくてはならないからだ (同上)。「漁協職員は、海面に浮かべたいけすで、帰ってくる全ての漁業者を待ち続けなければならず、その労働条件は過酷を極める」のだ (竹ノ内 2004: 135)。第2の点について。買取販売事業では、組合員から魚を買い取った後で販売価格が決まるわけだから、漁協が販売リスクを負う。なぜなら、市況により日々取引価格が変わる鮮魚

において、販売価格が常に買い取り価格を上回るとは限らないからだ（小林 2003: 162）。岡本氏はこう書いている。「買取販売というのは、組合員が生け簀に船を着けて値段を職員と相対で決めたら、そこで組合員の責任は無くなる。死のうがどうしようが組合員には関係ないということである。組合には大きなリスクが残るが、それを覚悟でやっている」（岡本 1992: 33）。

売ってしまったら、その魚が「死のうがどうしようが組合員には関係ない」が、職員には関係大ありである。つまり、買取販売事業が成功するためには、漁協職員が、魚をいかに多くかつ高値で販売できるかにかかっているのだ。

こうしたことから漁協は、買取販売事業への進出に伴い、積極的に販促（プロモーション）活動を展開することになる（小林 2003: 162）。漁協がその販売力を強化するため、まず行ったのがポスターの作成である。その目的は、漁協が買取販売事業という当時としては「耳慣れない言葉」（岡本 1996: 40）の事業を始めたこと、そして彼らが扱う佐賀関の魚を販売対象となる消費地卸売市場の関係者に知ってもらうことであった。1000部を作成し、全国に配布した。このポスターに佐賀関を代表する魚として記されたのが「関あじ」と「関さば」であり、後に高級ブランド魚として知られるきっかけとなったプロモーションがこれである。

漁協は、買取販売事業の戦略商品である関あじ・関さばを知ってもらうため、買取販売事業に進出した翌年から下記の各地で販促キャンペーンを実施した。

1989年：福岡中央市場　　　　　　　　　　　　　費用 200万円
1990年：北九州中央卸売市場　　　　　　　　　　費用 200万円
1991年：東京（築地市場、全漁連[7]）　　　　　費用 500万円
1992年：大阪（中央卸売市場、ホテルニューオータニ）　費用 1000万円

その内容は、漁協が関あじ・関さばを持ち込み、仲卸売業者など消費地卸売市場関係者に試食してもらうというものだった。4回行ったキャンペーンの総費用は約2000万円であるが、漁協負担は1/4の約500万円で済んでいる。

県が平松守彦知事による一村一品運動の支援から1/2、町が地場産業の育成から1/4を出してくれたからだ（岡本2005）。

1992年の大阪での販促キャンペーン以降、漁協は特に目立った販促活動をしていない。その理由は、1991年から1992年にかけて全国的にいわゆるグルメブームが起こり、その中で関あじ・関さばが注目されテレビや雑誌などで頻繁に取り上げられるようになったため、販促活動の必要がなくなったのである[8]。

グルメブームの影響を最もよく表しているのが関さばの価格推移である。図4-1は、関さばの浜値（漁師からの買取価格）の推移を示したものだが、これでわかるように、それまで僅かしか上がっていなかった関さばの価格が、1991年のグルメブームを受けて急上昇し、2000年には通常のサバに比べて

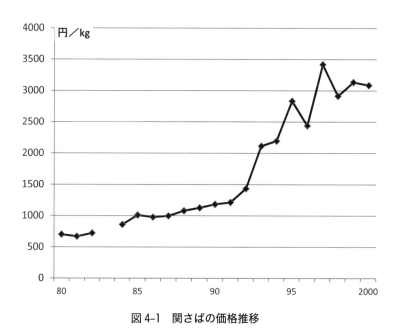

図4-1　関さばの価格推移

注1：価格は浜値（産地卸売価格）。消費地卸売価格はより高くなる。
　2：1983年のデータはなし。
出典：大分県漁業協同組合佐賀関支店提供データ。

約30倍もの高値をつけるまでになっている。関さばが登場するまで「刺身で食べられるサバ」というカテゴリーは一般には存在していなかった。グルメブームのなか、この「刺身で食べられるサバ」が高級魚として認められ、価格が上昇していったのだ（小林 2003: 166-167）。このように、グルメブームにうまく乗れたのも漁協による大都市圏での販促活動があったからこそである。

岡本氏は、この販促活動にかかわって、こう振り返っている。「今一番思うことは、漁協だけでこのような取組ができたかというと到底できなかったと思う。やはり大分県、佐賀関町、漁協の三者が一体となって取り組んだ結果が、現在の『関あじ・関さば』のブランド化につながった。また、大分県は知事が一村一品運動を提唱し、知事自身がトップセールスをするなど、県をあげての努力の結集が現在につながったのだろうと思う」（岡本 2005: 22）。

グルメブームが去った1992年以降も、関あじ・関さばは、その価格を維持あるいは上昇させている。ここにブランドとして確立された関あじ・関さばの強さをみることができる[9]。なお買取販売事業の対象魚種は徐々に増え、関あじや関さばだけでなく、30種以上の魚介類に及んでいる（小林 2003: 161）。そして今日では、組合員の水揚げの販売量の約55%を漁協が占め、残りが仲買人（現在は3社）を通して販売されている（内藤 2013）。

2-2　買取販売事業の開始の契機に対する従来の説明への疑問点

以上みたように、高級魚「関あじ・関さば」の原点は、買取販売事業にあるといってよい。しかし、この事業の開始に関わる従来の説明に対しては、いくつかの疑問がある。3点述べたい。

第1。なぜ、共同出荷方式ではなく買取販売事業だったのか。組合員に有利な方式ということで買取販売事業に乗り出したとされるが、やはりリスクが大きい。なぜ組合にも組合員にも有利な方法をと考えなかったのか。例えば、「関さば」の成功に触発され、神奈川県みうら漁協松輪支店では「松輪サバ」のブランド化に取り組んだが、その起点となったのは買取販売ではなく共同出荷であった（1991年開始）。その目的は、漁業者にメリットがあるだけでなく、「販売手数料を4%から12%へ増やすことにより、漁協経営の安定化を

図」ることにあったという（木下 2010: 141）[10]。佐賀関町漁協における買取販売事業の導入は、今日からみればよかったと言えようが、なぜ漁協が過度のリスクを負うような事業を選択したのか。買取販売事業は、今日においてさえ、「従来は、経営面でのリスクを考慮して漁協が取り組むことがはばかられた」事業と言われているのだ（（財）東京水産振興会 2008: 10）。「組合員の生活と所得向上を第一に考えた」のは事実としても、そこまでの決意をさせた理由について、もっと掘り下げる必要があるのではないか。

　第2。リスクを覚悟で買取販売を開始させたその根本は仲買人への不満にあった、という。しかしなぜ、仲買人は組合員のほとんどが不満を抱くほどの態度をとっていたのか。竹ノ内徳人氏は、こう書いている。佐賀関町漁協では、「魚の顔ではなく、漁業者の顔を見て値決めをしていることや、数をごまかしているなどの不満があったようである。ただし、魚の鮮度や品質を見るには、仲買人が漁業者の取り扱い方を考慮しながら、顔を見て値決めするということが多くの産地市場で見られることも事実である。佐賀関の場合は、それが極端に行き過ぎたのだと考えられよう」（竹ノ内 2004: 134-135）。では、佐賀関の場合、なぜ「極端に行き過ぎた」のか。人間の行為は他者との相互作用のなかから生まれるという社会学の立場に立てば、その理由をひとえに仲買人の不誠実さ（同上 : 135）に求めることはできないだろう。組合員―仲買人―漁協の三者の関係のありようを、当時の歴史的文脈のなかで検討する必要がある。

　第3。岡本氏によれば、「仲買人が儲けすぎている」という組合員の不満は1982年頃から出はじめ、これが買取販売事業につながったという。この点にかかわって、小林哲氏はこう述べている。「産地仲買人が儲けすぎというのはあくまで憶測の域を出ないが、佐賀関に出入りしている産地仲買人が四名と少なくかつ固定しており健全な競争が行われていないこと、消費地市場で関ものと呼ばれ高値で取引されているにもかかわらずそれが産地取引価格に反映されていないことなどが不信感を高める大きな要因になったと思われる」（小林 2003: 180-181）。私は、この説明を否定するものではない。しかし、この説明だけでは、なぜ組合の不満が1982年頃から出てきたのかが不

明である。不満を抱いたとしても問題化しない状況があったのか。あるいは、1982年頃に、何が大きな状況変化があったのか。これを知るためにも、漁協が経験した公害紛争の歴史を検討してみる必要があろう。

3 佐賀関町漁協における公害・開発問題をめぐる紛争の歴史

　佐賀関町漁協が直面した公害・開発問題に対する紛争の歴史は、1973年が画期をなす。反対運動は1973年5月に県の8号地埋め立て計画を「中断」させるが、埋め立て賛成派の神崎地区の漁業者は組合の内部分裂から分離・独立し「神崎漁協」を設立する。また、同年6月には上浦港重金属汚染問題に対し日本鉱業佐賀関精錬所との間で公害防止協定が締結される。しかし、これ以後8号地問題と上浦港問題は再び紛争化していく。ここでは、両問題に深く関わった西尾勇氏へのインタビューなどを踏まえて、その経緯を詳しく追っていきたい。まずは1973年までの時期からみていこう。

3-1　第1の時期──1970から1973年
8号地をめぐる漁協対立の発生
　1970年3月、大分県は新産都第二期計画を決定（6号地〜8号地：1190ha）する。これに伴い8号地埋め立て予定地の後背地に位置する佐賀関の神崎地区住民（非漁業者）は、9月、「8号地埋立絶対反対神崎期成会」を結成し、反対運動を始める（本章文末の付図を参照）。
　他方、佐賀関町漁協（川上伝蔵組合長、正組合員約1,000人）においては、それよりも早い7月に、漁民大会を開いて「二期計画埋立絶対反対」を決議、ムシロ旗を立てて大分市内をデモし、県にも反対を申し入れていた（大分合同新聞1971.11.29、以下「大分合同」と略す）。しかしながら、1971年夏、川上組合長の働きかけにより執行部、次いで組合員の一部が「補償金をもらえるなら……」と、8号地埋め立てと企業誘致に賛成に回る動きが激しくなっていく。なかでも8号地埋め立て予定地に漁業権行使権を持つ神崎地区の組合員は、ほとんどが埋め立てに賛成であった（笛木1977: 118）。理由としては、「いくら

8号地が阻止できても、6・7号地が埋め立てられれば、それだけで相当漁業被害を受けてしまう」という事情の他に、一本釣りが中心の佐賀関地区とは異なり、刺し網が中心の神崎地区では、漁業従事者における女性の比率が高く、漁業の後継者問題から将来に対する不安が強くあった、とされる（笛木 1977: 120-121）。

　こうした埋め立て賛成派の動きに強く反発した組合員は、1971年12月、応援に駆けつけた風成（臼杵市）の漁船団[11]とともに海上デモを行う。さらに、1972年10月、佐賀関町議会で提案された町の長期計画が、県の二期計画を前提としていたために、埋め立て反対派の組合員は町役場前に座り込んだ。また、同時に賛成派も座り込みをし、佐賀関の町全体が騒然となっていった（大分合同 1972.10.14、15）。

　組合執行部が埋め立て賛成に回ったと判断した若手組合員は、1972年12月、執行部リコール請求の署名運動を開始する。組合員の1/3以上の賛成を得て1973年2月、リコール投票のための臨時漁協総会が開かれた。開票の結果、リコール派が431名となり、122票差でリコールは不成立だった（全体の44%）。ただし、漁業権放棄のための特別決議を阻止するために必要な人員は確保していた。漁業権の放棄には、組合員の2/3以上の賛成を必要とするからだ（松下 1979: 227）。この結果、佐賀関町漁協は事実上、二つに割れた状態となり、一本釣りを中心とする専業の429人は「公害追放・二期計画反対佐賀関漁民同志会」を結成した。「同志会」は若手が中心で会長には西尾勇氏（当時31歳）が選ばれる（同上: 226）。他方、漁協執行部を中心とする「埋め立ててやむなし」派は「協和会」を結成、「同志会」に対抗していく。これに対し、同志会は労組や住民で作っている「二期計画反対公害追放町民会議」（約1,500人）と協力し運動を進めていった（川名 1992）。

　リコール後、同志会は「とにかく今後は埋め立て（反対）一本で、俺たちは闘争する」との方針を決定し、組合総代会を3回（2/16,3/6,3/9）、組合総会を3回（3/10,3/29,4/11）流会にしている。会長の西尾氏はその理由をこう述べていた。「総会が流れるのと、二期阻止がどういう関連をもつのかというと、私達の基本方針は、漁協が漁業権を放棄しない以上、二期は絶対にできない、

大分県漁業協同組合佐賀関支店（中央）。山上に立つ横縞の煙突は日本鉱業佐賀関精錬所の第二大煙突（1972年完成、高さ約200m）。その右の第一大煙突は老朽化のため2013年に解体された。（2011年9月渡辺撮影）

ということなんです。その漁業権放棄の方向で動いているのが、現在の執行部である以上、執行部の機能を完全に止める、ということに最重点を置いたんです」（西尾1973: 19）。西尾氏は、こうも言っている。「総会にかこつけて埋め立て賛成決議をやろうとするのを回避するために、総会を開かせないようにした」（インタビュー記録より）[12]。だが、この間、埋め立て賛成派の神崎地区の組合員は、佐賀関町漁協からの分離を県議会に請願していた（笛木1977: 118）。

　1973年5月20日、4回目の総代会が開かれたのだが、開会まもなく8号地反対、賛成両派傍聴人の間で殴り合いの喧嘩が起こり、怪我人が出て警官隊が出動する事態となり（流血騒ぎ）、それでまたも散会している。同漁協の事業年度は1月-12月で、新年度に入って既に5ヶ月を経過しようとしていたが「両派の対立で、いまだに予算、事業計画とも未承認で、漁協運営に支障をきたしている。特に急を要する組合員の融資問題などは最高限度額を決

めることができず、漁協職員（約 50 人）のベースアップも実施できないままとなって」いた (大分合同 1973.5.21)。4 月 21 日段階で組合員 18 人から当該年度の漁業近代化資金の借り入れ希望 (2700 万円) が出ていたが、認められないままだった (大分合同 1973.4.12)。

5 月 25 日、神崎期成会や同志会、町民会議の 77 人が、二期計画の反対を求め環境庁へ陳情している (川名 1992)。3 月に陳情を行い、その後環境庁の調査団が現地視察に来ていたが、それを踏まえての再度の陳情であった。ところがこの日、立木勝知事が急遽、8 号地計画を中断すると発表した。県は住民の公害反対運動に遭って計画中断に追い込まれることになったのである。この 8 号地計画の中断によって新産都二期計画の 1/3 がお預けになった (川名 1992: 136)。だが、立木知事は中断に際し 3 つの条件をつけた。すなわち、①地元住民の同意を得ること、②環境アセスメントの実施、③佐賀関町漁協が正常化すること。この 3 つの条件が満たされないうちは 8 号地計画を再び推進するようなことはしないと、知事は県議会などで繰り返し説明した。

上浦港重金属汚染問題の顕在化

他方、佐賀関では、別の問題が起こっていた。日本鉱業佐賀関精錬所（以下、日鉱）[13] による上浦港の重金属汚染問題である。県環境保健部が上浦港における魚介類や海草類を調べて 1973 年 6 月に公表した結果により、巻き貝にカドミウム 8.1ppm、銅 164.9ppm、ナマコに水銀 0.026ppm、ヒジキにヒ素 14.53ppm などが検出され、重金属で汚染されていることが判明した[14]。

日鉱の排水口があり原材料の荷揚げ港ともなっている上浦港は、漁撈対象水域ではなく、そこの貝類や海草類が市場に出ることはない (大分合同 1973.7.14)。また魚についても、佐賀関の漁場は、上浦港から離れた潮流の速い豊後水道であり、その海域が汚染されたわけではなく生業にも影響は出ないはずだった。だが、市場の反応は違った。佐賀関周辺で捕れる水産物の全てが汚染されていると勘違いされ、一時、市場から完全に締め出されたのだ (西尾ほか 1974: 19)。いわゆる「風評被害」の発生である。この頃は、有明海の「第三水俣病問題」など、全国各地で重金属汚染が社会問題化していた。

1971年当時の日本鉱業佐賀関製錬所(現パンパシフィック・カッパー佐賀関製錬所)と上浦港。1916年完成の(第一)大煙突(約170m)は当時「東洋一の大煙突」と呼ばれた。日本鉱業佐賀関製錬所の会社概要(1971年制作)より。

こうした事態に怒った同志会は6月24日、日鉱に操業の中止を要求して上浦港を漁船約160隻で封鎖、鉱石や硫酸などを搬出入するタンカーの出入を阻止するとともに、家族を含め約400人が精錬所の正門と東門の2箇所に座り込み抗議を続けた。西尾会長はこうした戦術をとった理由について、「相手は天下の日鉱でその力の大きさはみんなが知っており、死ぬ覚悟でやると誓い合った。交渉に当たっては、俺たちが生活の漁を放棄しているのだから、日鉱も全面操業停止させなければ対等な話し合いはできない」と述べていた（公明新聞1973.8.1）。

　72時間にわたる海上封鎖と5日間の交渉を経た6月28日、同志会と日鉱側は、上浦港を日鉱の費用で浚渫するなどの「覚書」を交わす。その内容をみると、「海をきれいにせよ」という主張が徹底されており「補償金」の要求がなく（佐賀関方式）、「これまでの漁民運動ではみられないものだった」（公明新聞、同上）。すなわち、①上浦港を浚渫し、海草、魚介類を完全に除去した上で、改めて根付け、放流を行う（浚渫費用は推定十数億円）、②公害対策については工場側が資料を提出した上で、同志会との合意のもとに公害対策を行う、③今後とも必要な時は同志会の立入調査を認める。④万が一公害問題が生じたときは、日鉱の責任において処置する（笛木：1977、木野編1978：21）。

　市場に出るはずのない上浦港の海草、魚介類をわざわざ完全除去させたねらいは、これによって市場に出ているサザエやアワビが佐賀関の別の海で捕れたことを明確にできるからだった（西尾ほか1974：23）。これにより現に「風評被害」は納まっていく。

　佐賀関町は漁師町であるが、同時に日鉱による「企業城下町」という性格も有しており、これまで町民が日鉱の意見に正面から反対することは全くなかった（笛木1977：120）。それが、漁業者達の力によって、不正を正されたのである。

　さて、8号地が中断されたことで、埋め立て賛成の川上組合長に辞職を求める同志会の動きは一層強まった。これらの動きにより、組合長をはじめ理事、監事合計20人の執行部は、7月に総辞職を余儀なくされる。その結果、漁協の運営は全くの休止状態となった。川上氏は1932年に組合長になって

以来、合併後もトップの座を占め、41年間組合長を務めた人物で、地元では「天皇」とも呼ばれていたという（大分合同 1973.7.3、笛木 1977: 120）。その人物が辞職に追い込まれたのだ。

8月4日、総辞職後の新しい執行部を選ぶための総会が開催される。しかし旧組合長派と協和会は、総会をボイコットする。9月18日、2回目の総会開催に対しても再びボイコットしている（大分合同 1973.10.17）。8号地計画の中断、「佐賀関方式」による日鉱との公害防止協定の締結、そして組合長など執行部の総辞職と、全ての事態が同志会の要求通りに進んでいた。協和会には、こうした事態に反発する気持ちと、このまま総会を開催すれば、新しい執行部も同志会に握られるという恐れがあったのだと思われる。協和会は、総会ボイコット運動を展開中の9月12日、今度は同会が日鉱の操業を止めるべく160隻の船で上浦港を海上封鎖する。日鉱と同志会との間で締結された協定に納得できず、日鉱に対して補償を求めたのだ（大分合同 1973.9.13）。

神崎漁協の分離・独立と佐賀関町漁協の存続の危機

この間の7月14日、同志会は、神崎地区の漁業者が「神崎漁協」（埋め立て賛成）を設立し、佐賀関町漁協からの分離を要望しているが認めないでほしいと県に強く要請している。これに対し、県は「漁協の一本化をめざして努力しているのであり、誰が来ても県は絶対に漁協の分離を認めるようなことはしない」と約束した（大分合同 1973.7.14）。しかし、7月20日、神崎漁協は設立総会を開き、県に分離・独立申請を出す。そして、9月25日には「神崎漁協」の佐賀関町漁協からの分離・独立が自然成立してしまう。県は、この独立申請を認めざるをえないとし、佐賀関町漁協の分裂が決まるのである（大分合同 1973.9.26）。

他方、協和会と前役員の一部は、8号地問題や上浦港汚染問題において、自らの意向がことごとく通らないことに反発し、神崎漁協のように佐賀関町漁協から分離・独立することを決める。そして、9月21日、新たに「佐賀関町第一漁協」を設立するための発起人会を開催するのである（代表：影浦広義氏、発起人44人）。10月4日、「佐賀関町第一漁協」の設立準備会を開催し（出

席者：発起人 43 人と百余人)、20 日に創立総会を開くことを決め、新組合設立への正式な旗揚げをした (大分合同 1973.10.5)。

　こうした事態のなか、佐賀関町漁協職員組合 (岡本喜七郎組合長ほか 39 人) は、緊急総会を開き (9 月 25 日)、漁協の混乱に伴う先行き不安から集団退職を検討している。なぜか。同志会と協和会の対立から総会は流れ、あるいはボイコットされ、9 月になっても予算、事業計画とも未承認で、緊急を要する組合員への融資もできない状態が続いていた。また、執行部に反発する多数の組合員が魚介類の出荷を組合を通さず、このため出荷手数料が激減したことや、組合から預金を引き出す組合員が続出し、それでなくても支障をきたしている漁協運営が資金不足でさらに悪化し、職員給与の遅欠配なども心配されるようになったからである。加えて、神崎漁協の"自然成立"や「佐賀関町第一漁協」の分離・設立などの動きが具体化してきたことも職員の不安に拍車をかけていた。まだある。漁業権の更新問題である。漁業権の免許更新は 10 年に一度行われるもので、1973 年はまさに切り替え時期にあたっていたのだが、このまま混乱が続き、役員選挙もできなければ、漁協が漁業権を失いかねないという重大問題があったのである (大分合同 1973.10.9、笛木 1977)。漁協に出荷しない (仲買人との現金やり取り) 事態について、同志会は問題視し、約 500 人の組合員が 9 月 26 日から漁協への完全出荷を始め、出荷量は増加していく。しかし、10 月 2 日には、姫野力販売課長ら職員 5 人が辞表を提出することになる。「全漁民が 1 つになって漁協をもり立てるようにならねば、一年以上にわたって混乱を続け、資金繰りの芳しくなくなっている漁協財政の立て直しはできない。混乱がいつ果てるとも知れない現状では、将来が不安で働く意欲もなくなった」というのが理由であった (大分合同 1973.10.2)。この時期、佐賀関町漁協は、まさに存亡の危機を迎えていた (図 4-2 参照)。集団退職を議論したこの時代の職員組合長の岡本氏と、実際に辞表を提出した 1 人である姫野氏の両人は、後に関あじ・関さばのブランド化を成し遂げるキーパーソンであることに留意しておこう。

　10 月 17 日、両派はようやく和解し、次期役員選挙のための総会の開催を了承する。そして同志会、協和会ともに解散することとなった。県水産部長、

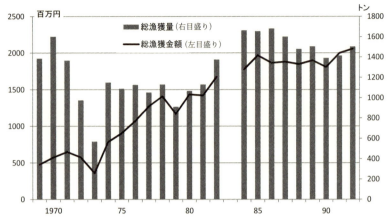

図 4-2　佐賀関町漁協における総漁獲量と総漁獲金額の推移
注：1983 年のデータはなし。
出典：大分県漁業協同組合佐賀関支店提供データ。

　町長、町議会議長らが漁協に詰め、双方の説得に当たったこともあるが、組合分裂の危機に直面して組合員の間に収拾を期待する動きも出ていたことが大きい。これによって、協和会は「第一漁協」の設立をとりやめた。また漁協職員 5 人は「将来が不安だ」として提出していた辞表を撤回した（大分合同 1973.10.17）。和解の際の申し合わせにより、新役員の構成は、旧協和会系と旧同志会系で、理事 5 対 5、監事 2 対 2 の同数となった。そして、23 日の役員会にて、組合長は影浦広義氏（旧協和会系）、副組合長には清川徳次郎氏（旧同志会系）が決まる（大分合同 1973.10.24）。しかし、対立が全て解消したわけではなかった。
　すなわち、漁業権の免許更新手続きをするに当たって、新役員会では「神崎漁協が分離、独立した以上、神崎地先の漁業権（行使権）は切り離して申請手続きをせよ」（旧協和会）という意見と、「漁業権は町漁協に帰属し、切り離しは総会の特別決定事項なので、この手続きなしに神崎地先の分だけ切り離して申請できない。従来通りで申請せよ」（旧同志会）という 2 つの主張が対立、10 月 22 日以降数回にわたる役員会でも結論を出せないでいた（大分合同 1973.10.31）。11 月 8 日の臨時総会でも神崎地先漁業権の扱いをめぐって、町

漁協から分離すれば再び8号地問題が蒸し返される心配があるとする二期計画反対派組合員が、「昭和43(1968)年の四漁協合併で漁業権は町漁協が管理をしている。申請は従来通り神崎地先を含めてやるべきだ」と主張、これに対し神崎の組合員は「漁協行使権は各地区ごとに区分されている。神崎地先は神崎漁民独自でやらせてほしい」と訴え、これを支持する漁業者らは「同海域の漁協行使権を持っているのは神崎地区漁民であり、同地区民の意思を尊重し、優先すべきである」と激しく争った(大分合同 1973.11.8)。

これに対し県は、「漁協臨時総会で一括申請、分割申請ともに否決され、このまま混乱が続けば共同漁業権が空白状態となるということについて強いショックをうけている。もし、漁業権が空白状態となった場合、法的には第三者の漁場立入を排除できなくなるわけで、別のトラブルの要因にもなる」と懸念を表明していた(大分合同 1973.11.14)。

こうしたなか、1973年11月20日、二期計画反対派漁民(旧同志会)は、350人が話し合って「分離申請」を認めるとの方針を決める。「神崎地先を切り離せば8号地問題が再燃するのではないか」といった強い意見も出されたが、「8号地は中断になっている。新しい事態が起きれば旧同志会、旧協和会ではなく町漁協全体で対策を考えよう」「漁業権あっての漁民である」との意見が大勢を占めたからだ(大分合同 1973.11.21)。

11月22日、漁協は、臨時総会を開き、紛糾を続けてきた漁業権更新問題に決着をつけ、神崎漁協が既に申請ずみの漁業権には触れず、佐賀関と一尺屋の漁業権を申請することを満場一致で決定した。そして、1973年度(1月-12月)の事業計画、借入金最高限度額の決定など通常漁協の運営に必要な事項を全て決めたことで、1972年12月の川上組合長リコール請求を皮切りに1年にわたって混乱を重ねた漁協の正常化がようやく成ったことになる(大分合同 1973.11.23)。神崎漁協の独立を結果としてであれ認めることになったことは、佐賀関町漁協の組合員にとって、もはや漁業権が8号地埋め立て反対の武器とはなり得なくなったことを意味した(笛木 1977: 120)。分離・独立した神崎漁協は、1974年2月から3月にかけて、既に着工された7号地埋め立てに関して、①埋め立て工事のため同漁協の漁場に船が入り、また漁場が

汚染されることに対する影響補償と、②7号地埋め立て水面に隣接した漁場（幅500m、長さ4000m）の消滅補償について県と交渉し、4月には、同組合員71名に対する補償額4億3300万円が妥結している (笛木 1977: 119)。

　西尾氏は、この間の事情を、1974年2月時点でこう語っている。「（新しい組合執行部を作り）……今度は五分五分でやれる。今、漁協としては非常にこういろいろな危険な要素は含んでいますけど、何とかお互い手をつないでいこうやという空気まで、漁協の運営と二期（計画における8号地埋め立て）の問題を一応切り離そうやないかという形で歩き出した。私なんかの運動は消えたような形になるんですが、実際には気持ちが一ぺんに消えるわけないし、また消しちゃならんわけです。私ら大きな組織を作るちゅうと、結局賛成派もまた作るじゃろうし、また組合内部にもヒビがはいるじゃろうからそういうことする必要ねえじゃねえか。俺たちがこの一年半というもの、闘争で学んだものがなくなるはずがない。そやから少人数でええやないか、ということで若手の精鋭で、勉強活動というような形でボツボツ歩みを続けております」（西尾ほか 1974: 28、括弧内引用者挿入）[15]。

3-2　第2の時期——1974から1982年

8号地計画の復活と提訴

　8号地計画は中断されたとはいえ、大分県は、早い機会に中断を解除する意向を常に持っていた (川名 1992: 140)。8号地計画を「新産都市基本計画」に盛り込むためには地元佐賀関町の賛成を得なくてはならない。当時の佐賀関町は8号地の埋め立て・企業誘致賛成が多数を占めていたから県にとってはやりやすかった。1976年春、古田鉄男町長は、8号地計画推進と企業誘致を軸とした「佐賀関町長期総合基本開発構想」の策定に乗り出す。

　1976年7月8日、佐賀関町漁協総代会は、町長から8号地計画を織り込んだ町の「基本構想案」の説明を聞き、協議した。中断解除には地元住民のコンセンサスが必要で、県には佐賀関町漁協からも同意を得る必要があるからだ[16]。総代会においては、神崎期成会の反対運動はあったが、混乱はなかった。町長は「町民所得も県平均や全国水準よりはるかに低く、このままでは

十分な施策ができず先行き全く不安な状態だ。漁業者に関係の深い県の8号地計画は皆さんの意見を十分に聞きながら政治生命をかけて進めるので認めてほしい」と訴えた。8号地問題について結論は出なかったものの、全体の空気としては①3年前のような組合を二分する混乱を絶対に避けること、②県や町の話は聞こうという方向がはっきりと出ていた(大分合同 1976.7.8)。

　9月、佐賀関町議会は、8号地の埋め立てを含めた「基本構想案」を強行採決する。県は、中断解除の3条件のうち、地元の合意については、「町民の代表である町議会の議決は地元コンセンサスとして大きな意義と重みをもっている」(立木知事)として、一歩前進と受け止め、また、漁協紛争については既に鎮静化していると判断した(大分合同 1976.9.30)。そして、10月、県は、8号地埋め立てを前提とした水産振興策をまとめ、1985年までに47億円を投入すると佐賀関町漁協に提示している(大分合同 1976.10.26)。その上で、県と漁協は、8号地計画に対する正式な交渉を中断以来約3年ぶりにもち(10月27日)、影浦組合長が、「8号地問題については現段階では反対だが、今後のことについては県が出してくる内容によって判断する」と柔軟な発言をした(大分合同 1976.10.28)。

　このままでは8号地は埋め立てられるかもしれない。これに危機感を覚えた反対住民は、1977年1月12日、知事を相手に計画の取消を求める行政訴訟を起こす。原告は330名で、原告団長は佐賀関町漁協組合員の須川与八氏(佐賀関町秋の江)である。佐賀関の漁業者は個人として参加した。西尾氏は、裁判には参加していない。影浦執行部体制ができて以後、つまり同志会の解散後は組織的な反対運動をしていない。その事情と思いの一端は、上で記した通りだが、我々のインタビューでも次のように述べていた。

　「それ(組織的な運動)をやれば、(73年の時のように)組合が潰れる事態になるという苦い経験も持ってますから」。「8号地問題のことで、組合の機能は止まった。完全に止まったんですよ、執行部は投げ出したから。当時は、船をプラスティック船に代えるのに順番待ちだった。しかし組合から借り入れができなくなったんですよ。総会が成立しないから。借

り入れができない、これができないのは同志会のせいだ、というのが一番つらかった。職員からも相当怒られた。俺たちの生活をどうしてくれるって」。川上組合長が組合の議決に反して8号地賛成の立場で動くから、それは不正であり辞めさせたい。しかし、「組合長1人を辞めさせる方法が無いのですよ。水協法(水産業協同組合法)をみて下さい、ありません。10人の理事を辞めさせなくてはならない[17]。それは、その1人ひとりの理事の友達、親戚を皆、敵に回すということなんですよ。なぜ、関係のないうちの人を辞めさせるのか、と言われたときは逃げたかったですよ」(インタビュー記録より、括弧内筆者挿入)[18]。

再燃した上浦港浚渫問題と組合長傷害事件の発生

こうしたなか、1978年11月、西尾氏が、影浦組合長に重傷を負わせる事件が発生する。背景には上浦港ヘドロ浚渫面積が縮小されていたという問題があった。8号地問題に続いて、上浦港汚染問題も再浮上するのである。

前述したように、1973年の海上封鎖の結果、日鉱との間に覚書が交わされたが、翌74年9月、正式に日鉱と佐賀関町漁協との間に協定書が結ばれ、上浦湾の内海・外海57万㎡を浚渫することが決まった。ところが、内海12万㎡の浚渫が終わった1977年、影浦組合長が日鉱側と覚書を交わし、漁協が1800万円を受け取ることを条件に外海面積の浚渫縮小を認めていたのである。西尾氏が漁協の議事録を調べたところ、この覚書は総代会にも諮っていない上に、覚書を取り交わした後も総会や総代会には報告されていなかった(松下1979: 232、西日本新聞1979.1.26)。この問題を知った西尾氏が影浦組合長を日本刀で切りつけたのである。

事件を起こすに至った動機は何だったのか。この事件の裁判判決は1982年3月に出るのだが、その判決文には次のように書かれている。

「被告人は、この覚書の一件を知らせようと十一月五日漁民にチラシを配布し、さらに告発やリコールの方法も考えたがそれでは他の理事や漁民に多大な迷惑を及ぼすことになり、さりとて自分の不正をかえりみず他の理事ま

でも押さえつけ勝手に覚書を交わしたことを隠蔽しようとする影浦組合長はどうしてもこれを許すことができず、翌十一月六日になって、組合長が辞表をださないのなら俺が辞めさせてやる、そのためには腕の一本でも切りおとしてやると決心するに至った」。

　繰り返すが、上浦港は漁撈対象水域でない。よって、そこの海草類や貝類が市場に出ることはないから、浚渫面積が縮小したところで消費者にも漁業者の生業にも悪影響はない (風評被害が出れば別だが)。他方、本来は「協定書」どおりに完全除去すべきだし、その縮小を勝手に認めた組合長の行為は組合への明らかな背信行為であるので、見逃すわけにはいかない。だから西尾氏は辞めさせたいと考えた。法的には告発やリコールをするしかないが、「それでは他の理事や漁民に多大な迷惑を及ぼすことにな」るからできない。もちろん、それで物理的暴力が許されるはずはない。しかし、西尾氏には 1973 年に川上組合長をリコールした結果、組合が混乱と分裂の危機に陥り、これを正常化するためもあってやむなく 8 号地反対の組織的運動からは身を引いた、という経験がある。この時と同じような事態を二度と起こしたくない、との思いが、西尾氏においていかに強いものであったかを上記の判決文は示唆している。しかし、この思いに反し、漁協はまた内紛の時代に入っていく。

　1979 年 3 月 18 日、任期満了 (3 年) に伴って、新しい執行部を選ぶ理事の選挙が行われた。漁協の正組合員 805 人の中から理事 10 人と監事 4 人を選ぶ選挙である。立候補者の中には、西尾氏 (公判中) や前組合長の影浦氏 (リハビリ中) だけでなく、川上元組合長もいた。西尾氏が立候補したのは、理事になれば、その権限によって漁協資料の調査・閲覧が可能なため、影浦前組合長の背信行為 (日鉱との癒着) を明らかにできると考えたためだ。一方、影浦派は「暴力で漁協がまかりとって良いのか」と反発した。また 80 歳になる元組合長の川上氏の出馬理由は「現執行部では組合を正常化できない」というものだった (大分合同 1979.3.9)。決まった新理事の勢力分野は、影浦派 5 人、川上派 4 人、西尾派 1 人 (西尾氏) で、川上・西尾両派は協力していくこととなった (大分合同 1979.3.19)。西尾氏は、かつて 8 号地をめぐる問題で辞任にまで

追い込んだ川上元組合長と協力関係を結ぶことになった理由をこう述べている。「川上さんも組合長に出るという。もう8号地は終わった（中断に追い込んだ）。8号地賛成であるからこそ川上さんが怖かったし憎かったが、8号地問題がないのなら、りっぱな人だし何も拒否する必要はない。組合が今ある基盤を作ったのは川上さんだから」（インタビュー記録より、括弧内筆者挿入）。

西尾氏らは、上浦港の浚渫面積縮小問題だけでなく、日鉱が港の海底の岩盤を計画以上に掘削しているのはドルフィン（係留施設）建設のためであり漁業補償の対象となる、と日鉱を追及する構えを示していた。

「漁協を守る会」による提訴とリコール

新しい組合長選びは、影浦派と反影浦派の勢力が5対5で互角だったため難航したが、1979年3月28日、ようやく川上氏に決まる。これには、漁協職員の全課長が「組合の正常な運営のため早急に組合長を選んでほしい」と理事会に申し入れていたことが大きかった（大分合同1979.3.29）。他方、組合長に再任されなかった影浦氏は、他の2名と共に理事を辞職する[19]。そして、この頃、「漁協を守る会」（以下「守る会」）という反執行部派の組織が結成され、手数料の漁協への納入ボイコット（仲買人との現金やり取り）運動を4月から組織的に開始するのである（大分合同1980.1.19）。

5月10日、川上新執行部のもとで初めて総代会が開かれるのだが、反執行部派が西尾理事の退任を求めるなどし、議案の審議に入れなかった。9月4日、警官隊を導入するほど混乱の中で総会が開かれたのだが、議決された事業計画や予算は例年1月に開かれる総会で決まるはずのもので、半年以上も遅れていた。

だが、「守る会」の姫野峰造会長ら8人は、この議決を不服とし、9月11日、漁協と川上組合長を相手取り、①混乱の中での採決で議決したとはいえない、②川上組合長は漁業に従事しておらず組合長になる資格がないとして、大分地裁に提訴する（大分合同1979.9.12）。大分地裁は双方に和解を勧告し、1980年1月までに4回の和解交渉を行ったが、西尾氏の理事辞任と組合執行部の体質改善を求める「守る会」側と、総会の正当性を主張する漁協側とで折り

合いはつかなかった。1月17日の交渉の際、西尾氏の辞表を預かっている川上組合長が氏の辞任を打ち出したものの決着には至らなかった(大分合同1980.1.19)。

こうしたなか、西尾氏は自ら理事を辞任することになる。傷害の刑事裁判公判においても、影浦前組合長による組合への背信行為が明確になってきた、というのが主な理由だ[20]。

翌1980年の総代会(2月14日)は、「守る会」の総代が出席をボイコットした中で行われている。80年度の予算案や事業計画案は執行部の原案通り承認されたのだが、「守る会」は反発した。同会は、裁判闘争の他に、79年4月から手数料の漁協納入ボイコットを組織的に続けてきたのだが、これにより、79年度の漁協収入は1200万円以上の減収となっていた(大分合同1980.2.15、図4-2参照)[21]。「守る会」の一部では、80年に入っても現金やり取りを続けている。西尾氏によれば、「守る会は、自分たちで出荷して漁協をつぶしてやるんだと言っていた」(インタビュー記録より)という。

こうした事態に対し、県や町までもが漁協の正常化のために乗り出し、和解の努力を重ねた(大分合同1980.2.15)。

だが、「守る会」の執行部批判は、これで終わらない。1982年3月13日、通常総会で、任期満了に伴う理事選挙が行われた。立候補者が定員いっぱいの10人だったことから、川上前組合長らが無競争で選任されたのだが、組合内部の対立から正副組合長が一ヶ月間も決まらなかった。これに不満をもった「守る会」が、4月、205人の署名を添え、理事全員のリコールを紀野徳太郎組合長代行に提出したのである。

ところで、同年3月30日、3年以上に及んだ影浦前組合長傷害事件の判決が出されている(懲役3年執行猶予5年)。判決文では、影浦氏が日鉱と1977年に交わした浚渫面積縮小の覚書(1977年11月22日付)について、「果たして(10月21日の)理事会にかけられたかは定かではない」し、11月7日の「総代会でも」「報告すらされていないと言わざるを得ない」と、影浦氏の背信行為を認めている。このため、西尾氏の事件動機を「単なる私怨によるものとは断定し難」いとした。むろん「このような確信犯は民主主義の破壊つながるテロ」

で、厳しく非難されるべきとする一方、「被告は既に社会的制裁を受けており、本件を十分に反省し、誠実でまじめなこの被告人を今更刑務所に送るには忍び難いものがある」と執行猶予の理由を挙げた。

「守る会」による上記のリコールは1982年4月23日に取り下げられている（組合長には川上氏が再任される）。また、「守る会」が漁協と川上組合長を相手取り1979年9月に提訴していた裁判も、5月25日付をもって最終的に取り下げられている[22]。これらは、傷害事件の判決の中で、影浦氏の背信行為が認められていたことと無関係ではないだろう[23]。この後、漁協では内紛は起こっていない。そして、漁協は、総会では役員（理事、監事）だけでなく、正副組合長も総会の席上、選挙で直接組合員が選ぶよう定款を変更した。新しい定款により、1985年には新組合長に藤谷新一氏が選ばれている（大分合同1985.5.17）。

こうして組合長傷害事件をめぐる組合内の対立問題は終息していったのだが、では8号地問題はどのように終結したのか。

8号地計画の棚上げ＝実質中止

話を8号地埋め立て問題に戻す。8号地訴訟は、提訴から2年後の1979年3月、大分地裁によって住民請求が却下される。そして4月、のちに一村一品運動で有名になる平松守彦氏が新しく知事に就任し、翌1980年7月には「8号地埋め立て再開のための三条件は満たされた」として、ついに8号地計画の中断（凍結）解除を表明するのである（大分合同1981.5.21）。

ところが県は、1981年5月、8号地計画を変更し「開発空間として留保する」と決め、埋め立てをしなかった。みてきたように佐賀関町漁協から分離・独立した神崎漁協は、8号地計画に賛成である。また、佐賀関町漁協も、県が打ち出した水産振興策に関心を示すなど、もはや反対の声は小さくなっていた。にもかかわらず、埋め立てをしなかったのは「8号地反対運動などで土地造成が大幅に遅れ」たこと、「しかも経済情勢の変化などで、昭石と帝人両者が立地に腰を引いたことなどが大きな理由」とされる。平松知事は、「8号地はこれまで県の二期計画の延長線上にあったが、今後はむしろ佐賀関町

の過疎対策、町勢振興計画として、町が主体的にどうするかを考えてほしい」と述べた (大分合同 1981.5.21)。

町が主体的に考えろといっても、県ができないと判断した埋め立てや企業誘致を町単独で実施するのは困難である。このため、佐賀関町議会は、83年、地域振興特別委員会を設置し、8号地計画によらない町振興の新しい方向を模索する。そして3年後の86年、同委員会は、「海を生かしたレクレーション都市建設を目指す」としたまちづくり報告書を作成・公表する。ここに「8号地計画」の文字はない。

反対運動によって埋め立てを免れた海は、県の「開発空間として留保する」との決定後、神崎海水浴場として整備された。そして、自然の砂浜としては大分市街から最も近いという利便性から、多くの海水浴客が訪れるとともに、地元神崎地区における地域づくりの拠点となり、今日に至っている。

4 公害・開発問題の歴史と買取販売事業の開始との関連

以上、佐賀関町漁協が経験した公害・開発問題の歴史について詳しくみてきた。では、この歴史と関あじ・関さばの誕生の原点たる買取販売事業の開始とはどのように関連しているのか。本節では次の問いを検討する中で、その関連を明らかにしていきたい。第1に、1988年に開始されたこの事業の契機は、1982年頃から出始めた組合員の仲買人に対する不満の解消にあったわけだが、なぜそれが1982年頃だったのか。第2に、「佐賀関の場合、極端に行き過ぎていた」といわれる仲買人の儲け行為がなぜ生まれたのか。第3に、この仲買問題への漁協の対応策が、なぜ共同出荷ではなく買取販売事業だったのか。順に検討していこう。

第1に、なぜ、仲買人への不満が出始めたのが1982年頃だったのか。再燃した上浦港問題でいえば、1982年は西尾氏に対する判決が出た年である。公判を通じ、徐々に明らかになっていった影浦前組合長による組合への背信行為が「認定」され、かつ、「漁協を守る会」が川上組合長や漁協を訴えた裁判 (1979年提訴) が取り下げられるなど、反執行部運動が鎮静化し、この問題

に対する漁協内の対立が一定の収束をみせた年である。他方、「中断」後再浮上した8号地計画については、県が「8号地は開発空間として保留する」と公表したのが81年であった。同志会と協和会の解散後、たしかにこの問題をめぐっては組合運営が混乱するという事態は起こらなかった。しかし、再浮上した8号地計画に反対し続けた組合員は少数だが存在した。8号地訴訟 (1977年提訴、1979年請求却下) を闘った原告団長も組合員であった。また、漁協執行部も、1976年、県が8号地埋め立ての見返りに提示した総額47億円の水産振興策を議論の俎上に乗せるなど、反対派も賛成派も漁協執行部も皆が8号地計画の行方に大きな関心を持っていた、あるいは持たざるをえない状況にあった。その状況が81年になくなったのである。

　こうした時代においても、仲買人へ不満を持つ組合員はいなかったとはいえないだろう。だが、組合も組合員も、関心の優先順位はそこにはなかった。上記の公害・開発問題の収束があり、そのことでようやく彼らの関心は仲買問題に向くようになったし、姫野力氏など元々関心を持っていた漁協職員にとっては、改革に取り組める事態がようやく訪れたのである。買取販売事業を推進した姫野氏はこう述べている。「もう買取販売をやる頃には、8号地とかいう頭は無かったんだからね。部落でね、8号地とかでもめてる時には、組合員の所得向上とかあるはずがない。そやから関心がなかったんよ」(インタビュー記録より)[24]。

　関心の向き先が変わったのは組合関係者だけではない。県は、8号地計画を断念した頃から、一村一品運動を本格化させ、佐賀関町に対しても町が主体的に地域振興策を立てるよう求めていた。これを受けて町は、町振興の新たな方向を探求すべく83年、町議会に地域振興特別委員会を設置していた。みたように、買取販売事業における販売がうまく軌道に乗るにあたっては、大都市圏で4回実施した販促キャンペーンの成功が大きかった。この販促活動は、県や町の財政支援があって初めて可能となったものだが、それも8号地計画への執着を止めた県と町の政策転換があってこそなされたものである。買取販売事業が開始される前、佐賀関町における「一村一品」の産物は、タイとブリであった。県と町と漁協が三位一体となって取り組み、全国的な

知名度を得た結果、関あじと関さばがそれに取って代わる。そして、ついには県の一村一品運動を代表する顔となっていったのである。

では、第2に、仲買人はなぜ組合員が不満を抱くほどの「過剰利潤」（宋 2001: 55）を得ていたのか。岡本氏はこう述べている。「仲買の思うような商売ができていた時代だったと思いますよ、逆に言えば。そりゃやっぱ、公害の時に仲買は儲けとったんやないかなぁ」。「公害の時代、組合という組織はもう機能していない。仲買というのに、組合員はたよらんとまずい。俺なんかが買ってやったじゃないかと、俺の言うとおりに精算すればいいやないかと、そんなに俺んとこ安い言うんなら隣の仲買に持って行けっち、それくらいのことは言うわね」（インタビュー記録より）[25]。

繰り返すが、組合員の中には、昔から仲買人への不満を漁協に訴える漁師もいたかもしれない。しかし、「公害の時代」、組合は内部対立のために、機能してない時期や機能していてもその役割を十全に果たせない時期が繰り返し存在しており、腰を据えた取組ができる状態ではなかったといえる。現にこの時代、組合が仲買問題に取り組んだという形跡はない。そうした組合の機能不全が、「儲けすぎている」という仲買人の行為を継続、助長させた面があったといえよう。二者が争っているのに乗じて、第三者つまり仲買人が利益を手に入れ続けていた、つまり、仲買人が"漁夫の利"を得ていたのだと考えられる。

だが、組合が機能不全になるような事態を招いたのは誰なのか。組合員は、3節でみたように組合執行部批判の戦術として、組合を困らそうと組合から預金を下ろしたり、魚介類の出荷の際に組合に手数料を払わず、仲買人との「現金やり取り」をしばしば行っていた。例えば、「漁協を守る会」が組織的に行った手数料の漁協への不払い運動で1979年度の漁協収入は1200万円以上の減収となっていた。

・姫野力氏：現金やり取りをすると、組合には全く手数料が落ちませんよ。1000万円以上の手数料が落ちないという厳しい現実があったんですよ。そこを孤軍奮闘でがんばった。現金やり取りは昔からずーっとあった。

仲買も虫がよい。組合の施設を使いながらね。それで仲買から安くたたかれる。安くたたかれますよ。
- 渡辺：当時は値立て委員会で値段を決めてますよね。それでも安くたたかれますか？
- 姫野氏：たたかれます。それが仲買です、と。それが一番わからないのが組合員なんですよ。現金取りすると、魚価が安くなるということがわからんのよ。組合員はそういうことに無関心。だから仲買からいいようにやられる。
- 渡辺：では仲買はそうとう儲けていた？
- 姫野氏：儲けていたと思いますよ。それが組合員にはわからんのよね。仲買に言ったことがありますよ、「組合が生け簀を持って、買取販売事業を始めさせたのはあなたたちのせいよ」と、「あなたたちがこういうことを私に考えさせたんよ」と（インタビュー記録より）。

「公害の時代」、組合批判の戦術として組織的になされることもあった仲買人との「現金やり取り」。しかし、他方でそれは、当然にも仲買人に対する依存度を高め、「安く買いたたかれる」という事態を招いていった。この点で、「現金やり取り」は、組合員が自分で自分の首を絞める側面を持っていた、と考えられる。

では第3に、なぜこの仲買問題への対応策が、共同出荷ではなく買取販売事業だったのか。買取販売事業は2節で見たように、漁協職員の労働負担の増大や、組合に損失が出る可能性があるなど、リスクが高い。姫野氏も「私自身が若い頃、貧乏しても仲買のような仕事はしないぞと言っていながら部下にそれを強要した」と書いている（姫野 1999: 36）。当地で生まれ、若い頃から仲買人の仕事を身近に見ていた姫野氏は、仲買人の仕事がいかに大変かよく知っていた。

ではなぜ共同出荷というもう一方の道を選ばなかったのか、ここで改めてその理由を考えてみたい。共同出荷を選ばなかったのには、価格が決まるまでに日数を要するから、組合員の漁撈実態に合わない、という判断があった

ことは既述した。だが、それだけではないだろう。共同出荷とは、組合員の漁協への水揚げを義務づける方式であり、それは仲買人の排除へとつながる[26]。

たしかに、仲買人を排除すれば、「現金やり取り」はなくなる。だが、次のような問題があり、合意形成は困難を極めるであろう。第1に仲買人の排除のためには仲買人に頼らなくても大丈夫という組合に対する信頼が必要である。だがこの時期の組合にそこまでの信頼があったとは思われない。「公害の時代」、漁協はしばしば機能停止したという「実績」があるからだ（もちろん、それは組合員自身が招いたものだが）。第2に、仲買人に対する不満が大きかったと言っても、仲買人とのつきあいの歴史は長いし[27]、仲買人も地元の人であるから組合員と親戚である場合も多い。そういう人たちは仲買人の排除に簡単には納得しないであろう[28]。第3に、仲買人との現金やり取りとは、従来、反執行部になった側にとっては、組合批判のための有力な手段の一つであった。「公害の時代」は終わったとはいえ、その手段を失いたくはない、と考える組合員もいたであろう。

要するに、共同出荷では、合意形成が困難で賛成派、反対派に分かれてしまう可能性が極めて高いが、それでは、「公害の時代」の再来になってしまう。よって、共同出荷はあり得ない選択肢だったのだ。

なるほど買取販売事業は組合にとってリスクが高い。だが、成功させれば、組合員の所得向上が実現する。なぜなら、組合が仲買人と競い合えば魚価は上げうるし、高く買えば組合に水揚げする組合員も増えるから現金やり取りが減る、あるいはなくなっていくからだ。

「組合員の生活と所得向上を第一に考えた」（岡本氏）とはこういうことであり、姫野氏は、説明すればわかってくれるはずという強い思いのもと、岡本氏や理事らとともに、組合員の住む17の全集落を周り、理解を得ていったという。姫野氏はこう述べている。「自分はね、自分個人のためにやりよるわけじゃない。組合員のためにやりよる仕事なんだから。だから私は絶対に一歩も引かない。あの時、そうして（買取販売事業を実施して）おけば良かったな、と思う時が必ず来ると、そういう信念を持ってやりましたからね」（インタビュー記録より、括弧内筆者挿入）。

5　おわりに

　わが国で大衆魚を最初にブランド化した佐賀関町漁協と、公害史に残る公害反対運動を展開した佐賀関の漁業者、この二つの佐賀関はこれまで別々に論じられてきた。しかし、この二つは大いに関連しているのではないか。この疑問が本研究のスタートであった。

　本章では、まず関あじ・関さばがブランド化していった経緯についてまとめ、ブランド化の原点が1988年の佐賀関町漁協による「買取販売事業」の開始にあったことを確認した。この事業なくして、「関あじ・関さばの誕生」はなかったのである。よって、なぜこの事業を漁協は開始したのかの解明は、「関あじ・関さばの誕生」において重要な課題となる。しかるに、買取販売事業の開始にかかわる従来の説明は、次の疑問には十分に答えるものではなかった。漁協がこの事業を始めるきっかけは、組合員の仲買人への不満の対応にあったとされるが、第1に、なぜその不満が出てきたのが1982年頃だったのか。第2に、その不満のもととなる仲買人の過度の儲け行為はなぜ生まれたのか。第3に、この仲買問題への対応策が、なぜ共同出荷ではなく漁協にとってリスクの高い買取販売事業だったのか（2節）。

　3節では、この疑問に答えるべく、佐賀関町漁協が70年代に経験した公害・開発問題の歴史を、8号地問題と上浦港重金属汚染問題を中心に検討した。そして、その検討を踏まえると、佐賀関町漁協が経験した公害・開発問題は、買取販売事業の開始と大いに関連していることが明らかとなった（4節）。

　すなわち、第1に、仲買人への不満が出てきたのが1982年頃なのは、組合内部の対立に終止符が打たれた時期だったからだ。8号地計画が実質中止に追い込まれたこと、そして、上浦港の浚渫問題をめぐる前組合長の漁協に対する背信行為が明らかにされたこと、少なくともこの2点は、買取販売事業の開始に当たっては必要であった。そうでないと、「魚価を上げて所得向上を図るために漁協はどうあったらよいか」などという課題に、組合員全体の関心が向かないからだ。この2点を実現した組合員らが、事業開始の基盤

を作ったのである。8号地計画の困難は、同時に県の政策転換をもたらした。ここにおいて、県と町と漁協が三位一体となれる土壌がはじめてでき、それが力となって販促キャンペーンなど販売事業が展開され成果をあげる。そして、これを契機として、関あじ・関さばは全国的な知名度を獲得していくのである。

　第2に、組合員の不満の理由である仲買人の過度の儲け行為はなぜ生まれたのか。「公害の時代」、組合執行部批判の戦術として組織的に行われることもあった組合員と仲買人との「現金やり取り」。これが、魚価を下げ、仲買人の「過剰利潤」を生んでいたのであった。そして、こうした組合にとってのマイナスの事態を、いわば逆手にとって、組合の仲買への参入というアイデアを着想したのが姫野氏であった。買取販売事業は、どこかに先行事例があって、そこから学んで考え出されたものではない。現金やり取りで「仲買が一方的に儲けている。われわれが魚を扱いよる立場から考えたときにね、こんなことじゃダメだというのが第一の発想ですね」。「どうしたら魚価を上げて組合員の生活を安定させることができるかを販売課長時代から模索して」考えついた事業なのであった (姫野氏へのインタビュー記録より)。

　しかし、仲買問題への対応策としては、共同出荷という選択肢もあり得た。買取販売事業というのは、漁協職員の労働負担の増大や、組合に損失が出る可能性があるなど、リスクが大きい。すなわち、第3に、なぜ、共同出荷ではなく買取販売事業だったのか。その最大の理由は、共同出荷方式と比べたら、あらゆる点で組合員の反発を招く可能性が小さい方法だったからだ。公害・開発問題で、組合員が対立するのは止められなかったが、内発的な漁協改革で分裂させてはならない。「組合が高いリスクを負おうとも、たとえ労働負担が増えたとしてもやる」と漁協職員が覚悟できた背景には、組合員の対立や分裂で「組合存亡の危機」まで経験した組合と、そうでない組合との違いがあると考えられる。そこには、幾多の困難を乗り越え、その過程で多くを学んできた職員たちの経験と逞しさが看取できるのではないだろうか。

　買取販売事業開始の4年後の1992年、岡本氏は、こう書いている。「組合員の見る目は、買取販売事業をやってから変わってきた。『組合はよくやる

ナー』と、ほめられるようになった。職員に対しても、今までは悪く言ってもほめることはなかったが、組合員の間から『せおないナー（がんばってるなー）、大変やナー』と声がかかるようになった」と（岡本 1992: 35、括弧内引用者挿入）。

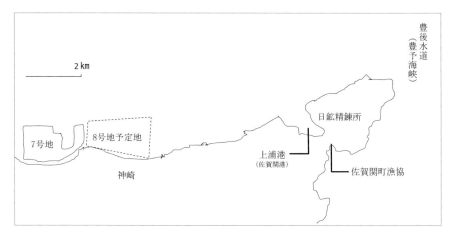

付図　佐賀関町関係図（1970 年代）

注

1　佐賀関町漁業協同組合は、1968 年、佐賀関町、佐賀関、一尺屋、神崎の 4 漁協の合併統合により発足した（神崎は 1973 年に分離）。その後、2002 年、大分県下 27 組合合併により大分県漁業協同組合（JF 大分）佐賀関支店に改組され今日に至る。

2　「もやい直し」を端緒とする水俣市における環境都市づくりもこれに近いだろう。

3　佐賀関町漁協の反公害運動の歴史は、先行研究をまとめるだけでは不十分である。例えば、川名（1992）には、1973 年以後再浮上する上浦港重金属問題が書かれていない。また Broadbent（1998）は、公害・開発問題で漁協内部が分裂したため、漁協運営がしばしば危機に陥ったという事態に記述が及んでいない。しかし、これらを詳しく調べなければ、本章の目的である「買取販売事業の開始と公害・開発問題とのかかわり」は解明できない。

4　JF 大分の HP での説明による。http://www.otgyoren.jf-net.ne.jp/（2016.8.8 確認）。

5　買取販売事業を開始する以前でも、タチウオとトラフグは組合が一元集荷して

共同出荷していた。よって、ここで「買取がいいのか、共同出荷がいいのか」議論したというのは、仲買人に販売していたアジ、サバ、タイ、ブリ、イサキなどの魚種に関してである(岡本 1992: 32)。

6 この「今日獲った魚の価格を参考にして明日は値の良い魚を獲りに行く」という「漁撈実態」は佐賀関の漁業者の場合であって、漁業者一般に当てはまるわけではない。

7 当初はあるホテルを会場とする予定だったのだが、そのホテルでは「サバの刺身は出せない」と断られたため、急遽、全漁連に会場変更となった。

8 近年でも、月に 1〜2 社のマスコミの取材を受けているという(坂井伊智郎 JF 大分佐賀関支店長のお話より、2016.2.22)。

9 商標登録や特約店制度などブランド維持の努力については、小林(2003)、波積(2010)を参照のこと。

10 木下氏はこう書いている。みうら漁協松輪支店の場合、「組合による共同出荷は、当然のことながら仲買業者の猛反発を受けた。仲買業者自体も松輪地区の住民であり、親戚関係にある漁業者も多い。共同出荷を検討している段階では、仲買業者による漁業者の切り崩し工作もみられたという。しかし、最終的には共同出荷が実現され、5 軒の仲買業者を排除することになった」(木下 2010: 144)。

11 風成ではセメント工場進出問題で紛争が起こっていた。応援に駆けつけたのは進出反対の漁業者たち。埋め立てに伴う漁業権放棄の手続きに不備があったとして、反対の漁業者らが一審(1971 年 7 月判決)、二審(1973 年 10 月判決)とも勝訴(川名 1992: 193)。結局、工場は進出を断念した。詳しくは、松下(1972)参照。

12 西尾勇氏へのインタビューは、藤川賢氏とともに 2013 年 3 月 14 日と 2016 年 2 月 20 日の 2 回実施した。引用は 2013 年のもの。以下同様。

13 操業開始は 1916 年で、1973 年当時、フィリピン、カナダ、オーストラリアなどから鉱石を輸入、銅や鉛、フェロニッケルなどを生産していた(川名 1992: 137)

14 上浦港の汚染は、「瀬戸内海汚染総合調査団」(京大、大阪市大、関西大など 18 大学の若手研究者たちで構成)による 1971 年調査や、翌 72 年調査の大阪市大教員の木野茂氏らの分析結果からも明らかだった(朝日新聞 1973.6.12)。県による調査結果の公表は、これらに押されてなされた面が強い。

15 これは、宇井純氏の自主講座(会場:東大工学部)で語られたものである。宇井氏は、西尾氏の話の後、引用にある「私なんかの運動は消えたような形になるんですが」に関わって、次のような解説をしている。「(反対運動は割れてはいけない)こと、これは誰が考えても考えつくことですが、じゃ、割れちゃいかんと

いうことだけでいえば、もう一方でそのかわり俺の言うことを聞け、お前らは俺たちが決めた枠の中からはみ出しちゃいかんという人がもう一方にいるわけですから、そうすると一番威勢のいいやる気のある佐賀関の漁民は、口封じをしてでも自分たちの中に取り込んでいこうというふうな策略も出てくる」。「(西尾氏ら は)一番骨のおれるところの話は今日はしなかったといいますか、そこんところは将来にひびくので、まずじっとしばらくはがまんして相手の様子をみるということ」になった(西尾ほか1974: 34-35、括弧内引用者挿入)。

16　漁業権問題だけなら、神崎漁協が分離・独立しているので佐賀関町漁協と協議する必要はないと考えられる。

17　水産関係法令の規定では、例外はあるが原則、改選請求は理事全員が対象となるため、特定の役員のみを辞めさせることはできない。

18　「運動で8号地埋め立ては阻止できた。しかし漁協は分裂して潰れた」ということになっては本末転倒だとの思いだと解される。因みに、Broadbent (1998)には、西尾氏の運動や行動についてかなりスペースを割いて記述しているが、インタビュー記録はない。また、それゆえか「8号地には反対だが、漁協運営の危機も避けたい」という氏の苦悩について書かれていない。

19　西尾氏に賛同する「西尾事件を考える会」発行の新聞折り込みのビラ(1980年1月25日)より。

20　西尾氏らが氏の賛同者らに配布したビラ(1980年1月25日)より。

21　既述のように組合員は本来漁獲高の5%を手数料として漁協に納めることになっている。図4-2からは次のようにいえる。79年の漁獲高は約11億6800万円で、78年の約14億3500万円から2億6700万円の減である。仮に、79年も78年と同じ漁獲高があり、減収分は全て「守る会」による仲買人との現金やり取りだと考えると漁協の減収は約1335万円(2億6700万円×0.05)となる。

22　2014年7月29日に大分地裁民事部に確認した。

23　次のような見方もある。「守る会」を裏には日鉱の存在がある。日鉱は航路やドルフィンの浚渫工事に対する世間の批判をかわすため、「守る会」を使って漁協を混乱させていた。だが、必要な工事を終えたため、もはやそのような必要はなくなった、というものである。

24　姫野力氏へのインタビューは、2013年8月20日のもの。以下同様。姫野氏は8号地埋め立てを含む新産都二期計画には佐賀関の発展のためになると考え、賛成の立場だった。しかし、この問題は、漁協を混乱させた大きな元凶だったので、賛成の立場で運動することは一切なかったという。なお、姫野氏を主人公にしたドキュメンタリードラマにテレビ東京制作「ルビコンの決断　大衆魚を宝石に変えた男　〜関さば・執念のブランド戦略」(2010.7.22放送、45分)がある。

25 岡本喜七郎氏へのインタビューは、2007年8月6日と2011年9月27日の2回実施した。引用は、2011年のものである。
26 別の方式として、共同出荷する組合に水揚げするか、仲買人に持っていくかは組合員の自由選択にする方式も考えられる。だが、共同出荷は「漁撈実態に合わない」わけだから、実施しても組合員の多くは従来通り仲買人に持って行くと考えられる。よって、この方式での実施には意味がない。
27 仲買人制度の歴史は古く、1902(明治35)年、佐賀関町漁協の前身である漁業会が設立された時にまで遡るという(姫野1999: 32)。
28 注10の「神奈川県みうら漁協松輪支店」のケースを参照。

引用文献

Broadbent, J., 1998, *Environmental Politics in Japan - Networks of Power and Protest*, Cambridge University Press.
笛木俊一、1977、「工業開発と漁民の権利—大分県　風成・佐賀関の漁業紛争」『農業法研究』通号10・11・12: 109-122.
波積真理、2002、『一次産品におけるブランド理論の本質—成立条件の理論的検討と実証的考察』白桃書房.
波積真理、2010、「第二創業期を迎えた「関さば・あじ」のブランド戦略」妻小波・波積真理・日髙健編: 121-136.
姫野力、1999、「関アジ・関サバのブランド化」共同組合経営研究所編『共同組合経営研究月報』552号: 31-38.
川名英之、1992、『ドキュメント日本の公害　第7巻　大規模開発』緑風出版.
木野茂編、1978、『金はいらん!、きれいな海にして返せ!』(私家版).
木下明、2010、「共同出荷からの「松輪サバ」ブランド戦略」妻小波・波積真理・日髙健: 137-147.
小林哲、2003、「関あじ・関さば」上田隆穂編『ケースで学ぶ価格戦略・入門』有斐閣: 156-184.
松下竜一、1972、『風成の女たち—ある漁村の闘い』朝日新聞社.
松下竜一、1979、「なぜ漁師は日本刀をふるったか—大分県佐賀関町反公害闘争の軌跡から」『潮』239号: 222-233.
宮本憲一、1989、『環境経済学』岩波書店.
内藤耕、2013、「『関あじ』『関さば』のおいしさは努力の賜物」『日経ビジネスONLINE』2013年1月.

西尾勇、1973、「関の漁師の闘い」木野茂編 (1978) : 10-18.
西尾勇他、1974、「佐賀関漁民の新しい運動」『公害原論』自主講座第7学期 (埼玉大学共生社会研究センター監修『公害原論 第2回配本 第3巻』すいれん舎、2007 [宇井純収集公害問題資料 ; 2] 収録).
帯谷博明、2004、『ダム建設をめぐる環境運動と地域再生―対立と協働のダイナミズム』昭和堂.
岡本喜七郎、1992、「関アジ・関サバの販売戦略」『漁業経済論集』33巻1号 : 29-35.
岡本喜七郎、1996、「関あじ・関さばと沿岸漁業の生き残り戦略」21世紀の水産を考える会編『よみがえれ日本漁業―再興へのプログラム』成山堂書店 : 39-47.
岡本喜七郎、2002、「商標登録で関あじ・関さばをブランド化」『月刊地域づくり』159号.
岡本喜七郎、2005、「「関あじ・関さば」のブランド化」『Civil Engineering Consultant』228: 20-23.
宋政憲、2001、「沿岸漁獲物における漁協の販売対応―佐賀関町漁協と三崎漁協のアジ・サバの事例から」『地域漁業研究』41-2: 51-60.
竹ノ内徳人、2004、「地域漁業の振興とクラスター戦略―佐賀関漁業のブランド化戦略を事例として」『漁業経済研究』48-3: 117-136.
鳥越皓之、1983、「地域生活の再編と再生」橋本通晴編『地域生活の社会学』世界思想社 : 160-186.
婁小波・波積真理・日高健編、2010、『水産物ブランド化戦略の理論と実践―地域資源を価値創造するマーケティング』北斗書房.
(財) 東京水産振興会、2008、『水産物消費流通の構造変革について―平成19年度事業報告』.

「公害・開発問題と佐賀関町漁協」略年表

1970.3	大分県、新産業都市第二期計画（8号地埋立を含む）を決定。
1970.7	佐賀関町漁協（川上伝蔵組合長、正組合員約千人）、漁民大会を開いて「二期計画埋立絶対反対」を決議、ムシロ旗を立てて大分市内をデモ。
1970.9	神崎地区で「8号地埋立絶対反対神崎期成会」が結成、運動を開始。
1971 夏	川上漁協組合長の働きかけで、執行部や組合員が「補償金をもらえるなら…」と、8号地埋立賛成に回る動き激しくなる。
1971.12	「埋立てやむなし」派の漁協執行部、総代会で「一度、県の話を聞こう」と言い出す。若手組合員、強く反発し、二期計画反対の海上デモ。
1972.12	佐賀関町漁協の若手組合員、漁協執行部に対するリコール請求の署名活動を開始。
1973.2	リコール不成立。佐賀関町漁協、「埋立てやむなし」派の「協和会」と反対派の「同志会」に分裂。同志会、漁業権放棄の決議阻止のため総代会と総会を各3回ずつ流会に。流血事件発生。
1973.3	神崎期成会や同志会、二期計画反対・公害追放佐賀関町民会議などの代表、環境庁を訪問し、直訴状提出。
1973.5	2回目の「直訴団」、上京。一方、立木知事、県庁にて①地元住民の同意、②環境アセスメントの実施、③佐賀関町漁協の正常化の3条件が満たされるまで8号地埋立を中断すると発表。
1973.6	県環境保健部、上浦港における貝類と海草類の汚染の分析結果を公表。カドミウム、水銀、ヒ素などの重金属で汚染。同志会、原因企業の日鉱に対し、漁船約160隻で海上封鎖。同志会と日鉱側、上浦港を日鉱の費用で浚渫するなどの「覚書」を交わす（佐賀関方式）。
1973.9	神崎漁協、佐賀関町漁協からの分離独立が自然成立（10月末に正式脱退）。同月、佐賀関町漁協職員組合（岡本喜七郎組合長ら39人）、集団退職を検討。姫野力販売課長ら職員5人、辞表提出。背景には漁協内の対立から、多数の組合員、漁協を通さず出荷、預金の引出続出等で組合運営に支障など。
1973.10	協和会と同志会の双方が解散。漁協職員、辞表を撤回。旧協和会の影浦広義氏が組合長に。
1974.9	佐賀関町漁協と日鉱、重金属汚染の補償問題で調印。日鉱が、漁場整備費など「協力費」11500万円を支払う。
1976 春	古田鉄男町長、8号地計画推進と企業誘致を軸とした「長期総合基本開発構想」の策定開始。
1976.9	佐賀関町議会、8号地埋立を含めた「開発構想案」を強行採決。
1977.1	8号地計画に反対する住民330名、知事を相手に計画の取消を求める8号地行政訴訟を起こす。原告団長は須川与八氏（佐賀関町秋の江）。
1978.11	西尾勇氏（旧同志会会長）、影浦組合長に重傷を負わせる事件発生。背景に上浦港浚渫面積縮小問題。以後、佐賀関町漁協の内紛続く。

1979.3	大分地裁、8号地訴訟で原告住民の請求を却下する。同月、川上伝蔵氏が再び佐賀関町漁協の組合長に。
1979.4	平松守彦氏、知事に就任。「一村一品運動」スタート。
1979.9	反執行部派の「漁協を守る会」(池田松太郎会長)、川上組合長は組合長になる資格がない等として大分地裁に提訴。
1980.2	「漁協を守る会」、手数料の漁協への納入ボイコット運動継続(79年4月から)。この影響で漁協の手数料が大幅に減り、1979年度は1200万円以上の減収。
1980.6	平松知事、「3条件は満たされた」として8号地計画の凍結解除を表明。
1981.5	県、8号地計画を変更し、「開発空間として留保」と表明。8号地埋立を二期計画から切り離し、佐賀関町の振興計画として町が主体的に考えるよう要求。
1982.3	西尾裁判判決、懲役3年、執行猶予5年。
1982.4	佐賀関町漁協、理事の派閥争いから長い間正副組合長が決まらず、不満をもった組合員(205人)が全理事10人のリコール請求。→後に正副組合長が決まりリコール取り下げ。
1983	町議会、地域振興特別委員会を設置、町振興の新しい方向を模索。
1984.10	政治評論家の藤原弘達氏、佐賀関ライオンズクラブの20周年記念事業で来町し講演。その後、TBS番組『時事放談』で「関あじ・関さば」が美味と発言。
1985.5	佐賀関町漁協、定款を変更し組合員の直接選挙で正副組合長が選ばれることに。
1986.12	町議会、地域振興特別委員会の「海を生かしたレクレーション都市建設を目指す」としたまちづくり報告書を承認。8号地計画に見切り。
1988.2	佐賀関町漁協の「買取販売事業」がスタート。
1989	佐賀関町漁協、「関あじ・関さば」の販売促進キャンペーンを福岡中央卸売市場で開催。以後、北九州(1990)、東京(1991)、大阪(1992)で開催。

出典：川名(1992)や『大分合同新聞』など各新聞記事をもとに作成。

第5章　アスベスト被害の救済をめぐる矛盾と放置

堀畑まなみ

1　はじめに

　アスベストによる被害は、世界的に広がり、規模も大きい。西欧6カ国（フランス、ドイツ、イタリア、オランダ、スイス、イギリス）だけでも中皮腫による死亡者数は1995〜2029年までに累計20万人になると言われ、西ヨーロッパ全体の石綿関連肺がんによる予想死亡者数は2029年までに約50万人になるという[1]。世界中でみれば、毎年10〜14万人がアスベスト関連疾患で死亡しており、少なく見積もっても曝露終了まで死亡者が1000万人に及ぶという[2]。

　アスベストは2003年4月に日本でようやく禁止となった。耐熱性があることや安価で大量に使用できることから、「魔法の物質」として戦前から国策に利用され、戦後も長い間、あらゆる工業製品の素材の一部や医薬品や食品の製造過程で利用されてきた[3]。例えば、屋根瓦や防火材としての建築材や、自動車や鉄道のブレーキ、水道管や電線の断熱材、漁網や船具、化学肥料製造過程の濾過材、日本酒の濾過材などである。アスベストは紡織繊維性、不燃性・耐熱性、抗張力、親和性、耐薬品性、絶縁性、対摩耗性、防音性といった工業的に優れた性質を持つ[4]。その反面、髪の毛の5000分の1の微細なアスベスト繊維は中皮腫や肺がん、石綿肺、胸膜肥厚など呼吸器系に深刻な病気を発生させ、発症した病気はそれぞれ治りにくく、死亡率が高いという特徴を持つ。日本では主にクリソタイル（白石綿）を使用してきたが、クロシドライト（青石綿）、アモサイト（茶石綿）も使用していた。1987年に、非常

に有害であることから、クロシドライトの使用中止自主規制がなされ、1992年にアモサイトの使用中止自主規制がなされた。

2005年、クロシドライトを使用していた尼崎市のクボタ旧神崎工場で、多くの労働者や周辺住民に中皮腫や肺がんといった健康被害が発生していることが報道され、労災として受け止められていたアスベスト疾病は、「公害」として認識されるようになった[5]。アスベストを扱った職歴がない一般住民に被害が広がっていることは、大きな反響を呼び、2006年2月には「石綿健康被害救済法」(以下、石綿新法と表記) が制定され、被害救済の道が開かれた。労災だけでも被害者の数は相当であるが、現在も職歴のない人にまでアスベスト被害は広がっている。

本章では、日本におけるアスベストの使用や被害の範囲を確認し、労災ないし石綿新法で救済といっても、その救済に格差があること、環境曝露や家庭内曝露でアスベスト関連疾患に罹患することの不条理について考察する。

2　アスベストにおける被害の拡大過程

2-1　アスベスト使用量

アスベストの種類には、角閃石系のものと蛇紋石系のものとがあり、角閃石系には、非常に有害であるといわれるクロシドライトとアモサイトがある、ほかにアクチノライト、トレモライト、アンソフィライトがあり、蛇紋石系には、クリソタイルがある。

世界のアスベスト生産量は19世紀から急激に増加し、産業用にはクリソタイルが9割使用され、そのほかがクロシドライトやアモサイトであった。クリソタイルはカナダ、南アフリカ、ロシア、中国、ブラジル、イタリアなど世界各国で生産され、アモサイトは南アフリカで、クロシドライトは南アフリカ、オーストラリア、中国などで生産されていた[6]。

2008年の世界のアスベスト埋蔵量は約2億トンで、2007年のアスベスト産出量は229万トンであり、主な産出国はロシア103万トン (47%)、中国35万トン (15%)、カザフスタン35万トン (15%) である[7]。

第5章　アスベスト被害の救済をめぐる矛盾と放置　159

クリソタイル

　日本のアスベスト消費総量は1000万トン以上とされている。日本では2004年までアスベストを輸入しており、主な輸入元は、カナダ(65.9%)、ブラジル(19.5%)、ジンバブエ(10.6%)であった[8]。日本にもアスベスト鉱山はあり、戦争中には北海道富良野ではクリソタイルを、熊本県松橋ではアンソフィライトを、岡山県山鹿ではトレモライトを採掘していたが、戦後、良質なアスベストが入ってくると産出量は減産し、1969年には最後まで操業していた北海道富良野の鉱山が閉山した[9]。

　図5-1のように、1949年の輸入再開から徐々に輸入量が増加し、1974

図5-1　日本におけるアスベスト輸入量と主な規制

出典：（独）環境再生保全機構 https://www.erca.go.jp/asbestos/what/whats/ryou.html
　　　2014年9月30日閲覧

年に 35 万 2110 トンとピークを迎えるが、1998 年に 20 万トンを割り込み、2004 年 10 月の労働安全衛生法施行令の改正で、「白石綿等の石綿を含有する建材、摩擦材、接着剤の製造等禁止」(原則使用禁止) によってから、8162 トンとなり、2006 年には 0 トンとなった。2006 年 9 月 1 日からは、労働安全衛生法施行令改正によって、代替品が開発されていない一部例外品を除いて全ての製造・使用等が禁止となり、2007 年には代替が可能となった一部の製品がさらに削除され、6 種類 10 項目に掲げられる製品の使用のみが認められている[10]。

2-2 アスベスト被害の範囲

アスベストの被害は、使用していた全ての産業に及ぶ。宮本は、この問題を複合型ストック公害と定義し、被害の全体像、原因、責任、救済などの対策が従来の社会問題に比べて単純ではなく、総資本や政府の責任が問われ、個別救済はもとより総合的な救済、原因究明が求められるという (宮本 2009)。

アスベストの危険性の指摘は古く、19 世紀末のイギリスに遡れる。労働衛生の現場では、紡織産業でのじん肺や鉱山産業での珪肺のように、粉じんの危険性の指摘からアスベストへの着目が始まった。1950 年代には肺がんや中皮腫との関連性の研究成果が蓄積されるようになり、1970 年代に入ると海外ではアスベストの規制が始まった。日本では 1980 年代にはアスベストを取り扱っていた工場や現場周辺住民に健康被害が引き起こされる危険性があるということが報道されたり、研究者たちによって警鐘が鳴らされていたりしていたにも関わらず、業界の自主規制に任せ、2004 年まで規制がされなかった。それどころか、日本では管理して使えば安全に使用できるという「管理使用」を前提に、1970 年代に入ってからも建築材としての使用を拡大していった。

工業的に利用できるという特質から、アスベストを使用していた事業場数は桁外れに多く、使用後の処理・処分を含めあらゆる業種 (製造業、建築業、芸能・小売・修理・解体・廃棄物処理といったサービス業) に渡る。被害も労災、公害、商品害、廃棄物公害など多様であり、生産・流通・消費・廃棄の全経済過程

に渡り、被害者は全都道府県に存在し、企業や商品の進出のように災害輸出となって、韓国やインドネシアなどアジアにも被害がでている(宮本2009)。

　アスベストには、鉱山で採掘する者(原料採掘)、それを運ぶ者(流通)、加工する者(製造)、使用する者、廃棄・解体する者すべてに被害を受けるリスクがある。原料を輸入に依存してきた日本では、港湾労働に代表されるような積み出し・運搬の流通過程での労災(例えば、かぎ針で扱い、袋が破れアスベストがこぼれることも常態であった)、製造過程での労災(例えば、紡織業では繊維を紡ぐため直接扱っていた。造船業では配管などに巻く断熱材や溶接の火を避けるために大量に使用していた)、使用過程での労災(例えば、自動車・列車のブレーキ修理や吹付け石綿の吸引によるものがある)、廃棄・解体過程での労災(例えば、アスベスト除去作業や、廃棄物として処理・処分の際の吸引による健康被害)があり、扱っていた全ての場所で、細かい繊維が飛散し周辺を汚染して公害を発生させる可能性がある。厚生労働省は石綿労災が発生した事業場を公開しているが、造船業が突出して多くなっている。

　一般的に労災や職業病は、下請けや孫請け、日雇いとして従事する労働者に集中する。勤め先が零細で、職場改善に経費をかけられないことが多いため労災が発生しやすいからである。こうした人たちは職を求めて職場を変えることが多く、どの職場で職業病に罹患したのか証明が難しくなる。アスベスト労災も同様で、石綿労災を多く出している造船業では企業独自の補償制度を設けている企業もあるが、下請け労働者は対象外とされている[11]。

　アスベストは吸引することで、肺がん、中皮腫、石綿肺、胸膜肥厚、胸膜プラークといった呼吸器系疾患を発症させ、現在の医療では根治できず発症から数年で死亡に至る。潜伏期間は10年から40年と長く、わずかな量の吸引でも発症する可能性がある。とくに中皮腫はアスベストによって発症する病気である。2040年までに悪性胸膜性中皮腫で約10万人が死亡するという疫学的統計が報告されている(村山2008: 8)。

　なお、アスベスト被害としては、主にクリソタイル、アモサイト、クロシドライトの使用が問題となっていたが、近年アメリカ・モンタナ州リビー産のバーミキュライトに含まれているトレモライトの危険性も明確になってい

る。バーミキュライトには、トレモライトと形状、結晶構造及び化学的な組成が近似しているウンチャイト等（ウンチャイト及びリヒテライト）も含まれていることが判明した。今後はこのトレモライト及びウンチャイト等における被害も拡大する可能性がある。アメリカ政府は 2009 年 6 月 17 日、モンタナ州リビー地区に対して「公衆衛生に関する緊急事態」を宣言しており、リビーは「アメリカ最大の環境災害」とも言われるほどである。リビー産の鉱石はカナダ、日本、香港、オーストラリア、ニュージーランド、イギリス、アイルランド、フランス、ドイツ、ベネズエラ、サウジアラビア等の世界中にばらまかれていった（森 2008）。日本では、東京都内の事務所ビルや香川県の公民館、北海道の公共ホールに使われたリビー産のバーミキュライトからアスベストが検出されたことから、2009 年に 12 月 28 日に、「バーミキュライトが吹き付けられた建築物等の解体等の作業に当たっての留意事項について」という基安化発 1228 第 1 号が出されており、分析調査の周知徹底が促されている[12]。今後、1970〜90 年代に建てられたビルの解体によるアスベストの排出が 2020〜2040 年にピークを迎えると予測されており、きちんと対策をとらない限り、バーミキュライト由来のトレモライト及びウンチャイト等による曝露もありうる。

3 石綿新法における救済の現状

3-1 石綿新法制定のきっかけ

　2005 年 6 月 29 日、旧神崎工場の周辺住民 3 名にクボタが見舞金を支払う見込みであること、2 名が死亡していることを毎日新聞が報道した。このことは、クボタショックと言われ、このあと、建材や造船、自動車産業、鉄道車両、鉄鋼業や港湾作業などの労災への関心が高まるとともに、周辺住民や家族といった労働者以外のアスベスト被害も報道されるようになる。2005 年 7 月 16 日には、石綿作業従事者の妻が中皮腫で死亡していたことが報道され[13]、2005 年 7 月 17 日には、行田労働基準監督署が曙ブレーキ羽生製造所の周辺住民 11 人が 1967〜76 年までに肺がんで死亡していたことを調査

するも、その上部機関にあたる埼玉労働基準局が問題を放置していたことが報道された[14]。こうして、労災問題としてしか捉えられていなかったアスベスト問題が「公害」あるいは「災害」として認識されるようになった[15]。

　クボタ旧神崎工場が使用したアスベストは、クロシドライトが約8万8000トン、クリソタイルが14万9000トンで、これほど大量にクロシドライトを使った工場は国内では例がなく、ある調査では住民の死亡は2049年までに累計で333人になると予測された（加藤 2009）。環境省が実施した疫学調査でクボタ旧神崎工場があった地区の中皮腫死亡率では女性で全国の最大約69倍、男性で21倍であることが判明している[16]。その後、2006年4月18日に、クボタは、「健康被害との因果関係は認めないが、アスベストを扱ってきた企業の社会的責任がある」として、周辺住民の家族と遺族に社員と同水準の一人最高4600万円の救済金を支払う制度を創設したと発表した[17]。2012年までに周辺住民のうち約241人に弔慰金や救済金が支払われている（牛島 2013）。

3-2　石綿新法の認定者数

　仕事により発症した場合には労災補償の対象となるが、周辺住民や、あるいは、仕事によって発症しても労災の補償を受けられない一人親方や自営業者などを救済することを目的として、2006年3月27日に石綿新法が施行された[18]。この法律では、労災保険の遺族補償給付を受ける権利が時効により消滅した者への特別遺族給付金を行うことも目的となっている。

　石綿新法は、2006年の施行当初、中皮腫と肺がんのみを対象としていたが2010年の改正では、労災保険で適用していた「びまん性胸膜肥厚」と「石綿肺」を追加した。また、2011年の改正では、時効により労災保険の遺族補償給付を受ける権利を消滅していた場合、請求に基づき支給される特別遺族給付金の時効換算の期日を石綿救済法施行の前日（2006年3月26日）としていたものを10年間拡大し、2016年3月26日までとし、特別遺族給付金についてもその請求期限を2012年3月27日から、2022年3月27日まで拡大した。

　表5-1は石綿新法の申請疾病別受付件数をまとめたものである。2013年

表5-1 石綿新法申請疾病名別受付件数の推移

	中皮腫	肺がん	石綿肺	びまん性胸膜肥厚	不明	計
2006	2954	877			19	3925
2007	1021	356			17	1425
2008	1631	391			18	2074
2009	971	258			7	1245
2010	794	251	78	50	16	1180
2011	829	216	53	37	52	1153
2012	940	195	46	36	48	1234
2013	735	188	37	39	94	1018
累計	9875	2732	214	162	271	13254

出典:「平成25年度石綿健康被害救済制度運用に係る統計資料について」独立行政法人環境再生保全機構石綿健康被害救済部情報業務課 2014年9月25日。

度は中皮腫で735人、肺がんで188人、石綿肺で37人、びまん性胸膜肥厚で39人、不明のもの94人の計1018人となっている。累計でみれば、中皮腫で9875人、肺がんで2732人、石綿肺で214人、びまん性胸膜肥厚で162人となっている。

続いて**表5-2**の疾病別認定件数をみてみる。申請した人がその年度内に認定されるものではないので単純には比較できないが、傾向がつかめるので、疾患ごとに申請者数にたいする認定の割合をだしておく。中皮腫では8136人が認定されており(認定割合82.4%)、肺がんは1216人(認定割合44.5%)、石綿肺は57人(認定割合26.6%)、びまん性胸膜肥厚は62人(38.3%)となっており、アスベストがほぼ100%原因であると言われる中皮腫でも8割強であることがわかる。肺がんは、喫煙やほかの環境因子があることから44.5%の認定割合であった。さらに石綿肺は3割を切っており、認定率の低さがうかがえる。

被害者が石綿新法に基づいて独立行政法人環境再生保全機構(以下、機構と表記)に、救済給付の認定申請を行うには、医学的判定を要する事項について、機構は環境大臣に判定を申し出ることになっている。その際、環境大臣は中央環境審議会の意見を聴いて判定をする。医師の診断書、X線画像、病気組織診断書等が必要な書類となっている[19]。中皮腫は経験豊富な医師でないと診断ができない。また、確定診断のためには病気組織を胸腔鏡でとりだす生検

表 5-2　石綿新法における疾病別認定件数の推移

	中皮腫	肺がん	石綿肺	びまん性胸膜肥厚	計
2006	2162	224			2386
2007	808	158			966
2008	1028	172			1200
2009	1191	149			1340
2010	667	128	29	16	840
2011	636	114	9	18	777
2012	992	116	14	16	1138
2013	652	155	5	12	824
累計	8136	1216	57	62	9471
認定割合	0.824	0.445	0.266	0.383	0.715

出典:「平成 25 年度石綿健康被害救済制度運用に係る統計資料について」独立行政法人環境再生保全機構石綿健康被害救済部情報業務課　2014 年 9 月 25 日。

　が必要となっているため、弱っている患者に更に苦痛を与えることになる[20]。肺がんの場合は、アスベストに曝露された現場での濃度の測定が必要となるが、現実的には難しいため、医学的所見が重視される。なお、生検は肺がんの確定診断でも必要とされる[21]。こうしたことから、認定率が低くなってしまう困難さを抱えている。

　同様の疾病において、労災ではどのくらい認定されているだろうか。労災には、石綿新法が対象としている疾病のほかに「良性石綿胸水」も含まれて

表 5-3　過去 5 年分の疾病別労災保険給付支給決定件数と認定率（認定率%）

	中皮腫	肺がん	良性石綿胸水	びまん性胸膜肥厚
2009	559 (92.1%)	503 (82.2%)	29 (96.7%)	24 (61.5%)
2010	536 (94.5%)	480 (82.6%)	24 (96.0%)	31 (70.5%)
2011	498 (94.5%)	424 (85.7%)	37 (100%)	35 (76.1%)
2012	544 (95.6%)	400 (86.6%)	42 (95.5%)	51 (75.0%)
2013	521 (92.9%)	403 (87.8%)	46 (100%)	38 (77.6%)

出典:「平成 25 年度　石綿による疾病に関する労災保険給付などの請求・決定状況まとめ（速報値）」厚生労働省　http://www.mhlw.go.jp/stf/houdou/0000049098.html 2014 年 8 月 28 日閲覧

いる。「石綿肺」はじん肺の一種であるため、2010年までは単独集計されておらず、認定率もでていないので、データを掲載することができないが、まとめると**表5-3**になる。労災では中皮腫の認定率は9割を超えており、肺がんでも8割弱～9割弱、びまん性胸膜肥厚では6割～8割弱であり、石綿新法に比べて認定率がかなり高くなっている。

4　救済されない人は誰か

4-1　泉南の事例からみえてくること

　アスベストは、長く業界の自主規制に任せられており、「管理して使用」をすれば安全だとして国による規制が遅れたことから、環境中にばらまかれていった。もともと中小零細企業では、空調の設備や防じんマスクなどの装備といった、労働安全に費用をかける余裕が少ない[22]。さらに、大阪府泉南地域のように、地域全体に中小零細企業が集積しており、職住が接近している場合には、家族も深刻な被害を受ける。

　大阪泉南地域では、1907年に栄屋石綿が操業をはじめ、この地で石綿産業は2006年まで100年間にわたって続けられた。1960年代、1970年代の最盛期には石綿原料から石綿糸、石綿布を製造する一貫工場が60数社、その下請け、家内工業等を入れると200社以上、従業員は2000人あまり、生産額が全国シェアで60～70％という全国一の集積地であった。石綿工場のほとんどは従業員10名前後、設備も労働環境も劣悪という小規模零細業者で、住宅地、農地に混在していたため、「地域ぐるみ」の被害発生となった（村松2010）。2006年に最後の石綿工場が廃業している。全工場が閉鎖しているため、企業による救済制度はない。

　中小零細企業が多く、石綿工場の労働者が自営業者になったり、再び労働者に戻ったりすることは泉南では珍しいことではなく、泉南全体が「ひとつの工場」であり、住民は「工場の中に住んでいた」といっても過言ではないほどであった[23]。泉南の石綿被害は、1937～1940年にかけて旧内務省保険院社会保険局が調査を行い、戦前から深刻であったことが明らかになっており、

住宅と工場が混在する地域、解体された工場の跡(2016年2月1日藤川撮影)

戦後の1954年調査でも石綿肺罹患率が10%を超えていると報告されている(村松2010)。裁判の過程で泉南訴訟弁護団が入手した岸和田労働基準監督署の内部資料には、「じん肺で死亡は75人、要療養者は142人。有所見者は300人超」とされ「驚くべき疾病発生状況を示している」と報告されていた[24]。さらにこの資料では、「日本人の平均寿命と比較して、男性14歳、女性19歳寿命が短い」と報告されている(村松2010)。

泉南のこの問題では、「泉南アスベスト国家賠償訴訟」が起こされ、2013年12月25日には、第2陣訴訟にて大阪高裁で国の責任を認める判決が下されている。この判決では、局所排気装置が1958年に義務付けられたにもかかわらず設置ができず、それに対して通達に基づく行政指導しかしなかったこと、および政府が抑制濃度の強化をしなかった不作為の違法(1974〜1988年までの違法性)が認められた。さらに防じんマスクの使用の徹底化をしなかったこと(1972〜1995年までの違法性を認定)、情報提供義務を履行しなかったこと(消極的な認定)が認められている(大久保2014)。とりわけ、「労働大臣

がとった規制措置が行政指導である場合には、相手方の任意の協力を得て行われる行政指導と、罰則によって実行性を担保した省令による規制とでは実効性に大きな違いがあることを踏まえるべきであるという行政法の基本に関する説示を行い、通達に基づく行政指導だけでは不十分であることを明確にしている」(大久保 2014: 23)。

また、高裁判決では、「社会的に有用であるから」誰かが犠牲になるのは仕方が無いという考え方もあるが、これについても「石綿製品が当時いかに社会的有用・必要な製品であったとしても、そのために労働者の健康被害の発生を容認してよいといえないことは明らかで、石綿製品の社会的有用性を考慮して規制の要否や程度、時期等を決定するなどということは、法の委任の趣旨に背くものである」としている (大久保 2014: 24)。この判決は、「有用であるから利用・使用を勧める、でも有害であるから自分に関わらないところで使って」という、経済的なインセンティブ等を用意して弱者に押し付ける構造を批判し、弱者が経済的な利益等を得たからといって、被害が発生したときに容認してよいというものではないということにつながる。

4-2 労災補償と石綿新法との格差

私たちの中に、「同じ原因物質で病気になったのなら、同様の社会的な補償を得るべきである」という考え方がある。だが、石綿新法では労災と同様の補償ではないことから、①救済の隙間と不公平さ、②クボタを超える上積み補償制度の問題、③労災補償や時効救済の官民格差があると石綿対策全国連絡会議は指摘している (石綿対策全国連絡会議 2007: 140)。

具体的には、以下のとおりである。

労災補償では、財源は労災保険であり、実施機関は政府、労働基準監督署であり、基本的に初日にさかのぼって適用され、認定の有効期間の定めはない。対象疾病は、①中皮腫、②肺がん、③石綿肺、④良性石綿胸水、⑤びまん性胸膜肥厚、⑥その他石綿暴露作業に起因することの明らかな疾病で、医療費は全額補償、通院費は原則実費全額補償、休業補償は月額33万円(平均賃金の80%)、葬祭料約82万円(平均賃金の30日分+31.5万円または60日分)、遺

族一時金は一律300万円（＋年金の支給対象にならない遺族には約1370万円（平均賃金の1000日分）の一時金）、遺族年金は約275万円（被扶養等遺族1人で平均賃金の153日分、2人で201日分、3人で223日分、4人以上で245日分）、就学援助費は保育園・小学校で月額12000円〜大学38000円である。

　石綿新法では、生存事例：財源は石綿健康被害救済拠出金（一般＋特別拠出金）。実施機関は機構事務所、地方環境事務所、保健所であり、適用期間は、申請日からで、認定の有効期間は5年間となり、治る見込みがない場合は更新が可能となっている。対象疾病は、①中皮腫、②肺がん、その他石綿を吸入することにより発生する疾病であって、「政令で定めるもの」である[25]。医療費は自己負担分のみを補償、通院費はなし、休業手当は療養手当として10万3870円、葬祭料は一律19万9000円である。遺族一時金は法律施行日前に罹患した者が施行後2年以内に死亡した場合、医療費＋療養手当支給総額が280万円に満たない場合、差額を調整金として支給。遺族年金はなし。就学援助費もなし（石綿対策全国連絡会議 2007: 140）である。

　つまり、石綿新法の場合は3分の1程度の休業手当であり、潜伏期間の長さを考えると医療費の自己負担分程度のものでしかない。石綿新法で救済されても、アスベスト疾患で医療を受ける分の補償でしかなく、企業による独自の救済制度もとっている企業が非常に少ないため、被害者は十分に救済されるものではない[26]。

4-3　石綿新法認定者の曝露状況調査からみえてくるもの

　機構では石綿新法で救済給付を申請・請求する人に対してアンケート調査を実施しており、曝露状況を把握している。2006〜2012年度までの累計では、職業曝露が1920人（59.8%）、家庭内暴露が93人（2.9%）、施設立ち入り等曝露が77人（2.4%）、環境曝露・不明が1123人（34.9%）であった[27]。産業分類別では2006〜2012年度までの累計で、製造業が2018人、建設業1118人、卸・小売業446人となっており、特に建設業では、大工が1118人中152人、配管76人、電気工72人、内装64人、左官60人、はつり・解体57人、塗装37人、事務34人、保温・断熱29人、吹付け26人となっていた[28]。

また1945～1989年の間に最も長く居住した住所を聞いており、2006～2012年度までの累計では、都道府県別では兵庫県がもっとも多くて403人、続いて大阪府の347人、東京都307人、神奈川県171人、福岡県158人、愛知県136人、埼玉県122人、北海道112人であり、市町村別では尼崎市が最も多く243人、続いて大阪市139人、横浜市86人となっていた[29]。

4-4　環境省「石綿の健康リスク調査」[30]からみえてくるもの

環境省では、クボタショックで、一般環境を経由したアスベスト曝露による健康被害の可能性が指摘されたとして、大阪府泉南地域等、尼崎市、鳥栖市、横浜市、羽島市、奈良県、北九州市門司地区において健康リスク調査を実施している[31]。2006～2009年までを第1期とし、2010～2014年までを第2期調査としている。第1期調査と第2期調査の対象者は実人数で6590人、延べ人数で2万1819人となっている[32]。「調査対象は①石綿稼働施設の取扱い時期に調査対象地域に居住していた者、②調査対象地域自治体が検査を実施する指定医療機関等で検査を受けることができる者、③本調査の主旨を理解し、調査の協力に同意する者」とされ、自治体の広報等で募集し、希望者全員を対象としている[33]。

アスベスト関連の所見が初回受診時にあった人数は1912人（29.0%）であり、所見でもっとも多かったのは「胸膜プラーク」の1520人（23.1%）、続いて「肺野の間質影」の396人（6.0%）となっている[34]。初回受診時における生年別の有所見者数及び有所見率では、潜伏期間の長さからか、1930年以前では853人（43.9%）、1940年代で712人（29.5%）、1950年代で269人（22.6%）、1960年代で65人（9.1%）、1970年以降でも13人（4.0%）であった[35]。

また、初回受診時に「所見なし」であっても、4年後のCT検査でいずれかの所見がみとめられた人は1092人中91人（8.3%）で、うち6人は複数の石綿関連所見を有していた[36]。

医療の必要があるとされた人は、6590人中145人で、職歴など石綿ばく露の可能性を特定できた人は94人、特定できなかった人は51人であった[37]。医療が必要と診断された145人中、労災制度では8人認定され、石綿新法で

は12人が認定されている[38]。

　また、中皮腫については、人口動態調査と住民基本台帳を用いて性・年齢階級別死亡率を算出し、性・年齢階級別のアスベストの健康リスク調査対象者数に乗じることによって、中皮腫死亡者数の期待値が算出されており、その値は0.57人になっている。この調査では7人の中皮腫患者が見つかっておりそのうち3人が死亡しているため、期待値の5倍になっていることが確認されている[39]。

5　アスベスト疾患に罹患する不条理

　環境曝露及び家庭内曝露によってアスベスト関連疾患に罹患することは非常に不条理である。それは、被害者本人が近くにアスベストを扱っている工場等があることや、家族がアスベストを扱っていることを知らないことに由来する。また、職場でアスベストを使っていることを知らない、あるいは危険であるということを知らない場合もある。本人が対処のしようがない原因によって、予防できるはずの病気にかかることは、「しょうがない」という言葉におさまるものではない。

　「石綿健康リスク調査」では、調査が病気の早期発見につながったが、「早期の発見が予後の改善や死亡率減少等に寄与しているか否かについては確認できていない」「なお、受診による不安の解消や所見の発見による不安の増大等、受診前後の不安感については確認できていない」とある[40]。

　泉南の事例にみられるように、現場で「管理使用」するから大丈夫だとして、危険性を知っていながら規制をしないまま放置していた政府の責任が問われるところであろう。企業は、利益を追求する組織であって、従業員の福利厚生のために存在しているわけではない。就労のミスマッチやリストラなどで、従業員の起業が促されることも多々ある。起業すれば一国一城の主になれるが、事業主は労災保険制度の枠組みに入れない、資本が脆弱であるという問題がそもそもある。製造業の場合には、アスベストのようにあるいはベンジンのように扱う物質が危険であったり、その後、危険であることが判明す

ることがあったりする。規制できる立場の政府が「危険であると知らない取扱い者」や「取扱っている工場等の周辺に居住する人」を守ろうとしているようには見えないままである。

労災制度や石綿新法によって救済されるとして、社会問題として取り上げられにくいが、「石綿健康リスク調査」での労災や石綿新法による認定の低さをみても、多くの人が救済されているとは言えない状況ではないだろうか。

また、「石綿新法認定者の曝露状況調査」にみるように、環境からの曝露が35％程度、家庭内曝露の人が3％程度いることにも留意しなくてはならないだろう。2000年からの40年間で中皮腫による死亡者が疫学統計では10万人と推計されており[41]、アスベスト肺がんの患者数は中皮腫の2倍という説が一般的である[42]。これを単純に合計して30万人とすれば、環境曝露だけでも相当の割合になりうるし、家庭内曝露は3％と一見低いように見えても実際には相当数の被害が出ると考えられる。まず、制度の周知徹底を図り、情報が行き届くようにして、すみやかに申請、また、認定されるようにすることが、救済されない人を一人でも減らすために必要である。潜伏期間の関係で患者は高齢者が多いことから、申請を本人だけに任せず、申請をサポートするシステムを早期に構築する必要もあるだろう。

6 まとめ

労災で救済されない、あるいは、石綿新法の認定からこぼれおちる人が一定程度いると言われてきたが、本章では、むしろ救済される人の方が少ないと推定される現実を明らかにしてきた。これについて、政府はアスベストが危険であると知っていながら、業界が強く主張する管理使用を認めてきた。労働職場の安全対策を徹底化しなかったり、周辺に漏れださないよう積極的な対策をとらせなかったり、周辺住民や従業員に工場でどのようなものを扱っているのかの情報提供を指導しなかったことについて、大きな責任があると言える。また現在、労災にしても、石綿新法にしても給付について本人申請主義をとっているが、これでは、より多くの人を救済するには限界が

あると考えられる。本人申請主義を改めるか、申請しやすいように手続きを簡素化したり、生検を改めて身体に負担の少ない検査に変更したりするなど、改革が必要であろう。また、石綿新法の給付内容についても格差をなくす必要がある。

　過去に対策をとらなかった経緯をみれば、アスベストが原因であっても、そのことを知らずに亡くなったり、通院したりしている人は「見捨てられる」だけである。

注

1　「ILO 駐日事務所メールマガジン・トピック解説」2013 年 4 月 30 日号より。なお、この章では、アスベストという言葉を基本的に用いるが、場合により、石綿と言う言葉を使うこともある。

2　「ソーシャル・ポリシー・ハイライト」28 号　ISSA（国際社会保障協会）　2013 年 4 月発行より。

3　石綿の用途は 3000 種と言われ、そのうちの多くが石綿工業製品と建材製品であり、その 8 割以上は建材製品である（（独）環境再生保全機構 HP より。2014 年 9 月 30 日閲覧）。http://www.erca.go.jp/asbestos/what/whats_ryou.html

4　『平成 19 年度　石綿関係法施行状況調査報告書』衆議院調査局環境調査室　2008 年 3 月発行、13 〜 14p より。

5　国は「公健法」での救済ではなく、「石綿新法」で救済していることから、「公害」ではないと認識している。しかし、これだけ多くの被害が発生していることから「公害」であると捉えられることが一般的である。

6　『平成 19 年度　石綿関係法施行状況調査報告書』衆議院調査局環境調査室　2008 年 3 月発行、23p より。

7　同上。

8　（独）環境再生保全機構 HP より。http://www.erca.go.jp/asbestos/what/whats_ryou.html　2014 年 9 月 30 日閲覧。

9　1944 年には約 1.3 万トンの産出となり、1970 年には 2.1 万トンまで増えた（『平成 19 年度　石綿関係法施行状況調査報告書』衆議院調査局環境調査室　2008 年 3 月発行、23 〜 24p より）。北海道富良野の鉱山では、閉山後も廃石から石綿を 2000 年代初頭まで回収していた（同、24p より）。

10　『平成 19 年度　石綿関係法施行状況調査報告書』衆議院調査局環境調査室　2008 年 3 月発行、28p より。

11　2008年6月13日朝日新聞より。
12　2006年に基安化発法第0828001号にて、国の定めた分析法であるJIS法では、分析能力が低く、検出限界が0.5〜5%未満であることからリビー産のバーミキュライトの場合2%であるために検出できない可能性があるということが指摘されている（「No Asbestos Packing Industry バーミキュライトの危険性について」旭プレス工業株式会社 http://www.asahipress.co.jp 2014年8月16日参照）。
13　2005年7月16日、朝日新聞より。
14　2005年7月17日、朝日新聞より。
15　クボタショック以前に大きな問題となったのは、公立の小中高1300校で吹付け石綿の使用が1987年に判明したときである。これは前年の1986年にアメリカのEPAがアスベスト全面禁止の方針を打ち出したことで危険性が認識されたことによる。学校という教育の現場で、子供が深刻な危険に曝されていることが大きな問題となり、続いて病院や公民館など公共施設でも吹付け石綿の使用が確認され、除去作業が必要となった。
16　2008年6月4日、朝日新聞より。
17　2006年4月18日、朝日新聞より。
18　労災保険は労働者を保護するための制度であるため、自営業者や一人親方は加入対象ではない。ただし、1965年より、特別加入制度ができ、手続きをすれば加入できるようになった。零細な自営業者は節約のために入らなかったり、そもそも特別加入の制度を知らなかったりすることも多い。
19　『平成19年度　石綿関係法施行状況調査報告書』衆議院調査局環境調査室 2008年3月発行、53pより。
20　同上、54pより。
21　同上、55pより。
22　一般に高所で作業する建築職のように「良い給料を得たければ、事故や危険はつきもの」という、仕事の危険は自己責任という考え方である。アスベストを扱っていた作業場の場合、アスベストが危険であることは知られていなかったため、自己責任の考え方は通じないと考えられる。
23　2010年2月10日大阪泉南アスベスト国賠訴訟第2陣提訴資料より。
24　2009年11月11日、朝日新聞より。岸和田労働基準監督署では80年代半ばに工場従業員の健康被害の規模を把握していたのに、情報公開をしていなかった。
25　2010年の改正で石綿肺、びまん性胸膜肥厚が追加された。
26　企業による独自の救済制度としては、クボタのほか、ニチアス、エーアンドエーマテリアルのものがある。『平成19年度　石綿関係法施行状況調査報告書』衆議院調査局環境調査室　2008年3月発行、40〜41pより。

27 「石綿健康被害救済制度における平成18〜24年度被認定者に関するばく露状況調査の報告について(お知らせ)」(独)環境再生保全機構石綿健康被害救済部情報業務課、2014年6月12日より。
28 同上。
29 同上
30 この節では、①「第1期・第2期における石綿の健康リスク調査の主な結果と考察について」石綿の健康影響に関する検討会、2016年3月発行、②「大阪府・尼崎市・鳥栖市・横浜市・羽島市・奈良県・北九州市における石綿の健康リスク調査の概要」石綿の健康影響に関する検討会、2013年9月の2つの資料を参照している。
31 大阪府泉南地域等とは、岸和田市、貝塚市、泉佐野市、泉南市、阪南市、熊取町、田尻町、岬町のことである。
32 検査で精密検査又は医療の必要があるとされた場合、医療機関を受診してもらうよう指示している。所見を有しているが、医療の必要がない者、所見を有しない者については、経過観察のために引き続き調査に参加してもらうため、延べ人数となっている。
33 「大阪府・尼崎市・鳥栖市・横浜市・羽島市・奈良県・北九州市における石綿の健康リスク調査の概要」石綿の健康影響に関する検討会、2013年9月発行より。
34 アスベスト関連所見は、①胸水貯留、②胸膜プラーク、③びまん性胸膜肥厚、④胸膜腫瘍(中皮腫)疑い、⑤肺野の間質影、⑥円形無気肺、⑦肺野の腫瘍状陰影(肺がん等)、⑧リンパ節の肥大をいい、いずれか一つでも当てはまった場合、所見ありとしている。「第1期・第2期における石綿の健康リスク調査の主な結果と考察について」石綿の健康影響に関する検討会、2016年3月発行、3pより。
35 「第1・第2期における石綿の健康リスク調査の主な結果と考察について」石綿の健康影響に関する検討会、2014年3月発行、4pより。
36 同上、7pより。
37 同上、10pより。
38 同上、11pより。
39 同上、11pより。
40 同上、15pより。
41 早稲田大学(当時)村山武彦教授らによる。2002年4月2日、朝日新聞より。
42 『平成19年度 石綿関係法施行状況調査報告書』衆議院調査局環境調査室 2008年3月発行、55pより。

引用文献

宮本憲一、2009、「アスベスト被害救済の課題―複合型ストック公害の責任と対策」『環境と公害』38-4: 2-7.

村山武彦、2008、「アスベスト被害に対する救済の現状と課題」『環境と公害』37-3: 8-13.

石綿対策全国連絡会議、2007、「12　石綿問題は終わっていない」石綿対策全国連絡会議編『アスベスト問題の過去と現在、石綿対策全国連絡会議の20年』アットワークス: 137-151.

加藤正文、2009「尼崎クボタ石綿禍の衝撃―アジア最大の被害が伝えるもの―」『環境と公害』38-4: 40-45.

森裕之、2008、「モンタナ州リビーにおけるアスベスト災害」『別冊政策科学、アスベスト問題特集号』: 185-202.

村松昭夫、2010、「泉南アスベスト国賠訴訟の意義と国の責任」『おおさかの住民と自治』(2010年2月号): 25-29.

大久保規子、2014、「泉南アスベスト国家賠償第2陣訴訟高裁判決の意義―アスベスト被害と国家賠償―」『環境と公害』44-1: 22-27.

牛島里美、2013、「特集2公害事件最前線　アスベスト問題について」『自由と正義』64.446-452.

第6章　職業性がんの解決過程と行政対応
――和歌山ベンジジン問題と大阪印刷業胆管がん問題から

堀畑まなみ

1　はじめに

　本章では職業病の中でも化学物質が原因となった職業性がんの事例を取り上げる。がんは、発症する場所によって予後が左右されるが、ここでとりあげる職業性がんは、晩発性で潜伏期間が長く、罹患する場所も膀胱や胆管という死亡リスクの高い部位である。そのため、離職後も長い間、健康診断を受け続ける必要があり、罹るかもしれないという不安感がつきまとうことになる。

　日本では平均寿命が延び、1975年には男性71.73歳、女性76.89歳であったものが、2012年には男性79.94歳、女性86.41歳と、定年後の人生が長くなっている。定年後に健康で過ごせる時間は重要になっているが、潜伏期間が長いことは、定年後であっても、いつ病気になるのかという不安が日常生活に潜むことを意味している。さらに労働市場の流動化によって、違う職種・職業を移動することで、職業起因性の確定が困難になることが考えられる[1]。加えて、まだ危険有害性が確定されていない物質への曝露を伴う疾病に罹患している人がいる可能性もある[2]。

　現在、労働現場で取扱われている化学物質は約6万種類と推計されており、新規化学物質を含む製品を製造、輸入、販売するときは届出が必要で、毎年約1,200物質が年間100 kg以上の製造又は輸入物として、約13,500物質が年間100 kg以下のものとして届出されている（圓藤 2012）。2014年、労働安全衛生法が改正され（平成26年法律第82号）、「化学物質管理のあり方の見直し」が

なされるようになった。これは、本章でも取り上げる大阪の印刷会社で発生した胆管がん労災を踏まえて、労働災害を未然防止するための仕組みを充実させるというものである[3]。特定化学物質等障害予防規則（以下、「特化則」）において、今まで製造禁止対象は 8 物質、個別規制対象は 116 物質、この 116 物質を含む 640 物質について安全データシートの交付義務が課せられており、この見直しによって 640 物質中、個別規制対象を除く 524 物質についてリスクアセスメントが義務付けられるようになった。

　本章では、晩発性の職業性がんを発生させた事例として和歌山ベンジジン問題と大阪胆管がん問題の二つを取り上げる。ベンジジンは、黄色の有機顔料で発がん性が強く、粉末でも蒸気でも皮膚から吸収され、暴露した際には重度の健康障害を及ぼす極めて有害性の高い化学物質で、製造禁止対象の 8 物質の一つである[4]。後述のように、問題の発生は戦前にさかのぼるものの、裁判は 1970-90 年代に行われ、今なお被害は続いている。労災では一般的に和解が多く、内情がよくわからないままになりがちであるが、これは最高裁まで争った事例であるため、被告側の国の対応や被害の状況がよくわかるものとなっている。また、晩発性という点でもアスベスト労災に似ているが、和歌山でのベンジジン製造の集積性と有害物質の取扱いに対する意識、有害物質が工場以外に拡散していく被害の拡大の点でも似ているため、アスベストなど有害物質を起因とする今日の労災問題に取りくむためにも、改めてこの事例を考察することは重要であると思われる。後半で取り上げる大阪印刷業胆管がん問題は、2012 年に発覚した、まさに今日の労災問題である。この事例は、高齢になってから発症するといわれる胆管がんに、まだ若い校正印刷業務従事者が職場で化学物質に曝露され次々に罹患したことで問題化した。

　経済的利益のために化学物質の人への影響がないがしろにされることは今までもあったが、この二つの事例は、晩発性の職業病特有の「深刻な健康被害が発生するまで時間がかかる」「それゆえ、時効の問題が発生する」という特徴をあわせもつ。深刻な職業病を発生させた事例をみることで、私たちがどのように化学物質と向き合えば良いのかを考えることができる。

2　労災・職業病の現在

　産業が一次産業から二次産業、二次産業から三次産業と変化していくなかで、労災・職業病も変化していき、今日、労災・職業病は交通事故や過労、ストレスによって発症するうつ病、過労死、無理な作業姿勢によって引き起こされる腰痛などが主流である。一次産業が主流の頃は、鉱害が職業病の主原因であったが、二次産業が主流になると製造現場での事故や使われている化学物質が原因の職業病が増加した。日本で深刻な公害が発生した1950年代から70年代にかけて、労災・職業病でも非常に深刻な事故や多くの職業病罹患者を出している。例えば、1961年の労災・職業病での死傷者数は48万人に上っている。

　日本では現在どのような状況なのであろうか。厚労省の労働者死傷病報告では2015年の労災による死傷者数は11万6311人で、快適職場形成の取り組みや法整備もあり、激しかった頃の4分の1程度までは減少していることがわかる。

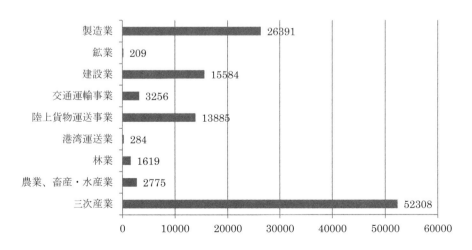

図6-1　2015年死傷災害発生状況（厚労省）

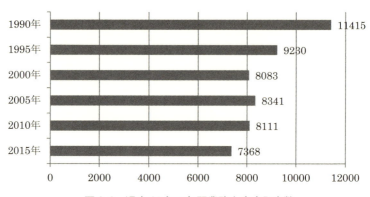

図6-2 過去25年の年間業務上疾病発生数

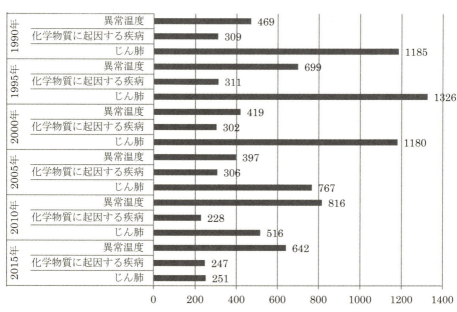

図6－3 要因別にみた年間業務上疾病発生者数(過去25年)

また、業種別でみると図 6-1 のように三次産業がもっとも多く、次いで製造業で 2 万 6391 人、建設業で 1 万 5584 人が被災している[5]。

続いて、過去 25 年間の業務上疾病発生数の変化をみてみよう。図 6-2 より、徐々に減少しており、1990 年と比較し 4047 人減少していることがわかる。

それでは、業務上の疾病はどのようなものが多いのであろうか。最も多い要因は、負傷に起因する疾病であるが、それを除くと、「異常温度」「じん肺」「化学物質」となっている。

図 6-3 のように、過去 25 年間の変化をみると、「じん肺」は 1990 年代までは 1000 人を超えていたが、2000 年代前半に 1000 人を切るようになり、2015 年には 251 人にまで減少している。次に、「異常温度」においては 500 人前後であったものが、年によって上下はあるものの 2010 年は 816 人と大きく増加している。「化学物質に起因する疾病」においては、300 人前後で推移していたが、その後 250 人前後となっている。これらの業務上疾病は、作業環境をきちんと管理することで減少させられるため、今後も現場での努力が重要になってくる。

一方、世界ではどのような状況であろうか。ILO の推計では、世界中で年間 234 万人が労災・職業病が原因で死亡し、1 億 6000 万人の職業病患者が毎年新規に発生している。職業病の原因は発がん性物質、アスベスト及びシリカである[6]。234 万人を一日あたりになおすと、業務関連の死亡者は 6300 人になり、そのうち 5500 人において業務関連疾病が死因となっている[7]。これは、1 分間に 3.8 人が亡くなる計算になる。ILO は、こうした状況が発生するのは、職業性がんや業務関連がんなど、多くの職業病に長い潜伏期間があるため、臨床的な症状がでてくるまで認定が困難であること、また、発症には職場要因と職場外の要因の両方が関係するが、労働者が曝露水準の異なる職種間を移動するようになっていることも、職業起因性の確定を困難にする可能性があることを指摘している[8]。世界的にみれば、業務上疾病は克服すべき課題であり、現在の状況は非常に深刻であることがわかる。

3 職業性がんの特殊性

がんは、日本人の3大死因の中に一貫して入っており、発症した場所によっては予後が良くなく、かつては死に直結していたために、今でも恐れられる病気である。職業性がんは、業務に起因するため、別の仕事をしていたらということを、罹患した人に考えさせてしまうものでもある。

丹野は、職業性がんの特殊性について、以下の4点を挙げている。

「①発がん性物質等の有害因子の曝露から長期間 (20〜30年) 経過してからの発症が通例であり、取扱い物質の名称、従事業務の具体的内容や作業環境を明らかにしようとしてもすでに企業側の資料が散逸したり、同僚労働者など証人の確保に支障を来すなど有害因子曝露の期間・量の立証が困難となりやすいこと。②発がんのプロセスは業務上の有害因子曝露と基礎疾病、精神的・身体的ストレス、飲酒・喫煙など生活習慣など環境的要因が複合的に作用することから、業務上要因の割合・程度など双方の要因の寄与度の問題が因果関係の認定を困難にしていること。③同一業務に従事し、同一の有害因子に同じ期間と量を曝露しても、曝露労働者全員が発症するわけではなく、個人差が大きいこと。④化学物質の発がん性の評価が国際がん研究機構 (IARC) や米国国家毒性プログラム (NTP) のテクニカルレポートで異なるなど、発がん性の判定・評価が分かれやすいことなどが挙げられる。そして、他の職業病とも異なるこれらの特殊要因が、リスト化される職業がんの少なさ、医学的解明の遅延、職業がん認定基準の厳格化、遺族・労働者の立証困難などの問題に結び付いている」(丹野 2002: 7)。

つまり、曝露から発症まで時間が長いことで、立証に困難な状況が発生するだけでなく、生活習慣などの環境的要因が複合的に作用するため因果関係の認定が困難になったり、同じ有害な化学物質を同じ期間、同じ量曝露しても発症するかどうかは、個人差が大きかったり、発がん性の国際的評価が分かれていたりするというのである。

職業病は職業病リストに記載されていないと認定されない。このリストに掲載されていない場合には、労働者や遺族の側に、発症した臓器と取扱物質

との相当の因果関係の証明という、大きな負担が発生する (丹野 2002)。後述する胆管がん問題では、この職業病リストに含まれることで、認定がされやすくなっていったのである。

4 和歌山ベンジジン問題

4-1 問題の概要

　ベンジジンは、染料をつくるための中間物質として、安価で簡単に作ることが出来ることから多用された化学物質である。ベンジジンによる職業性がんは、取扱いはじめてから発病するまでの潜伏期間が平均 18 年と言われ 30 〜 40 年目に発病する例もある (藤原慎一郎 1987: 16)。発症するのは膀胱腫瘍などの尿路系の病気であり、闘病生活は非常に苦しく、苦しみのあまりの自殺者も出している。

　この問題は、労災の時効起算点をめぐる問題で最高裁まで争った事案である[9]。ベンジジンの事例は、法の谷間の問題や時効をいつから起算するのかといった問題として取り上げられることが多いが、それだけではなく、健康に重大な被害を与える化学物質についての情報を政府が知っていたにもかかわらず放置したのか、労働者は危険であることを知らないままどのように取扱っていたのかということも、知ることができる。

　ベンジジンは、1879 年頃にドイツで製造がはじまった。その後、1891 年には化学工場の労働者に膀胱腫瘍が見つかっている。日本では 1915 年頃から、和歌山の化学工場で、ベンジジンとベータ・ナフチルアミンの製造が開始された。ベータ・ナフチルアミンも非常に有害性が高い化学物質であり、1939 年にスイス、1942 年にドイツで製造を中止しているほどである。

　1935 年、後に多くのベンジジン被害者を発生させる山東化学が操業を始めた。操業直後から血尿や膀胱炎などの急性症状が労働者に表れていたことが報告されているが、隠されていたことが問題の表面化で明らかにされている。1953 年に、中国との貿易が再開されると、ベンジジン製造は、1954 〜 56 年にはピークを迎え、例年の 3 倍以上に達した。最高時には、和歌山で全国

生産量の 50% 以上を占めるほどであった。1956 年、山東化学は倒産するが、この工場では延べ 200 人が製造に従事していたと考えられている（藤原 1987）。

それから 20 年弱経った 1975 年 8 月、かつての仲間に膀胱がん、膀胱障害の尿路系統の症状で相次いで亡くなっていたり、苦しんでいたりする人が多いことから、「山東化学同志会」が結成され、和歌山労基局に対して、1976 年 4 月 1 日に 24 名、5 月 20 日に 7 名と合計で 31 名になる労災の集団申請を行った。先に申請した 24 名は救済されたが、和歌山労基署は 8 月に、5 月 20 日申請の 7 名の労働者と遺族に対して門前払いの形で不支給処分を決定した。この 7 名のうち 6 名が山東化学の元従業員であり、5 名が死後、2 名が闘病中であった。葬祭補償についての労災の時効は死亡日から換算するが、この不支給の処分では、国は特化則が公にされた 1971 年 4 月 26 日から起算したことを 1977 年 12 月に明らかにした。この起算を根拠に、国は存命中の 1 名の補償について 1961 年の賃金水準で支給し、6 名の遺族については葬祭補償は時効として支給しないとした。

7 名は再審査請求を起こしたものの、1982 年 1 月に労災保険審査会は国の言い分をそのまま踏襲し棄却裁決を行った。同年 6 月、7 名は和歌山地裁に不支給処分取り消しを提起した。1987 年 5 月 14 日、和歌山地裁にて「法の谷間に置き去りにされることは許されない」として勝訴し、1989 年 10 月 19 日、大阪高裁にて二審も勝訴、1993 年最高裁にて勝訴し、遺族に対して労災保険給付が決定した。

時系列については章末の和歌山ベンジジン問題略年表を見ていただきたい。

4-2　裁判での争点と勝訴までの長い道のり

裁判では、和歌山労基署長が被告となっていたが、労働省が事実上の当事者であり、被告側は以下の主張を行っていた。①労災保険制度は労基法上の災害補償義務を政府が保険給付の形式で肩代わりするものであるから、労基法上の補償義務が成立していることが労災保険給付の前提である。②労基法の補償義務は労基法施行後において、使用者が支配・管理している領域内で発生した業務上の事由に因り発症したものに限られる。③労災保険制度が成

立する以前に、保険料納付義務すら発生していない場合についてまで保険給付がなされることは想定していない。④労基法129条、労災保険法57条の2の規定は「業務上の事由である、或る事実」が法施行前にあるときには、旧法を適用すると読むべきである (藤原精吾 1993: 7)。すなわち、戦前に化学物質に曝露されて病気になっても、新法では救済する根拠がないので旧法を適用するべきであるとして、旧法が適用される時期にベンジジンに曝露されて戦後に発症したとしても労災保険を給付することはない、という主張であった。国は、発症するにあたる原因がいつ起きたかを重視したというのである。

しかし、一審では、労災保険法57条2項の事故の概念について疾病をもたらした原因事実ではなく、発症した疾病という結果事実と解し、[労災保険法制定の経緯、制定前後にまたがる企業の存在ならびにこれらとの関連における国側のような処理をすると被災罹病労働者たちは「法の谷間」におかれ救済されず、「労災特別援護措置」の存在は不支給処分の正当性を根拠づけるものではない]という判決であった (宮島 1988: 4)[10]。

国は控訴をし、二審、最高裁と争ったが、国がすべて負けた。国の控訴により、給付請求から17年、提訴から約11年もかかってしまった。労働者側が勝つであろうと考えられる裁判が長くなったことについて、宮島は、「国側の真意は、もっぱら給付抑制にあり、そのための事実の歪曲、社会保険とか法の切断などについての強弁・詭弁はては遡及・罪刑法定主義・因果関係などの本件とは無関係のことへの誘導によって引き延ばし(中略)、法と正義を愚弄しての時間かせぎにほかならない」と言っている (宮島 1993: 14)。

この事例で、最も不可解なのは、単純に、1976年4月1日に申請さえしていれば、7人は門前払いをしなくて済んだということである。1977年12月になって、時効による棄却について、その起算点を「特化則が公にされた1971年4月26日から起算する」ということが明らかにされている。大々的に時効起算点について公にしていれば、7人は時効成立前に申請できたかもしれないのであり、4月1日に集団申請があった時点で、他にこういう事例はあるのかを確認し、いつになったら棄却されるのかを伝えるべきであったのではないかということが考えられる。それだけに、裁判の引き延ばしは、

宮島の指摘のように「給付抑制」にしか捉えられなく、裁判でいろいろと問われた細かいことについては無関係でしかないと考えられる。

4-3 被害の空間的・時間的な広がり

以下で述べる被害の実情については、藤原慎一郎に大きく依っている（藤原 1987）。山東化学は 1935 年に創立され、1956 年 2 月に倒産しているが、延べ 200 人が製造に従事したと考えられている。山東化学ではすべての従業員に 1 カ月の勤務で血尿や膀胱炎など急性の症状が発生したが、会社は従業員に「ベンジジン作業は最初に血尿など膀胱症状を起こすが、すぐ治り免疫になる」と説明し、血尿がでなければ一人前になれない職場の雰囲気があった（藤原 1987: 24）。

被災者は、急性の膀胱障害に罹患したあと、平均 18 年の潜伏期間を経て、膀胱腫瘍や膀胱がんを発症している。尿路系の治療は痛みを伴うことも多く、治療そのものもつらいが、知らない間にがんが進行し、転移したり、重症化したりして亡くなることも当然ある。自分が若いころにベンジジンに曝露されたために病気になったことを知らないで亡くなった方もいる（藤原 1987）。また、30〜40 年経ったあとに発症する事例もあるため、長い間、不安にさらされたり、健康手帳があれば検査は無料ではあるが、検査に行きつづけたりするなど、精神的なつらさや継続検診の負担もある。また 1985 年 5 月には、ベンジジン作業従事から 20 年後に尿路系の異常を感じ、激痛に耐えかねての自殺者も出ている（藤原 1987）。

さらに藤原によれば、「中国貿易が開始され生産量のピークである 1953 年から 1955 年にかけて、従業員が増えるなかでは急性症状を訴える労働者が後を絶たなかったといい、この時期は、注文に生産量が追いつかないという時期であり、早出、時間外、公休出勤と、数か月も休みをとらない労働者が増え、基準法無視の状態がつづき、時間外だけで 1 カ月の給料を越えたという。それでも注文量に追いつかず、最後は歩合制を導入し生産にかりたてたほどであった。この状況は山東化学だけでなく、当時ベンジジンを生産していた和歌山の全工場でも同じ状況であった」という（藤原 1987: 24）。

当時は、ベンジジンが危険であることを知らないためか、作業環境もトタン屋根やタル木で周囲を囲った程度のもので、他の職場との区分けは不十分で、専用の施設や安全管理は皆無であり、事務員や交換手にも膀胱腫瘍などの尿路系の異常を訴える人が出ている(藤原1987)。ベンジジン被災者の対象は製造工程に従事した人だけとされるが、製造工程以外にも被害は及び、週2回前後の夜勤の際に弁当を届けたり、作業服を自宅で手洗いをしたりした妻も膀胱がんに罹患している(藤原1987)[11]。

ベンジジンを原因とした労災は尿路系の疾患に限られているが、他の病気の訴えもある。それは、言葉がでにくい、歩行困難である、肺や気管支に障害がある、糖尿病であるなどの愁訴や病気である。1980年に国は、ベンジジンが原因の他の病気について否定しているが、後述するように、ベンジジンの危険性について国は知っていながら規制しなかっただけに、当事者にとっては納得がいくものではない。

さらに、藤原は、「当時の工場施設の不備からみて、近隣の住民への被災は十分に考えられるし、工場と住民と近接し、ベンジジンなどが混じった廃液は処理されないまま工場裏の和歌山川に捨てられています。また、いろいろな業者が職場に継続して出入りしています。地域住民への調査には、労基局、自治体も取り組んでいませんが、和歌山における膀胱疾病が全国に比べて非常に多いことを医師が発言」しているという(藤原1987: 22)。

現在でも中小零細企業では、有害物質の取扱いに問題点があるが、当時は、ベンジジンが有害であるという認識はなく、工場外にも漏れ出ており、川に垂れ流すなど、化学物質汚染の空間的広がりがあるだけでなく、お弁当を届けたり、作業服を洗ったりしたことで家庭にも汚染が広がっている。

時間的な広がりとしては、まずはベンジジンに起因する病気の発症まで時間がかかることがある。そして、病気になった頃には、勤めていた企業が無くなるということで、どのような作業に従事していたのか、どのくらい働いていたのかといった記録が散逸してしまっていたり、危険性を知らされなかったりしたために曝露したことを忘れていたりすることで労災申請ができないということもある。

病気であることも辛いというのに裁判が長引くことで、判決前に被害者が亡くなったり、遺志を受け継いで家族が闘うとしても、家族も亡くなったりすることもある。宮島は、国のこうした裁判を長引かせる行為について、「最高裁において勝訴が確定しても、遅延利息も付けられないまま往年の単位と基準による保険給付支給という一握りの札束を遺族は得るか、受給(資格)者不在となるかである」と言っている(宮島 1993: 20)。

　このようにベンジジン事件では、急性期の症状と、潜伏期間を経ての発症、労災申請から裁判で勝つまでの長い時間がかかっており、被害者は身体的な被害が深刻になるだけでなく、亡くなった後に遺族が裁判で闘うという時間経過によって新たに重なっていく被害が発生している。

4–4　情報強者による被害放置

　ベンジジンの有害性を知っている、あるいは有害という情報が得られる立場の者を情報強者とするならば、国や労基局、研究者などの専門家の責任が問われる。この事例では、アスベスト問題と同様に、規制ができる立場である国が危険性を知っていながらも放置していたことが明らかになっている。労災に給付の決定権を持っていると言う点でも国や労基局は強者になるが、先に記述したように、時効起算点の情報を省内だけで共有し、申請をする可能性のある人に伝えないことは、積極的な被害放置である。

　1970年3月、朝日新聞は、日成品工業協会が1949年にはベンジジンの薬害を検討していたにも関わらず放置していたことを曝露し、労働省も知っていながら明らかにしなかったことを報道している。さらにこれよりも前のベンジジンの製造のピーク時の1956年、急性症状を訴える人が続出した際には特殊健康診断指導指針を通達しているが、使用者の自発的措置を勧奨するものでしかなかった(藤原慎一郎 1987: 21)。すなわち、この通達は企業の善意を前提にしており、一般に企業は利益を優先するため、特殊健康診断受診の費用をかけたり、その時間、仕事ができなかったりすることを避けることが想定されるにもかかわらず、政府は特殊健康診断受診を強制できる立場でありながら、その権限を行使しなかったのである。

また、和歌山は1955年前後のピーク時には全国一の生産量となり、大企業から中小零細企業まで多くのベンジジンの製造業者があったが、「監督行政は強化されていなければならないはずなのに、不十分きわまりない対応であった」といい（藤原精吾 1993: 36）、企業も染料協同組合も、『その危険性を知りつつ、後で明らかにするように労基法を無視した大量生産へとかりたてています。相次ぐ労災・職業病の続発に、化学労働者を中心に「職業病から化学労働者を守る会」を結成しますが、この結成に対して労組や個人に圧力をかけ』た、という（藤原慎一郎 1993: 36）。

　研究者などの専門家は、当事者に状況を説明したり、国に危険性を訴えたりすることができるが、この事例では、和歌山医大の調査において当事者に知らせていないということも起きている。和歌山医大が1950年代前半の調査において、ベンジジン取扱い者の健康診断や血液採取を実施していながら結果を当事者に知らせず、「学界報告」のみを優先したというのである[12]。

5　大阪印刷業胆管がん問題

　2012年5月19日、大阪の印刷会社「サンヨー・シーワイピー」社に1年以上勤務した従業員が次々と胆管がんに罹患し、死亡しているという報道がはじめてされた。1991～2003年までの間に、この会社の校正印刷部門で働いていた25～45歳の男性33人中5人が胆管がんに罹患し、4人が死亡したというものである。私たちが目にする印刷物は、色合いなどをみる校正を経て印刷される。この校正印刷において、印刷機についたインクを洗う際に、洗浄剤として「ジクロロメタン」「1、2ジクロロプロパン」を用いていた。両化学物質は動物実験で肝臓がんを発生させる確率が高いとされるものであった[13]。

　この会社では1991年に現在の社屋が完成し、校正印刷部門を地下に移してから、従業員の高濃度の化学物質曝露が始まった。1996年には化学物質による従業員への健康被害が顕在化し、職場内で吐いたり、退職する人がでたり、肝炎に罹患する人も多くなったりしている。その後、会社では対策がとられることもされず、2003年11月に、会社が元従業員に胆管がんが発生

していることを気づいても何もしないままであった。

その後、2011年春になって関西労働者安全センターが「サンヨー・シーワイピー」で胆管がんや肝臓がんが多いので調べて欲しいと産業医大の熊谷信二准教授に依頼し、2012年3月には、胆管がんに罹患した4名が労災申請を行い、5月19日に報道されたのである。

報道後、厚労省が全国の印刷業大手事業所561か所を調査した結果、大阪や宮城の他、東京や静岡、石川の事業所の計5か所で17人発症し、うち8人が死亡していたことがわかった[14]。2012年7月13日には、胆管がんと業務との因果関係が分かった場合に時効の起算点が変わる可能性があるとして、厚労省は各労働局に時効を理由に門前払いをしないように指示をだした[15]。2013年3月27日、厚労省は「サンヨー・シーワイピー」社元従業員16名の労災を認定し[16]、9月10日には省令を改正し、「1、2ジクロロプロパン」「ジクロロメタン」に曝される環境で胆管がんを発症した場合には労災対象とするように明記するように改正して、10月1日より施行することになった[17]。

胆管がんを発症させた「サンヨー・シーワイピー」社は、2013年9月26日に、産業医未選定などの労働安全衛生法違反で書類送検された。大阪労働局は起訴を求める「厳重処分」の意見書を付けた。これは、大阪労働局が2012年5月に是正勧告を行うまで、2011年4月から2012年4月にかけて、従業員50人以上の事業所に義務付けられる産業医や健康障害を防ぐ衛生管理者を選任しなかったこと、労使が職場環境の改善策などを検討する衛生委員会の設置をしなかったことについての違反である。産業医と衛生委員会は、この会社では一度も設置されたことはなかった。使用されていた「1、2ジクロロプロパン」は法規制の対象外であったため、大阪労働局は使用方法をめぐっては刑事責任を問えないと判断している[18]。

2014年9月12日現在、印刷業での胆管がん労災認定者数は合計34人、うち死亡者は15人となっている[19]。

時系列については章末の胆管がん問題略年表を見ていただきたい。

6 胆管がん問題にベンジジンの教訓は活きたのか

6-1 労災認定における政府の対応

　ベンジジンの事例では①国、あるいは監督省庁は、情報強者となることが多いが、上部になるほど権限が増すことから垂直的な関係が形成されている。この裁判では、企業を監督する立場である労基局の対応が問題となったが、実質的な相手は当時の労働省であり、国である。このことから垂直的な責任が国にはあり、その責任を放棄したことが問われたと考えられる。②「戦後の労災保険法は、その拡大範囲を広げ、全事業所に強制適用し、長期給付・年金の制度化、通勤途上災害制度の新設など、社会保障化の傾向がある」（宮島：1988: 7）というのに、現場では給付抑制が行われ、救済が遅れた。

　胆管がんの問題では、ベンジジン問題と異なり、問題発覚後ではあるが、厚労省がすばやい対応をみせた。それは以下の6点になる。①2012年7月13日、胆管がんと業務との因果関係が分かった場合に時効の起算点が変わるとして、厚労省が各労働局に門前払いをしないように指示した点。②2012年6月12日には、まずは大手のみではあるが、胆管がん発生や有機溶剤の使用や管理についての調査を実施した点。③2012年7月31日には、全国の印刷業1万8131社を対象に、胆管がん発生や有機溶剤の使用や管理についての調査を実施した点[20]。④2012年7月には、同じように塩素系化学物質を使用している金属加工業に対して、曝露を減らす対策の徹底化を通知している点[21]。⑤2013年3月14日には、「サンヨー・シーワイピー」の元従業員16人の労災申請について、クロム労災以来40年ぶりに時効起算日を死亡翌日とする異例の措置を行った点[22]。⑥2013年9月には、省令を改正して「1,2ジクロロプロパン」「ジクロロメタン」によって胆管がんになった場合、労災対象とすることにした点である。ベンジジン問題では、時効であるとして門前払いをしたために裁判になったが、この問題では門前払いをしないようにし、大手から始め中小零細まで全国の印刷業を対象に調査を実施し、同様に塩素系化学物質を使用している金属加工業社に対しても曝露を減らす対策の徹底化を通知し、時効起算点についてはクロム労災以来40年ぶりの異例

措置をとり、労災申請から 1 年半後には職業病リストに掲載をしたのである。

しかし、この問題が起きるまで、印刷業は中小零細企業が多いということからか、積極的に労働安全衛生を勧めるように指導をしておらず、2012 年に実施した厚労省の全国一斉調査 (1 万 8131 社が対象、約 80% にあたる 1 万 4267 社が回答) では、有機則 (有機溶剤中毒予防規則) で義務付けられている特殊健康診断について 77.5% が実施しておらず、作業主任者の選定も 63.2% で行われていなかった。これよりも前の 2012 年 5 〜 6 月にかけて、国内最大の業界団体である印刷産業連合会が行った調査 (会員数約 9300 社。同様の調査を実施した大阪府内の約 1000 社を除いて配布。配布の約 33% にあたる 2688 社が回答) では、法令で必要な局所排気装置などを設置していない事業所が 7 割であり、特殊健康診断の実施と記録の保管も 65% が実施しておらず、作業環境の測定も 75% で実施していないこと、また、安全・衛生対策を何も行っていない企業が 10% もあることが発覚しており、局所排気装置などの設置は従業員数 1000 人以上では 79% であったものの、従業員数 1 〜 19 人の企業では 21% であることもわかった[23]。さらに、2012 年 6 月に厚労省が実施した全国の印刷業大手事業所の胆管がん調査では、特化則で規制の対象とされる化学物質のうち 54 の物質を使っている 494 事業所のうち、383 事業所でなんらかの法令違反があることも発覚している[24]。大手になれば、積極的に労働安全衛生に取り組んでいると考えられるとされているのに、その大手印刷業事業所でさえ、約 78% で法令違反があるほどであった。やはりこの調査結果より、厚労省の対応は「後追い行政」でしかなく、問題化する前の「予防的措置」はなかなかとられないまま時間が経過していることがわかる。

問題が発覚してからの措置は、ベンジジン問題と比較すれば、はるかに早い対応であったが、現状調査からは、労働安全衛生についての指導がされておらず、野放しであった。印刷業大手事業所調査の結果について厚労省の担当者は「業界団体がきちんと指導しているという思いもあった」とコメントしている[25]。このことは、業界団体は「行政がやるもの」として、行政は「業界団体がやるもの」として、お互いが責任をとらない状況を作り上げ、結果として野放しになり、被害を受けるのは労働者ということにつながるのである。

6-2 時間的経過の問題

　職業性がんの特殊性として、先に丹野の指摘を4つ挙げたが、このうち①で企業側の資料の散逸にふれられていたが、胆管がんの問題でも、労働者が曝露された1991〜2006年の間の洗浄剤の納品書が残っておらず、「ジクロロメタン」を含む洗浄剤を使っていたという元従業員の証言裏付けができなかったとされている[26]。1997年以降は、納品業者からの伝票が残っていたため、「1、2ジクロロプロパン」を含む洗浄剤が使われていたことが明らかにできたという[27]。胆管がんは、早期に発見して手術さえできれば予後が比較的良いとされている[28]。早期発見のためには、継続した健康診断が必要である。ベンジジンを含む12の物質は有害性が極めて高いとして指定され、一定の業務についていた人には健康管理手帳が交付されている。健康管理手帳があれば退職後、原則、年2回無料で検診が受けられることになっている。「ジクロロメタン」「1、2ジクロロプロパン」は2015年11月指定物質となり、それまで自己負担で検査を受けていた退職者は無料で受けられるようになった。危険性の高い化学物質が使われることの規制が遅れる現状では、長期潜伏の職業性がんのリスクが高い化学物質については、従業員の退職後も企業が責任を持って検査を実施し続ける必要があり、企業が倒産したあとについては、国が責任を持って検診を実施し続ける必要があると考えられる。

　特化則や有機則においては、指定された化学物質を扱っている企業に、労働者の健康診断個人票を作成し、5年間の保存を義務づけており、化学物質の中でも発がん性の明らかな特定管理物質を製造し又は取扱う業務に常時従事し、または従事した労働者の健康診断個人票は30年間保存しなければいけないとされている。

　胆管がん問題では、「ジクロロメタン」は有機則上、年2回の特殊健康診断の対象ではあった。「1、2ジクロロプロパン」は特殊健康診断の対象ではなかった。たとえ現場で特殊健康診断対象の物質を扱っていたとしても、全体の4分の3の企業が健康診断を実施していなければ、労働者の健康診断個人票の保管義務があっても意味をなさない。労働衛生を厳しくしても、企業

が実施する仕組みを作らなければ、労働者は安心して業務を行うことはできないであろう。

さらに、日本では労働安全衛生規則や化審法の改正で、発がん性だけではなく、生殖毒性や神経毒性といった毒性評価を実施するなど化学物質への評価を厳しくし、どのような化学物質が使われているかを分かりやすく表示するラベル制度を導入し、SDS（安全データシート）を用いて事業者間の取引時に化学品の有害危険性や適切な取扱い方法等を伝達するようにしたが、対象物質はまだ少ない。労働者に今後、EU並みの化学品規制の導入が必要である。

7　まとめ

　製造業のように、有機溶剤等、化学物質を使う現場で発生する職業病には、人体に対する影響がどのように出るのかが評価されないまま使用を始めたものも多く、労災と気づくかどうかも確かではない。また、ラベル表示などで改善が図られてはいるものの扱っていた化学物質の名称を忘れてしまったり、職務内容を証明できなかったり、時効があったりと、労災認定されるかどうかも問題となる。労働者は雇用継続されるかどうかで不利な状況にあり、不況など社会・経済的状況によっては、さらに不利な状況に置かれる。現在のように、正社員としての雇用は人件費を押し上げるとして抑制され、短期や契約で働く者が多くなればなるほど、組合等での団結も難しく、企業側にとっては職場改善はやらないでいようと思えばやらないままで済む。雇用難などで短期でもよいから働きたいという人が多くなったときには、有害な化学物質に曝される状況が嫌なら別のところで働けばいいとして、使い捨てが進む。たとえ短期で働いても、扱う化学物質によっては、将来的に深刻な影響が発生する可能性がある。行政ができることは、「救済」であるとして、労災認定されやすいよう制度を整えることは重要であるが、企業に特殊健康診断受診や局所排気装置の設置などの義務を履行させるなど、労働者の健康を守ることを厳しく遵守させることが、より重要である。

　現在のような「後追い行政」のままでは、労働者で人体実験を行っている

ようなものである。現在、国は未規制の化学物質に関する有害性評価を実施しているが、その対象は670物質しかない。順次、有害性評価の対象を広げる必要もある。胆管がんの原因物質となった「1,2 ジクロロプロパン」について、日本でのこの問題を受けて、国際がん研究機関(IARC)は、これまでの発がん性物質かどうかわからない「グループ3」から、最も厳しい「グループ1」へと位置づけ直した。国際的な研究機関が注目していなかった化学物質が人に深刻な健康障害を及ぼすこともある。ベンジジン問題や胆管がん問題は、化学産業における労働災害・職業病であるため他産業の人は当事者意識を持ちにくいが、その化学物質が使われた製品を使う消費者になることはもちろんあり得る。他人事としないで、有害な化学物質が市場に出回らないように、消費者の側からも監視をする必要があると考えられる。

注

1 「ILO駐日事務所メールマガジン・トピック解説」2013年4月30日号より。
2 「ILO駐日事務所メールマガジン・トピック解説」2013年4月30日号より。
3 2006年1月公布の改正労働安全衛生規則では、有害物曝露作業報告の制度が創設され、これをもとに個々の物質のリスク評価を行うことになった。有害性としては発がん性が重視されてきたが、2011年度より生殖毒性や神経毒性が問題となる物質も評価対象となった(圓藤 2012)。
4 ベンジジンは特化則で禁止されているが、これは、合同化労傘下組合を中心に結成されたベンジジン共闘会議の運動の賜物である。ベンジジン共闘会議では、政府に対してベンジジン、ベータ-ナフチルアミンの製造・使用の禁止、退職者の健康診断を保障するための健康管理手帳制度の創設を要求し、特化則を制定(1971年)させ、実現させた(深瀬 1987)。
5 届出のあった4日以上休業した人の数である。3日以下のものは統計に入らないため、もっと多くの人が休業していることになる。三次産業を詳細にみると、商業で1万6836人、金融広告業で1339人、映画・演劇業で77人、通信業で2513人、教育研究で837人、保健衛生業で9964人、接客娯楽で8148人、清掃・と畜で6037人、官公署で78人、その他の事業で5419人となっている。
6 ILOの推計による。「ILO駐日事務所メールマガジン・トピック解説」2013年4月30日号より。
7 「ILO駐日事務所メールマガジン・トピック解説」2013年4月30日号より。

8 「ILO駐日事務所メールマガジン・トピック解説」2013年4月30日号より。
9 労働事件は和解に適していると言われる。和解には①敗訴の危険の回避、②紛争の早期解決、③経済的負担の軽減、④履行が期待できる、⑤柔軟な合意内容の形成、⑥双方の顔を立てる解決のメリットがあるためという（労働新聞社2009）。双方の顔を立てるというのは「判決では、理由中の判断で、判決主文の根拠となる責任の所在、すなわち不法行為の有無等が明らかにされるのに対して、和解では、（中略）不法行為の有無を明確にせずに、双方の顔を立てる解決が可能となる」ということからである（労働新聞社2006: 15-16）。また、デメリットとしては、①満足な終結ではない、②妥協の合理性について問題があるということがある。「和解では、責任の所在を明確にすることなく互譲により解決されることが多い。そのため、妥協したことに合理性があるのかと言われれば、説得的に説明し難い部分が残る場合もある」（労働新聞社2006: 16）という。すなわち、和解で解決された事案では責任の部分をきちんと把握することが難しいため、ベンジジンの事案は、責任の所在を明らかにされた事例でもある。
10 国は控訴の際、「労災特別援護措置」としては、国は、「法の谷間」におかれた罹病労働者の救済などは特別立法をもって初めてなしうると主張した（宮島1988: 5）。
11 この夫妻の場合、夫も妻も膀胱ガンに罹患している。夫は労災が認められたが妻は労働者ではないとして労災は認められていない（藤原1987）。
12 「学会」ではなく「学界」という表記を藤原は使用している。また、良心的な専門家としては1958年の三菱化成黒崎工業所附属医師の林経三氏の「三菱化成黒崎工業の職業性膀胱腫瘍報告書」の会社への提出があるが、会社に握りつぶされるという結果となった。
13 「ジクロロメタン」は塩素系化学物質であり、労働安全衛生法施行令のなかの有機溶剤中毒予防規則（有機則）の対象物質である。「1,2ジクロロプロパン」は、1960年代以降、有機則で規制されてからジクロロメタンの代替物質として「1,2ジクロロプロパン」が用いられるようになったという（毎日新聞、2012年7月11日）。
14 2012年7月10日、朝日新聞。
15 2012年7月13日、朝日新聞。
16 2013年3月27日、毎日新聞。
17 2013年9月11日、毎日新聞。
18 2013年9月26日、毎日新聞。
19 2014年9月12日、朝日新聞。
20 2012年9月6日、朝日新聞。
21 2012年8月1日、毎日新聞。

22　2013年3月14日、毎日新聞。クロム労災では製錬工程作業と肺がんとの因果関係が疫学調査で判明し、その時点を時効の起算点としている。
23　2012年7月13日、毎日新聞。
24　2012年7月10日、朝日新聞。
25　2012年7月11日、毎日新聞。
26　2012年7月11日、朝日新聞。
27　2012年7月11日、朝日新聞。
28　2012年7月15日、朝日新聞。

引用文献

圓藤陽子、2012、「化学物質取り扱いにおける最近の行政の動向（リスクアセスメントを中心に）」『労働と健康』28-4（第232号）: 1-5.

丹野弘、2002、「2. 化学物質による職業がんの労災補償と現行制度の問題点」『労働と健康』28-6（第174号）: 4-7.

藤原慎一郎 1987、「ベンジジン闘争の記録―地元で被災労働者・遺族を支えて」『月刊いのち』21-8（第248号）: 15-29.

藤原慎一郎、1993、「〈特集・和歌山ベンジジン訴訟・その歴史と意義〉和歌山ベンジジン訴訟に取り組んで―職業病と労働組合の役割」『労働法律旬報』1312: 34-40.

藤原精吾、1993、「〈特集・和歌山ベンジジン訴訟・その歴史と意義〉最高裁勝利判決を獲得して―訴訟の経過と判決内容」『労働法律旬報』1312: 6-12.

深瀬清祐、1987、「和歌山ベンジジン事件にかかわって―単産本部の担当として」『月刊、いのち』21-8（第248号）: 30-34.

宮島尚史、1988、「長期潜伏の職業病と労災保険給付―和歌山・山東化学ベンジジン事件」『労働経済旬報』1371: 4-10.

宮島尚史、1993、「〈特集・和歌山ベンジジン訴訟・その歴史と意義〉長期潜伏職業病と労災保険制度―最高裁判決の意義とその社会的影響」『労働法律旬報』1312: 13-21.

労働新聞社、2006、『労働裁判における和解の実際』労働新聞社.

和歌山ベンジジン問題略年表

1879	ドイツでベンジジンが製造開始されたと言われている。
1891	ドイツの外科医レーン氏、化学工場の労働者に4名の膀胱腫瘍患者発見。「職業性のもの」と世界で最初に発表。
1915	和歌山市A化学工業所、ベンジジン、ベータ・ナフチルアミンの製造を始める。以降、小雑賀、宇須地域の中小の化学工場でも製造される。
1922	竹村俊治氏、日泌誌にてベンジジンを含んだ松葉の粉砕作業をしていた農業者に職業性膀胱腫瘍を見出したことを発表。日本で最初のベンジジン等の芳香族アミンによる職業性膀胱腫瘍の報告。
1935	山東化学が創設される。後に多数のベンジジン被害者を出す。
1935〜44	山東化学、血尿、膀胱炎などベンジジン、ベータ・ナフチルアミンの急性症状の報告が相次ぐも、明らかにされていなかったことが、1975年の山東化学問題表面化で判明する。
1938	スイス、毒性の強いベータ・ナフチルアミンの製造中止。
1940	西村幾男氏、日泌会誌に工場労働者の膀胱がん4例を報告。
1942	ドイツ、ベータ・ナフチルアミンの製造中止。
1947	イギリス、職業性膀胱腫瘍における対策委員会設置。日本、労災法施行。
1948	商工省染料工業対策委員会、ベンジジン薬害対策を議題に。
1949	化成品工業協会の工場衛生小委員会でもベンジジン薬害を討議。
1950年代前半	和歌山医大が、山東化学、本州化学、高松化学に出向き、取扱者の健康診断、血液採取など調査を実施するも、結果を当事者に知らせず、学会報告のみ実施。
1952	イギリス、ベータ・ナフチルアミンの製造中止。
1953	中国と貿易開始、年間800トンのベンジジンが輸出される。
1954	イギリス、職業性膀胱腫瘍の対策委員会、調査結果公表。
	本州化学のベンジジン製造工程作業者、23名が急性膀胱炎、血尿症状を呈し、うち6名が入院。和歌山での最初の労災申請となる。
1954〜56	ベンジジン生産量がピークになる。1955年には1300トンのベンジジンを生産、ベータ・ナフチルアミンも600トン生産。例年の3倍に及ぶ。最高時には全国生産量の50%になると考えられている。この頃、急性のベンジジン患者が多発。
1956	政府、急性ベンジジン患者多発を受け、特殊健康診断指導指針を通達。内容は「使用者の自発的措置を勧奨する」というにとどまる。
1956.2	山東化学倒産。
1958	三菱化成黒崎工業所附属医師、林経三氏、「三菱化成黒崎工業の職業性膀胱腫瘍報告」を会社に提出するも、公表されないまま握りつぶされる。
1958	労働省、施設管理、安全面について改善するように通達。
1960	染料業界、イギリスのウイリアム博士、ヒューパー博士を招待し、日本における職業性膀胱腫瘍を討議。三菱化成黒崎工場などを見学。
1967	イギリス、ベータ・ナフチルアミン、ベンジジン、4-アミノジフェニル、オルソトリジン、ダイアニジン、ジクロルベンゼン、オーラミン、マジェンタの生産・使用を禁止。

1970.3.14	朝日新聞、日成品工業協会の極秘資料を曝露。労働省は知っていながら公表しなかった事実を明らかに。報道をきっかけに合化労連傘下の組合が中心になりベンジジン共闘会議を結成。
1971	政府、特殊健康診断指導指針を通達。内容は「使用者の自発的措置を勧奨する」に留まる。
.4	国、特化則公布。ベンジジンを第1類物質として規制。
.12	三菱、住友、三井など大手メーカー、ベンジジン、ベータ・ナフチルアミンの製造中止。
1972.6	大手メーカーとしてベンジジン製造を継続していた協和化学工業が製造をやめる。
.10	労働安全衛生法にて、ベンジジン、ベータ・ナフチルアミンの製造・使用禁止決定。
1975.8	山東化学元従業員36人、かつての仲間が膀胱がんや膀胱腫瘍等尿路系統の症状で相次いで亡くなったり、苦しんでいたりする人が多いことから、「山東化学同志会」結成。
1975.12	「職業病から化学労働者を守る会」結成される。
1976.1	和歌山労基局、ベンジジン、ベータ・ナフチルアミンの製造工程従事者について本格的に調査開始。1975年まで400人程度とされていた取扱者が、その後4か月間で500人増加し、1000人近い数を確認。確認できていない人を含め1700人以上いたことを認める。1993年5月までには2000人近い数を確認。
4.1	山東化学同志会、24名について和歌山労基局に労災の集団申請。
5.20	山東化学同志会、追加7名を和歌山労基局に労災の集団申請。合計31人に。
8.19	和歌山労基局、7名の労働者・遺族について門前払いの形で不支給処分。
1977.2	社会党、「ベンジジン禍調査団」を和歌山に派遣。
.12	国、「ベンジジン問題の特殊性を配慮する」とし「特化則が公にされた1971年4月26日から時効を起算する」ことを明示。時効を一時中断。補償は1961年当時の賃金水準で支給し、葬祭補償は時効として支給せず。
1980.11.20	国、「ベンジジンによる健康障害防止対策のための専門家会議」、結果を報告。ベンジジンと糖尿病、言語障害及び歩行困難の神経系障害の因果関係を否定。
1982.1.18	労災保険審査会、労災不支給処分を受けた7名の再審査請求において棄却裁決。
6.5	不支給処分を受けた7名、和歌山地裁に不支給処分取り消しを提起。原告2名は病床であったが存命、5名は遺族。7名中6名は山東化学元従業員。
1985.5.17	山東化学元従業員、前立腺炎、膀胱炎の激痛に耐えかねて自殺。
1986	和歌山労基局、これまで101人にベンジジン、ベータ・ナフチルアミンの労災認定。
1987.5.14	和歌山地裁にて、原告勝訴。「法の谷間に置き去りにされることは許されない」と結論。
1989.10.19	大阪高裁にて、二審判決。原告勝訴。
1993.2.16	最高裁にて、原告勝訴。被災者遺族に対して労災保険給付の決定。

注：年表は以下の資料より作成した。
・藤原慎一郎：「和歌山ベンジジン膀胱ガン事件控訴審勝訴に向けて②ベンジジン闘争の記録―地元で被災労働者・遺族を支えて」『月刊いのち』No. 248 Vol.21.8、15〜28p、1987年
・藤原慎一郎：「和歌山ベンジジン訴訟に取り組んで―職業病と労働組合の役割」『労働法律旬報』No.1312、34〜40p、1993年
・藤原精吾：「最高裁勝利判決を獲得して―訴訟の経過と判決内容」『労働法律旬報』No. 1312、6-12p、1993年
・宮島尚史：「長期潜伏職業病と労災保険制度―最高裁判決の意義とその社会的影響」『労働法律旬報』No. 1312、13〜21p、1993年
・深瀬清祐：「和歌山ベンジジン事件にかかわって―単産本部の担当として」『月刊いのち』No. 248、Vol.21.8、30〜34p、1987年

胆管がん問題略年表

1990	アメリカ、「1、2ジクロロプロパン」を使った繊維工場で胆管がんの発症率が高いと報告されるが、93年に追跡調査にて当初の結論が否定される（朝日：120711）。
1991	1991～2003年までの間に、大阪の印刷会社「サンヨー・シーワイピー」の校正印刷部門で働いていた25～45歳までの男性33人中、少なくとも5人が胆管がんに罹患し4人が死亡していたことが熊谷信二産業医大准教授のグループの調査で発覚（朝日：120519）。この年に現在の社屋が完成し校正印刷の作業場が地下1階に移動、換気が悪くなる（毎日：120711）。
1996	この頃、「サンヨー・シーワイピー」で健康被害が顕在化。職場内で吐いたり、退職する人が出始め始める（毎日：120711）。1996～1999年頃、この会社では、急性の肝炎も広がる（毎日：120801）。
2002	厚労省、労働安全衛生法に基づく指針で「1、2ジクロロプロパン」「ジクロロメタン」をがんを起こすおそれのある物質に指定（朝日：120613）。
	ヨハネスブルクで開催の環境サミットにて、「2020年までに化学物質による人の健康と環境への影響を最小にする」国際目標を採択（毎日：130315）。
2003.11	「サンヨー・シーワイピー」、会社として胆管がん発生に気がつくも、そのまま何もせず（毎日：120801）。
	国連経済社会理事会、「化学品の分類及び表示に関する世界調和システム」（GHS）実施促進のための決議採択（※1）。
2006.1	改正労働安全衛生規則公布。有害物曝露作業報告制度を創設。2006年度からリスク評価実施（※1）。
	「サンヨー・シーワイピー」、この年までに「1、2ジクロロプロパン」「ジクロロメタン」の使用をやめ、他の溶剤に切り替える（朝日：130927）。
2007	EU、環境サミットでの国際目標を受け、化学品規制（REACH）施行。参加国の製造業者、輸入業者が扱い量年間1トンを超える化学物質の危険性の情報や用途を2018年までに登録することを義務付け。対象物質は約3万種類（毎日：130315）。
2010	厚労省、化審法改正に伴いリスクについて優先的に評価する物質の選定を開始。対象は1500～2000程度（毎日：130315）。
2011春	大阪市の「関西労働者安全センター」、「サンヨー・シーワイピー」社で胆管がんや肝臓がんが多いので調べて欲しいと熊谷准教授に依頼（朝日：120629）。
2012.3	「サンヨー・シーワイピー」勤務で胆管がんに罹患した4人の遺族、労災を申請（朝日：120612）。
.4	厚労省、経産省、環境省、「今後の化学物質管理政策に関する合同研究会」発足。同年9月、中間報告を出すもその後、検討会は開かれず（朝日：130315）。
5.19	「サンヨー・シーワイピー」社胆管がん発生問題、初めて報道される。死亡者数は性・年齢を考慮して計算すると日本人男性の平均と比べ600倍。洗浄剤に含まれる化学物質「1、2ジクロロプロパン」「ジクロロメタン」が原因の可能性（朝日：120519）。
5	大阪労働局、「サンヨー・シーワイピー」に産業医の選定等をしていないとして、是正勧告をだす（毎日：130927）。
6.12	厚労省、印刷会社での胆管がん発生状況について、全国500か所で調査をすると発表（朝日：120612）。
13	厚労省、「サンヨー・シーワイピー」で今も働く3人が労災を申請したと明らかに。労災申請者は遺族を含む計6人に。胆管がん発生は9人になり5人が死亡（朝日：120613）。

	25	厚労省、宮城県の印刷会社でも2名が労災申請したと発表。大阪の印刷会社では新たに1名が胆管がんで亡くなったことも明らかになる。大阪での死者は計6人に（朝日：120626）。
7.3		朝日新聞、独自の調査で「サンヨー・シーワイピー」元従業員の胆管がんでの死者が計7人、発症者計12人になったと報道。7人中5人は2006人に死亡しており、時効が成立している（朝日：120703）。
	10	厚労省、洗浄剤を多く使っている大規模な事業所全国561か所での調査の結果、新たに3人が胆管がんに罹患していたことを発表。印刷会社の発症例は大阪、宮城のほか、東京、静岡、石川の計5事業所、17人発症、8人死亡。朝日新聞の調べではさらに大阪で1人死亡。特化則規制対象の化学物質54種類を使っている494事業所のうち383事業所に何らかの法令違反があることも発覚（朝日：120710）。
	11	「サンヨー・シーワイピー」、過去に使用していた洗浄剤の資料を残さず。原因究明の障害になっていると報道。胆管がんの発症者は「関西労働者安全センター」の独自の把握では計18人（うち死亡9人）に（朝日：120711）。
	13	厚労省、各労働局に時効を理由に門前払いをしないよう指示。胆管がんと業務との因果関係が分かった場合、時効の起算点がこれまでの運用と変わる可能性があるため（朝日：120713）。
	14	胆管がんを発生させていた「サンヨー・シーワイピー」、2001年度だけで8.3トンも「1，2ジクロロプロパン」を排出させていたことが経済産業省への届出などで発覚（毎日：120715）。
	19	「サンヨー・シーワイピー」元従業員の4遺族、労災請求（朝日：120719）。
	31	「サンヨー・シーワイピー」、初めて記者会見。業務との「因果関係は不明」と謝罪や補償には一切ふれず（毎日：120801）。
	31	厚労省、全国の印刷業者を対象に従業員や退職者の胆管がん発生や有機溶剤など化学物質の使用や管理など確認する一斉調査に着手（毎日：120801）。
	7	厚労省、金属加工業などの団体に対し労働者の塩素系化学物質への曝露を減らす対策の徹底化を通知（毎日：120801）。
8.23		厚労省、胆管がん問題で労災認定の可否を判断する検討会を9月上旬に設置する方針を固める（毎日：120824）。
	29	三重県在住40代男性、2007年に商用印刷で肝門部胆管がんに診断されたと労災申請。東海3県では初（朝日：120908）。
9.5		厚労省、胆管がん問題で把握できた発症者が計61名（うち死者37名）に達したと発表。1万8131の印刷業者を対象に実施したアンケート結果等を加算。業者の8割が6カ月ごとの特殊健康診断を実施せず、有機溶剤作業主任者の選定も4割未満ということが明らかになる（毎日：120906）
	6	厚労省、胆管がん労災問題での労災認定の専門検討会、初会合。来年3月にも認定の報告書をまとめ、申請事案の個別判断実施へ（毎日：120907）。
	7	三重県在住40代男性、申請者のがん患者として初めて記者会見実施（朝日：120908）。
	21	産業医科大熊谷信二准教授、日本胆道学会にて「サンヨー・シーワイピー」の胆管がん死亡リスクについて日本人男性の平均の2900倍に及んだことを報告予定と報道される（毎日：120921）。
2013.3.14		厚労省、「サンヨー・シーワイピー」の16人の労災申請について、通常「死亡翌日」とする時効起算日を改めることにした。40年ぶりの異例措置。従来の時効の解釈を適用しなかったのは1974年3月のクロム労災以来。クロム労災では製錬工程作業と因果関係が疫学調査にて判明した時点を時効起算点に。また、胆管がんは「ジクロロメタン」「1，2ジクロロプロパン」を高い濃度で長期間浴びると発症すると推定。これにより時効起算点を検討会翌日の3月15日に設定。時効により請求権を失っていた人を含む16人全員を労災認定するよう大阪労働局に指示（毎日130314）。

	27	大阪中央労基署、「サンヨー・シーワイピー」の元従業員16人（うち死亡8人）の労災を認定。同社の30代元従業員1名も労災申請中。全国では47人（うち死亡32人）が労災申請中（毎日：130327）。
	3	「サンヨー・シーワイピー」山村惠唯社長、胆管がん罹患の元従業員らに謝罪。「道義的な責任を感じる」として補償する考えを表明（毎日：130924）。
4.2		大阪労働局、「サンヨー・シーワイピー」を強制捜査（毎日：130402）。
	4	「サンヨー・シーワイピー」の13人の被害者（6患者、7遺族）、「胆管がん被害者の会」を結成し、会社側と補償についての話し合いを始める（毎日：130924）。
5.21		厚労省、「サンヨー・シーワイピー」の元従業員1名を労災認定。他の人より申請が2カ月遅れていたため。同社の元従業員ら申請者全員が労災認定となった（朝日：130522）。
	14	日本産業衛生学会、胆管がんの原因物質と推定されている塩素系有機溶剤「1，2ジクロロプロパン」について作業環境での許容濃度を初めて決定し、米国基準の10倍厳しく設定（毎日：130515）。
9.10		厚労省、省令を改正し、「1，2ジクロロプロパン」「ジクロロメタン」にさらされる環境で働き胆管がんを発症した場合に、労災対象と明記するよう改正。10月1日施行（毎日：130911）。
	24	「サンヨー・シーワイピー」、在職死亡した元従業員1名の遺族に1000万円、発症した現従業員2名に各400万円の補償金を支払い、示談が成立（毎日130924）。
	26	大阪労働局、「サンヨー・シーワイピー」山村惠唯社長と同社を産業医未選定等の労働安全衛生法違反の疑いで大阪地検に書類送検。起訴を求める「厳重処分」の意見を添付（毎日：130927）。
2014.1.5		大阪労働局、産業医や衛生管理者を置かない府内の1200社に対して今月中にも一斉指導に乗り出すと報道される（毎日：2014年1月5日）。
5.22		日本産業衛生学会、「1，2ジクロロプロパン」について発がんの危険性を学会基準の最上位の「発がん性がある」に位置付け（朝日：140522）。
6.25		改正労働安全衛生法公布。胆管がん労災を受け、特別規則対象ではない化学物質のうち、一定のリスクがあるものについて事業者に危険性又は有害性の調査を義務付け（厚労省HP）。
7.12		国際がん研究機関（IARC）、「1，2ジクロロプロパン」を5つの分類中、これまでの発がん性があるかどうか分類できない「グループ3」から、確実度が最も高い「発がん性のある」（グループ1）に認定。「ジクロロメタン」については発がん性を持つ可能性がある「グループ2B」からおそらく発がん性がある「2A」に引き上げた（朝日：140712）。
	24	厚労省、京都の印刷会社で働いて亡くなった50代男性の労災認定。胆管がんをめぐる労災申請は2014年6月30日現在で87人の申請があり、これまでに32人が労災認定され、28人が業務外とされている（毎日：140725）。
9.12		厚労省、東京の印刷会社の50代男性元従業員について、高濃度のジクロロメタンに曝露されたとして労災認定。合計34人（うち15人死亡）に（朝日：140912）。

※1　圓藤陽子「化学物質取り扱いにおける最近の行政の動向（リスクアセスメントを中心に）」『労働と健康』第232号 Vol.38　No.4　1〜5p　2012年7月発行
※2　「化学品を取扱う事業者の方へ―GHS対応―化管法・安衛法におけるラベル表示・SDS提供制度」経産省・厚労省　2012年10月発行
厚労省HPは2014年9月2日閲覧

第7章　辺境の公害からのグローバリズム
── 土呂久慢性砒素中毒とアジアの砒素汚染対策

藤川　賢

1　はじめに

　砒素（ヒ素）は、自然界に多様な形で存在すると同時に、薬としても毒としても用いられてきた歴史があり、いわば見えやすさと見えにくさをあわせ持つ存在である。そのため、致死量に満たない砒素の毒性をどう評価するかについては、社会的な要因がかかわりやすい。ドイツでは、農薬による集団砒素中毒が1920年代に発見されると、1930年代から第二次世界大戦中も間断なく研究が積み重ねられ、その結果、1960年代には先進各国で砒素系農薬が使用禁止になっている（堀田 2013: 191-193）。ハンガリーでの広範囲な自然界由来の砒素汚染も、全国的調査・水源対策と疫学的な研究に結び付き、「多くの経験と最新の方式」をもたらした（同書: 298）。他方で、後述するバングラデシュなどでは今なお1千万人以上に砒素の蓄積があるといわれながらWHOによる飲料水の基準0.01mg/Lを採用する余裕がなく、被害者自身にも砒素汚染のリスクが十分に認識されていない状況が続いている。

　日本の歴史のなかでもこうした格差が反映している。森永ヒ素ミルク事件はその典型例で、1955年の発覚時点で1万人を超える乳児に多様な症状が生じ約130名が死亡しているにもかかわらず、後遺症はないとして翌年には幕が引かれ、1968年に後遺症が指摘されたことで再び大きな社会問題になった。

　宮崎県土呂久と島根県笹ヶ谷の慢性砒素中毒も[1]、似たような放置の歴史をもつ。この両者は1973年から1974年にかけて公健法の公害病に指定さ

れたため、砒素中毒は、イタイイタイ病、水俣病、公害ぜんそくに続く「第四の公害病」と言われた。ただし、土呂久、笹ヶ谷どちらも被害の始まりは1920年ごろにさかのぼる。その当初から砒素が毒であることはわかっており、目に見える被害があったにもかかわらず、50年近くも放置されてきたのである。さらに、土呂久公害は公健法指定によってすべて救済されたわけではなく、1975年に始まった裁判は1991年にようやく和解にいたった。その間の被害者や支援者の訴えには、辺境の弱者の苦しみが繰り返されている。

土呂久の砒素公害と、バングラデシュの砒素自然汚染問題とは、辺境での被害拡大という構図が共通するだけでなく、現実のつながりを持っている。土呂久訴訟における被害者支援団体が和解後にNPO法人「アジア砒素ネットワーク」を結成し、バングラデシュをはじめとするアジア各地の支援にあたっている。土呂久からバングラデシュへと続く「共に歩む」支援のあり方は、環境問題への取り組みを考えるうえでも重要な先例になると考えられる。

本章は、辺境での被害という観点から、土呂久とバングラデシュの慢性砒素中毒問題と、解決への取り組みについて検討するものである。以下、「2」では土呂久の被害について概要を紹介する。危険なものが辺境の地に押し付けられ、また、被害を受けながらもそれを受け入れる人がいる状況は、今日の原発問題などに通じるものがある[2]。問題が顕在化しても被害救済に直結するとは限らない現実も、同様である。それらについて時代ごとに見ていこう。続く「3」では、土呂久砒素中毒問題の解決過程について考察する。土呂久の被害は1971年に「発覚」したのだが、それからすぐに救済策が取られたわけではない。その動きを、公健法、訴訟と和解などの場面に分けてみることで、解決過程が単純な一方向への進行ではなく様々な振幅を持つことを確認したい。「4」ではバングラデシュでの活動と、それを受けた土呂久砒素問題の再評価に言及する。2015年から16年にかけて宮崎日日新聞は「知見次代へ」と題する連続特集を企画した。それと歩調を合わせるかのように、宮崎県も関連する資料の継承・公開に向けた姿勢を示している。その中で再評価されているものは何なのか、宮崎とバングラデシュでの経験が全国的・世界的な経験になる可能性と意義を考えていこう。

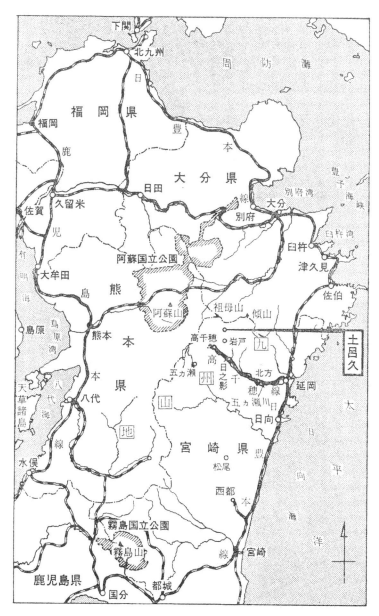

図7-1　土呂久の位置

出典：田中哲也(1973)『土呂久鉱毒事件－浮かび上がる廃鉱公害』三省堂新書

被害は弱者に押しつけられやすく、被害者は声をあげることが難しい。そして、立場の弱い人はリスクに関する情報に触れる機会も少なく、それがリスクを呼ぶ一因になる[3]。この悪循環を断ち切るためにも、環境問題の解決過程においては、その経験や教訓をどのように広く伝えるかが課題になる。

2 砒素中毒問題と社会的背景

2-1 土呂久における亜砒焼きの歴史

土呂久は、宮崎県の北西部、古祖母山を挟んで大分県と境を接する山間の村落である。現在は高千穂町の一部で、合併前は岩戸村に属していた。高千穂も岩戸神社も神話の里として多くの観光客を集めているが、岩戸から数km登った土呂久は、観光とは縁のうすい山里である。宮崎市から土呂久に行くには、延岡から五ヶ瀬川をさかのぼり、支流の岩戸川、さらにその支流となる土呂久川へと分け入る必要があり、今日でも半日を要する。土呂久では川沿いに小さな水田が広がるほか、畜産、椎茸栽培、養蜂、果樹、炭焼き

土呂久の集落(2014年2月28日撮影)

などが主な産業だった。その様相は現代にもかなり引き継がれている。亜砒焼きが行われていたのは村落の中ほどであるが、その跡地は狭く、現地に立っても鉱山の隆盛を思い浮かべることは難しい。むしろ、土呂久川をはさんだ斜面に棚田などをしつらえながら 3 地区 100 戸ほどが散在する風景は、亜砒焼き以前の穏やかな暮らしをほうふつさせてくれる。

　江戸時代には小さいながらも銀山だったという土呂久で本格的な砒素の生産を始めたのは、宮城正一という人物である。大分県佐伯市に亜砒酸の工場を建て「九州亜砒酸の元祖」と言われた宮城は、第一次大戦期の輸出増大で大きく儲けたが、同時に深刻な煙害問題を起こしていた。そこで土呂久に本拠を移したのである。川原一之 (1980) の『口伝亜砒焼き谷』は、それについて次のように書く。

　　「元祖なら、山にはさまれた土呂久で亜砒を焼けば、どげな被害が起こるもんか十分にわかっておったはずじゃ。佐伯で経験ずみじゃきよ。被害にかまわず、宮城は亜砒を焼き始めた。『日向人をだまくらかすのはわきゃねえ』。そう考えたとしか思えん。鉱山師はじき、別の鉱山へ移ることがでくる。じゃが土呂久の者な、煙毒にやられても土地を捨てて逃ぐるわけにゃいかん。」(川原 1980: 12)

　この記述の通り、土呂久では 1920 年に砒素の生産が始まると同時に、農畜産業などへの厳しい被害に見舞われる。だが、宮崎県は砒素生産を推進する立場をとった。1925 年には、岩戸村長が死んだ牛の臓器をもって宮崎県庁に行き、県警察部衛生課に検査を依頼したというが、砒素生産の方が大事と握りつぶされたという。

　もちろん、被害は人間にも及んだ。とくに窯に近いところの被害はひどく、その代表例とされる佐藤喜右衛門さんの一家は、5 人の子どもと夫婦の 7 人家族だったが、昭和 5 年から 7 年にかけて 5 人が次々病死し、後に廃屋になってしまう。

「一家は次々と病いに倒れた。村人たちの話によると、顔色は溺死者のように青ざめ、いぼ蛙みたいにぶつぶつができ、声もかすれて出なくなり、二間しかない部屋に家族が寝たきりで、悲惨を極めたという。」(田中 1981［1973］: 46)

　岩戸小学校の齋藤正健教諭が 1971 年に発表し、土呂久公害が世に知られるきっかけとなった調査結果によると、土呂久の操業開始以来、事故死・戦死を除いた死者は 101 人、そのうち年齢の分かる 92 人の平均寿命は 39 歳という若さだったという。半数が 30 歳未満、20% が 10 歳までの幼児である。また、1971 年現在の土呂久の住民のうち約 34% にあたる 74 人が目、胃腸、呼吸器、神経痛、腎臓、心臓、肝臓などの疾患を訴え、そのうち 17 人が入院ないし通院している（同上 : 15）。戦前には危険な仕事に従事する人がいないために朝鮮人労働者が連れてこられたという話も残るほど被害は明らかであり、地域から反対の声が続いていても、亜砒焼きは続けられたのである。

　土呂久鉱山の鉱業権は、いくつか小規模業者の手を経た後 1933 年に中島飛行機の子会社の手に移り、銅、錫、砒素などが採取された。戦争中には一時衰退して、亜砒酸の生産が 1954 年に再開する[4]。そして、1962 年に閉山となった後、1966 年に中島鉱山の親会社だった住友金属に鉱業権がうつる。土呂久の被害が世に知られるようになるのは、さらに後の 1971 年である。

2-2　地域社会における公害と労働災害の関係

　土呂久における被害の歴史において重要なのは、もっとも激しい被害を受けたのは鉱山ではたらく人たちであり、そして、その人たちが鉱山を続けさせようとしたということである。土呂久には和合会と呼ばれる自治組織があり、鉱山反対の中心でもあった。だが、和合会はその賛否をめぐって対立し、反対を押しとおすことはできなかった。それについて上述の川原一之さんは、次のように語る。

　「和合会が喧嘩会になったという、その対立の根っこにあったのは、

第7章 辺境の公害からのグローバリズム　209

土呂久鉱山事務所はほとんど痕跡をとどめない。写真は、労働者の
浴場の基礎部（土呂久にて、2010年2月19日撮影）

被害を受けるばかりの豊かな層と鉱山労働で収入を得ることができるよ
うになった貧しい層と（の分裂です）。どちらかというと、鉱山を擁護す
るというか、鉱山の立場に立っていた人ほど、労働するわけですから被
害を受けるわけですね。とくに亜砒焼きをやる人、亜砒焼きというのは
もっとも賃金が高い、それをやる人ほど被害が激しいわけですね。それ
の典型的な人というのは鶴野秀男さんという人なんか、まさにそうです
よね。自分の父親が作った借金の返済のために鉱山で高い賃金を得るよ
うになる。それで、身体をやられて帰ろうとしたら鉱山から引き留めら
れて続ける。それで最後は坂道を登るのもやっとのような体になって、
辞めて戻るわけですね。義理の父親の借金は返せても自分の体はぼろぼ
ろになってしまう。（中略）鉱山の周辺で財産というか農地をもっている
人たちが、健康被害というのではなくても、大きな被害を受ける。この
人たちは反対しやすいから反対運動を起こす。だけど、健康被害という
意味で一番被害が激しいのは労働に携わっている人たちで、この人たち
は声を挙げない。その在り方というか、構造、この複雑な関係のありよ

うが土呂久の狭い谷に集約されている。」[5]

　上で紹介した、喜右衛門屋敷の主人、佐藤喜右衛門さんも鉱山にたずさわっており、その収入で土呂久の土地を買い集めていた。子孫に豊かな農地を残すことが土呂久で働く目的だったのである。だが、死後、その土地は安値で中島財閥に売り払われることになる (川原 1980: 134)。

　鉱害で農業ができなくなると土地を鉱山に売り、働き場所を鉱山に求めるようになる、というくり返しによって、鉱害の激化とともに反対の声が小さくなるという歴史は、イタイイタイ病の加害源となる神岡鉱山などでも見られたことである (飯島他 2007)。また、農漁業被害が早くから鉱山などへの反対運動を引き起こしたのに比べて健康被害については訴えの声があがりにくいという状況は足尾鉱毒事件などと共通する (飯島 1993 [1984])。ただ、それらと比べても土呂久の健康被害は顕著であり、また、にもかかわらず「多くの住民が怨みの声を伝える術もしらないまま毒煙の中で果てていった」ことは痛烈な印象を与える (田中 1981 [1973]: 56)。後に裁判を起こした被害者と支援者が土呂久の問題を訴えるために作成した本は『怨民の復権』と名付けられた (土呂久・松尾等鉱害の被害者を守る会 1975)。

2-3　問題の顕在化

　砒素生産が地域や企業にどれだけの豊かさをもたらしたのかはよくわからない[6]。販売価格や生産量の変動に翻弄されながら土呂久の鉱業権は次々と所有者を変え、最後は細々としたものになり、1962 年に休山となる。もちろん健康被害はその間も続いたが、休山や鉱業権譲渡をめぐってそれが話題になった形跡はない。

　土呂久砒素中毒の被害者が自らの健康被害を公害として訴えるようになったのは、水俣病訴訟などのニュースで公害の存在を知ったからであった。1969 年 6 月、土呂久に住む当時 48 歳の佐藤鶴江さんは、「寝床で横になるとゴホゴホ襲いくる咳、激しい頭痛、プロパンガスがもれても臭わぬ鼻、かさかさに乾くのでいつもワセリンを塗る皮膚、そして胸にくっきりと染み付い

た褐色の斑点」、さらに失明の危機も迫る状態の中で、生活保護に頼りながらひっそりと暮らしていた。テレビに映る公害患者を自分と重ね、「視力の薄れていく自分が一人で生きていくためには、水俣病やイタイイタイ病患者のように公害に認められて補償を受けることだ」と考えるようになる。これが戦後、土呂久の問題が外に訴えられる最初であった（土呂久を記録する会編 1993（以下「記録」と略記）: 20-21）。だが、鶴江さんの訴えはなかなか聞き入れられないまま、たらいまわしのような状態が続く。

　この状況を変えたのは、地元にある岩戸小学校の齋藤正健教諭が土呂久の問題を調査し、1971 年に教研集会で報告したことである。この報告は反響を呼び、宮崎県そして全国の教研集会へと展開すると同時に、新聞でも、最初は地域のニュースとして、やがて九州全般そして全国紙へと伝えられた。このようにして土呂久砒素公害は全国的に知られるようになったのである。

　だが、問題が知られたからと言って、すぐに解決に向かったわけではない。地元の人たちの間でも調査に協力するのは一握りで、多くの住民は公害で有名になるのはむしろ迷惑と不満をもらしたというし、何よりも観光立県を目指していた宮崎県は、公害の存在を否定しようとしたのである。1972 年 1 月 28 日、宮崎県は、土呂久に砒素との関係が疑われる人は 8 名いるものの、その人たちにも砒素にかかわる臨床所見はなく、土呂久には砒素による健康被害はなかったし、今後もその危険はない、という中間報告を発表し、環境庁の調査官もそれに同調した[7]。翌月に土呂久を訪問した黒木博宮崎県知事は、医師会の検診で亜砒酸中毒の疑いありとされた患者 8 人にたいして「どこに責任があるとかないとか、そういう問題は別にして、一日も早く皆さんの不安を取り除きたい」と述べ、被害救済についてよりも、道路や養魚場などの村づくりについて話したという（記録: 35-38）。

　1972 年に宮崎県が公表した「土呂久地区の鉱害にかかわる社会医学的調査成績」は、中間報告後に専門委員会に加わって委員長を務めた倉恒匡徳九大医学部教授の苦心により、健康被害の存在を認め、患者救済に前向きな姿勢を示すものへと少し変わった。とは言え、呼吸器、肝臓、血液、神経系などの多様な健康被害を示唆しつつも、砒素によると認められた被害は皮膚の異

常にとどまり、「健康被害の重大さを訴える動きと、それを全面否定する動きを中和した結論になって」いる(記録: 42)。このことは、その後の被害救済の過程に大きな影響を与えていく。

　もう一つ、土呂久における問題解決過程を混乱させたのは、補償の知事斡旋である。土呂久の健康被害を認めた宮崎県は、1972年から黒木博知事が先頭に立って被害者と住友金属との間の斡旋に乗り出した。だが、知事が自ら患者宅を訪れ、畳に手をついて「斡旋を私に任せてください」と頭を下げたというその斡旋は、内容も、また、調印までの過程も、被害者にさらなる苦痛を与えるものになったのである。ここでは詳しく触れないが、200〜350万円という和解金額の低さ、将来にわたる請求権放棄の条項などは、水俣病の「見舞金契約」とよく似ている。県庁職員もその手口が問題を含むものであることを自覚していたようで、当日の契約の際には新聞記者をまいて、だますようにして患者を個別に旅館の一室に閉じ込め、押印を迫ったという[8]。

　もう一つの問題は、この斡旋で補償を受けたものについては公健法の補償対象にならないとされたことである。公健法では障害等級に応じて障害補償費と医療費や療養手当が給付されるが、宮崎県は、知事斡旋の受諾者は「斡旋によってすべて補償ずみ」と、その適用から除外してしまった。遺族補償についても同様である。公健法の生活補償給付は被害の程度や年齢・性別によって金額が異なるが、重篤な認定患者の場合でいうと知事斡旋の補償に近い金額が毎年支給されることになる[9]。

　さらに宮崎県は、1000万円の地域振興資金を住友金属鉱山から出させた。土呂久ではそれをもとに町議2人と公民館長が全員加入を建前とする「明進会」をつくった。明進会の会員は被害者の会に出席したくてもできない状況になり(土呂久・松尾等鉱害の被害者を守る会 1975: 201-202)、土呂久では被害者運動に参加する人とそうでない人の間で溝が深まっていくのである。

　宮崎県の公害行政は、1979年に収賄の疑いで黒木知事が逮捕され、松形祐堯知事にかわったことで大きく改善され、その後は公健法の趣旨にのっとった運用がなされるようになったという。その経緯を見ていこう。

3 補償と救済をめぐる課題と解決

3-1 公健法による砒素中毒救済

1968年のイ病公害病認定を契機に、健康被害者の補償救済に関する法律が整備された。「公害健康被害補償法(公健法)」はその中心で、公害被害者が裁判を起こすことなく補償救済を受けられること、医療費補償だけでなく生活補償や遺族補償の枠組みがあることなど、ほかの国にはない重要な特徴をもつ。そのため、近年でも、薬害エイズ、カネミ油症などの食品公害、アスベスト、放射線被ばくなどに関して「公健法」の適用を求める声がある。だが、政府は、笹ヶ谷を最後に公健法の適用をせず、さらに、水俣病の認定要件厳格化、大気汚染健康被害の新規認定打ち切りにみられるように、その範囲を狭めようとしている。今後の公健法の活用可能性を考えるためにも、砒素中毒における公健法の成果を確認しておく意味は大きいだろう。

そのために、まず公健法による救済を目指す際の課題点を見ておきたい。最初の課題は、補償救済の費用をまかなう収支バランスと費用負担責任である。この点は、熊本水俣病で多数の認定申請棄却者が出されたり、経団連などが大気汚染公害の認定打ち切りに向けたキャンペーンを行ったりしたことにもかかわっている。もう一つは、個別の認定における医学的な要件である。第三に、本人が申請しなければ認定審査が行われないという「本人申請主義」が批判されることもある。

土呂久の場合、一点目については、被害者数が比較的少なく、直接の汚染源企業が既に存在しないことから、訴訟などの経緯の中で、公健法の運営の範囲内でまかなわれることになった。これに比べて大きな難点になったのが認定の医学的要件である。すでにみたように砒素の被害は全身におよび、とくに呼吸器疾患、神経疾患、発がんなどは重要な特徴である。だが、これらは、ほかの原因でも生じる病気(非特異性疾患)だとして、慢性砒素中毒の認定要件として認められないのである。砒素以外の原因が考えにくい角化症やボーエン病などの皮膚疾患および鼻中隔穿孔のみが認定の要件になる。だが、これらは、生命への影響が大きくないということで、公健法による補償金額

が低く抑えられてしまい、被害救済にならないのである[10]。これは、土呂久で下記の訴訟が起こされる理由の一つにもなった。

この問題は、知事交代にともなう行政の姿勢変化などによって、1980年ごろから大きな改善が見られるようになった(記録:79)。要件そのものは変わらないが、皮膚疾患に関して他の症状を総合的に見ながら判断するようになったのである。宮崎県『環境白書』では昭和56年版から、認定要件に関してつぎの一文が加えられる。

> 「なお、(1)(=砒素の暴露歴があること＝引用者註)に該当し、(2)の①(=色素異常、角化多発)を疑わせる所見又は砒素によると思われる皮膚症状の既往があり、かつ長期にわたる気管支炎症状が見られる場合には、その原因に関し総合的に検討し慢性砒素中毒症であるか否かの判断をする」(宮崎県 1981: 159)。

関連して、皮膚症状などから慢性砒素中毒が認められた場合は、「ボーエン病、皮膚癌、肝脾症候群、肝硬変、肝癌、肺癌を慢性砒素中毒によるものとみなして差し支えない」とされるようになっている(宮崎県 1985: 156)。これらが意味するのは、砒素中毒の認定のためには皮膚症状が不可欠だが、補償の際には上記の症状を補償や医療費補助の対象に含めるということである。

ただし、この文面だけでは現実的な意味は薄い。今日では顕著な皮膚症状は見られにくくなっているからである。それを補完しているのが丁寧な住民健康調査の実施である。皮膚障害は、砒素摂取の経路や体質によっては出にくいこともあり(堀田 2004: 8)、また口腔内など専門の皮膚科医でなければ見つけにくい場合もある(堀田 2013: 345)。宮崎県では、出盛允啓医師をはじめとする経験豊富な医師団を高千穂町に派遣して、その早期発見に取り組んでいる。健康調査は、宮崎市からの移動を含めると医師たちにとっても早朝から夜までの作業であり、前後の作業を行う県職員は2日がかりの大仕事になる。健康調査を毎年行うためには関係者全員の熱意が必要だが、宮崎県の担当課は、「慢性ヒ素中毒の特徴を考えればあと30年ぐらいは認定患者が出る

だろう」という (宮崎日日新聞 2016.1.19)。

　診察を丁寧にするだけでなく、高千穂町役場が対象となる住民への呼びかけや送迎などを担い、宮崎県が健康調査から認定申請までの住民説明を丁寧に行うことで住民からの信頼を得て、受診率も高い。認定後も、行政が被害者を見守り、リハビリや温泉療養などの補完的な手当てを行っている。

　これは、本人が認定申請をしないことによる長期的な被害放置を防ぐことにもつながる。行政や医療関係者の丁寧な対応の成果として、土呂久では今も毎年数名の認定患者が出ている。公害病と認定制度を風化させない行政の取り組みとしても特筆すべきだろう。関連して、宮崎県では過去から50万件におよぶ健康調査データを保存しているという。これも他の公害病と比べて大きな特徴であると同時に、世界的に今後の慢性砒素中毒研究に大きく寄与し得るものと位置づけられている (宮崎日日新聞 2016.1.24)。

3-2　土呂久公害訴訟

　土呂久の被害者救済にとって、もう一つ重要な役割を果たしたのが住友金属を相手取った訴訟である。公健法指定直後の裁判は珍しいが、上記のように当時の県行政ではしっかりした補償救済が受けられないという認識のもと、1975年12月27日に提訴された。四大公害訴訟の判決がすべて出そろい、環境問題への関心は、典型的な公害から環境権など多方面に広がりつつある時期だった[11]。その意味で、この提訴にたいする世論の強い後押しがあったとは言えず、地元にも先述のような分裂があった。原告の数も少なく、ほとんどが高齢者である上、すでに被害発生時の企業が事実上存在しないという課題も抱えていた[12]。その中で提訴が決断されたのは、全身の症状を砒素中毒と認めさせ、低額の一時金で済まされた被害者の再補償と未認定患者の救済を求めるためだった (記録:60-61)。その思いは、上でも紹介した佐藤鶴江さんの法廷での証言に込められている。

　　「どうしてもこらえきれない自分達の無念さを、なんとかして住友を相手取って、私達は救済の道を開かなければならない。やはり私達には、

たとえどんなに根治の見込みはないと言われましても、生きていく権利があります。また、生きとうございます。それにはどうしても、訴訟に踏み切って、この当裁判所へお願いしなければと、昨年の 12 月 27 日に提訴したものでございます。根治のない私達、苦しみ続けましたけれども、これもみな鉱毒のためでございます。」(佐藤 1979: 7)

佐藤さんは、1977 年に呼吸器症状が一段と悪化し、9 月 17 日に息を引き取った。長期化する訴訟の中で亡くなる原告が他にも多数いる中、1984 年 3 月 28 日に、第一審の判決が出された。敗訴原告が 1 名出たものの判決内容は原告側の主張をほとんど認め、請求総額の約 7 割にあたる 5 億 622 万円の賠償を命じるものだった (記録: 111)。だが、住友金属は翌日控訴、日本鉱業協会の西川次郎会長は「閉山したあと何百年も面倒をみろというのは困る。あの悪法は改めてもらいたい」と記者会見で述べた[13]。同協会は、「過去の鉱害まで現在の企業に責任を負わせるのは、実質的に鉱業の否定につながりかねず、国内での鉱山開発の意欲を失わせる」との見解を発表した (記録 116)。1988 年 9 月 30 日の控訴審判決は、住友の賠償責任を認めるものの、公健法適用者は給付分を減額されたため、第一審の 6 割に相当する 3 億 857 万円で、さらに、原告 13 人については、認められた賠償金額が一審の仮執行額を下回ったために返還を命じられた (記録 140)。このように、原告側にとって後退した内容だったにもかかわらず、被告側は上告し、裁判はさらに長期化することになった。

高齢で病弱の原告側にとって、命あるうちに補償をという声は切実であり、1982 年から東京でのデモ行進など、住友金属への要請が始まっていた。その中で、最高裁の提案に基づき、原告にとってもやむを得ない選択として、和解の話が進んだ。

和解は、1990 年 10 月 31 日に成立した。住友の支払い金額は第一審判決の仮執行額と同じ 4 億 6475 万 3955 円、名目は見舞金であり[14]、原告側は公健法に基づく給付を継続でき、また、住友金属鉱山は同法の特定賦課金の対象者とならない文言が選ばれた (記録: 220-222)。同時に、住友鉱が鉱業権によ

る事業活動を行っていないことも記され、住友鉱は対外的に「責任なしの和解」を強調した（記録：168）。

このように訴訟と和解は、必ずしも十分ではないとはいえ一定額の補償をもたらし、また、その過程では上記のように公健法による救済の枠も広がったので、その医療費補助・生活補償を受けられるようになった。被害者救済という点での土呂久の運動は、大きな節目を迎えたのである。

3-3　土呂久にかかわる住民運動の意義

土呂久公害訴訟は、直接的な成果とともに、土呂久公害にかかわる認識の展開という意味をもった。一つには法廷の場で被害者自身が訴えることで土呂久の問題が広く知られ、長期にわたる放置について国の責任も論じられるようになったことである。宮崎大学の教員・学生、マスコミ関係者などに加えて、それまで土呂久の存在を知らなかった市民も少しずつ集まり、「土呂久・松尾等鉱害の被害者を守る会」として組織化されていった[15]。

東京での裁判は支援も少なく、資金面でも厳しい戦いだったが、それでも座り込みなどを続けていれば、足を止め、耳を傾ける人も少しずつ増えてくる。四大公害訴訟に比べると関心が低いとはいえ、このようにして足元から運動の輪を広げていったのである[16]。

同時に、被害者自身も支援者や他の公害被害者などとの交流を通じて、苦しみが自分たちだけのものではないことを意識していった。当時、九州には「九州住民闘争交流合宿」という被害者や支援者の合宿が定期的に行われていた。それに参加した原告の佐藤ミキさんは、次のような言葉を残している。

> 「"コウガイ"といえば自分とこの"コウガイ"しか知らんで、自分たちばかりが公害被害者じゃと思ちょったのが、いろんな会合にでるごつなって、"コウガイ"ちゅうても自動車公害、薬の公害、農薬公害、プロパンガスの公害、炭鉱の鉱害、他にもなんやらかんやら、人間のつかっちょる公害の多さに本当に驚いた。ほして、それまじ、裁判でんやろうかちゅうのも自分一人じゃと思うちょったが、なんの、どこん国でもど

> こん県でも、いろんな所で、いろんな人が裁判に訴えて一生懸命がんばっちょることもわかっち、驚いた」(記録 : 412)

こうした共通理解は、各地の問題が似た構造を抱えていることも明らかにしていく。中でも土呂久の運動に関してとくに重要な認識は「辺境への差別」だったように思われる。

> 「山間の小さな集落の住民は、国や地域の繁栄の名のもとでいつも犠牲を強いられ、被害がでていることがわかっても、行政や企業は積極的に救済に乗り出そうとはしないのだ。いったいいつまでこの悔しさに、辺境の民は耐え忍ばねばならないというのか。」(記録 : 126)

このように認識された辺境差別と環境破壊との関係は、土呂久のみならず、現代社会そのものを問うことになる。川原一之は、次のように述べる。

> 「全体として有機的な連関をなす自然の一部だけを切り取って『自然』を『資源』に変え……そのとき破壊された自然は金になる有用なところだけ中央に持ち去られ、有害で危険なところは辺境に廃棄されるのである。富は中央に毒は辺境にという仕組みの中で、辺境の環境が汚染され、生命系が侵され、人体に被害をもたらすのが『公害』である」「土呂久鉱毒事件を引き起こしたいちばんの要因は、富は中央が吸い上げ、毒と危険は辺境におしつけるという差別構造に貫かれた、この世界システムにあると思う」(記録 : 491-492)

差別の構造を問うためには、辺境に対する中央、土呂久との対比でいえば東京が問われることになる[17]。この問いはもちろん、土呂久訴訟の和解とは関係なく続き、福島原発事故以後のわれわれにも突きつけられている。

土呂久訴訟の支援者たちも、こうした自覚のもと、土呂久との交流は継続するものの被害者支援とは別の形で、和解後も活動を続けることを決議した。

そして、一つには『記録・土呂久』の出版などの形で土呂久の被害と運動の意義を伝える活動を行っている。もう一つには、アジア各地で砒素汚染に苦しむ人たちへの援助に手を広げる。それは、危険を押しつけられた辺境の地に住む人とともに歩もうとする活動である。

4　アジアでの活動展開と次代への継承

4-1　アジア砒素ネットワークの展開

　和解の話が具体化するころ、土呂久訴訟の支援者たちの間にアジア各地の砒素汚染の話が舞い込むようになった。これは偶然ではない。土呂久で砒素中毒を知った熊本大学(1974年当時)の堀田宣之医師などが、その支援の取り組みとして、ほかの国の事例を研究、発掘していくのである。新たな問題として浮かび上がってきたアジアの砒素汚染は、言うまでもなく土呂久とのつながりも深く、医学のほか、地学、地理、人類学、工学、化学など幅広い研究者の関心を呼び、学生や市民の支援活動などと合わせて、協力していくのにも適していた。そこで、1994年に「土呂久・松尾等鉱害の被害者を守る会」を母体に「アジア砒素ネットワーク」(AAN)が結成されることになった。

　ただし、それは土呂久にだけ根ざしたものではない。1992年12月にタイのロンピブンという砒素汚染地域を、原田正純、古城八寿子、廣中博見、川原一之、芥川仁、押川尚子、堀田牧、堀道子の各氏らとともに訪問した時のことについて、堀田宣之は次のように述べる。

　　「冗長を顧みずに(訪問調査が実現するまでの＝引用者注)経緯を綴ったのは、森永砒素ミルク中毒事件、土呂久松尾鉱毒事件および中条町井戸水砒素中毒事件に取り組んだ人々、さらにロンピブンの砒素問題に関わった医師、JICA・海外青年協力隊、NGOの方々、これら多くの人たちが何か不思議な意図でロンピブンに手繰り寄せられた、その巡り合わせの綾を語っておきたかったのである。それは、ごく自然に醸成されたネットワークであったとしか言いようがない。」(堀田 2013: 253)

堀田医師自身は、土呂久の被害者を支援するために砒素中毒の多様な症状を研究することが世界の砒素汚染地域をめぐる理由だったという。同じように、地質学、地理学的な関心から砒素汚染問題に取り組む人もあり、開発支援や人類学的研究の現地で砒素問題に行き当たった人もある。こうした情報が少しずつ集まる中で、とくにこの時期、アジアの砒素汚染について協力が必要だと判断されたのである。

　すでに紹介したとおり、砒素は自然界にも存在し、農薬などにも用いられているので慢性砒素中毒も世界各地にみられる。だが、1980年代から90年代にかけての時期にアジア各地で砒素汚染が大きな問題になったのは偶然ではない。一つには、1970年代後半から農業生産をあげるためにインドなどで大規模な灌漑工事が行われた。緑の革命で多用された多肥料品種は、肥料を吸収しやすくする水の存在が不可欠だったのである。1960年ごろから上流に巨大ダムの建設が進んだことで、下流にいきわたる水は減る。そのために地表水が枯渇し、地下水がどんどん汲み上げられるようになった。それに引っ張られるようにして地中の砒素が溶け出し、自然に濃度が高くなることで砒素中毒が発生したのである。

　関連して、国際援助の影響もある。1980年代は「水と衛生の十年」とほぼ重なり、各国の援助でポンプ式井戸が掘られた。それまでたまった雨水や川水を飲んでいた地域、浅井戸を使っていた地域で、深い井戸が掘られた。これらの結果、いわば地中深くの水を吸い集めることで砒素濃度が急激に高くなってしまったのである。中でも、ガンジス川下流に位置するバングラデシュは、1993年に砒素汚染が発覚した当時、すでに約3500万人が同国の基準50ppb以上の砒素を含む井戸水を飲んでいたという。

4-2 「共に歩む」ＮＰＯの意味

　鉱山活動などの汚染源がはっきりしている砒素汚染であれば対応は比較的容易であるが、地下水を中心とする広範な環境の汚染では、地質学などを中心とする広範な協力体制がなければ対応も問題把握もできない。1995年に

バングラデシュのチャクラボーティ教授らがカルカッタ (コルコタ) で開催した「井戸水の砒素に関する国際会議」は、この問題の重要性と喫緊性を認識共有する大きな契機になった (堀田 2013: 237)。この会議に参加した川原一之氏ら AAN のメンバーは、応用地質研究会などに呼びかけて連携研究を組織化すると、翌 1996 年からバングラデシュの砒素汚染問題の調査に取り組み始めた (川原 2005)。

それから 20 年続いている活動の内容については関係者自身による詳しい記録があるので割愛するが[18]、AAN の活動には、2 点の重要な特徴がある。一つは、地域の伝統的な生活を重視した支援を行っていることである。たとえば、雨水の利用、ため池の飲料水化などに際して、地元の人たちの習慣や決定を優先し、それに合わせた技術を提供している。関連して、二つ目は、地元の人たちができる技術、地元で広められる方法を重視することである。ただ機械を持って行っても、現地の人たちが知らなければ、ちょっとした故障でも修理できない。とくに、なんとなく支給されただけの装置は、高額だっ

バングラデシュで水道管理料のために配布した井戸の形の貯金箱。小額紙幣を貯められる。(宮崎市のアジア砒素ネットワーク本部にて 2016 年 2 月 19 日撮影)

たとしてもすぐ放置されてしまう。他の国際機関がつぎつぎにあきらめて撤退してしまう中、AAN では、地元でそろえられる材料を使い、地域の人にあった技術や運営の仕方を考え、教えている。そして、AAN がそれらを広めるのではなく、インドやバングラデシュの国内でネットワーク的に安全な井戸を作る技術が広まるよう工夫している。

「教えられたのは、いかに技術がすぐれていても、利用者のニーズに応えていなければ使われなくなるという冷厳な事実だった。砒素は〈地下の不思議〉で人間を困らせているだけでなく、地上に出てきてからも、その難しい気性で人間に〈地上の困難〉を与えて、現地に受け入れられる〈代替水源の技術〉を開発するように要求していた。」(川原 2015: 52)

AAN は、NPO としても決して大きな団体ではない。収入源があるわけでもなく、バングラデシュでの支援活動なども資金源は、トヨタ財団や JICA などの助成・提携によらざるを得ない。だが、一人一人が主体的に動く小さな組織だからこそ、大きな組織にはできない活動も可能になる。それは、一つの村、一つの井戸、一人の人と向き合うことにつながる。例えば、これはネパールの村の事例だが、砒素対策として公共水道が建設されたものの、援助金が尽きるとすぐに止まってしまった。住民の理解が十分でなかったために、自分の家には井戸がある、蛇口の位置が不便、などの不満で各家庭毎月 10 円ほどの料金が徴収できなかったのである (澁谷 2013)。AAN では、ただ井戸水の危険を知らせるだけでなく、紙芝居や笑劇を用いて理解を広める、ジェンダー・宗教・経済状況に応じた水道計画を立てる、小額紙幣で水道料金を貯められる貯金箱を配る、などの工夫をしている。現地の状況に合わせて、壊れやすい蛇口にペットボトルの蓋部分を利用することもある。他方では貧困対策といった根本的プログラムを考案することもある[19]。このように技術的対応にとどまらずに〈地上の困難〉に取り組めるのが、個人主体の活動を重視できる NPO の特長だと言えるだろう。

AAN では、時に、寄付金を集めて皮膚がんの患者を病院に送り、手術を

第7章　辺境の公害からのグローバリズム　223

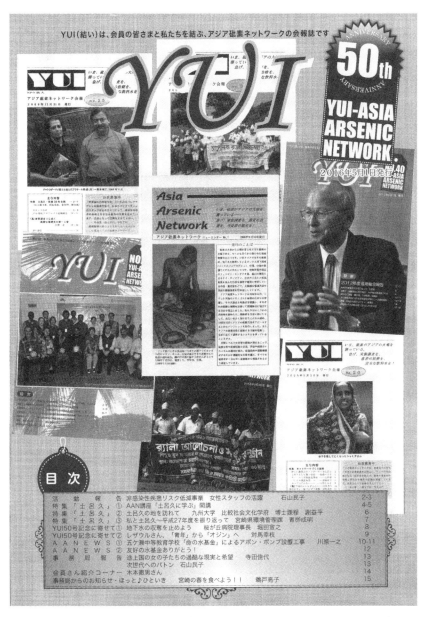

アジア砒素ネットワークの会報誌『YUI』2016年5月1日発行の第50号表紙

受けさせることもある。その活動の仕方が大きな国際協力機関と違う点について取材した宮崎日日新聞は、「被害者に応えるのは土呂久の時から同じ。限られた資金で多くの人を救おうと思えば手術は得策ではないが、苦しむ患者を前にしたらそうせざるを得ない」というAANの対馬幸枝さんの言葉を紹介している (宮崎日日新聞 2015.11.17)[20]。

　こうした思いが形になったものの一つが「ヒ素センター」である。バングラデシュ南西部の中都市ジソールの郊外に建てられた3階建て延べ床面積1300㎡のヒ素センターは、診察室や研究室、ゲストルームなどを備えており、AANの活動拠点となる。それは、撤退することなく地域の人たちと歩み続けるという意思表明でもある (宮崎日日新聞 2015.11.21)。

4-3　土呂久からの継承と発信

　宮崎日日新聞は、2015年11月から翌年にかけて『知見次代へ―土呂久鉱害45年』と題する大型連載を行った。AANのバングラデシュでの活動から始まり、土呂久をめぐる歴史と現状を多方面から追う企画である。地元の報道機関としてこれまでも土呂久についての記事は数多く掲載してきたとはいえ、これほど大きな扱いは初めてといってもよい。45年という、節目としてはやや半端な時期に土呂久が注目された理由は、おそらく二つだと思われる。一つは、AANの20年にわたる国際支援への高い評価である。もう一つは現地でも記憶が薄れようとしている土呂久の歴史を次世代に伝えようとする主張である。イタイイタイ病に関連して第2章で触れたように近年公害資料館の建設が進んでいるが、慢性砒素中毒に関しては一般の人が学習できる場所が何もない[21]。それについて、何とかしなければならないという認識であり、これは宮崎県などにも共有されつつある[22]。

　その際、重要なのは何をどのように伝えるかである。AANの国際支援は世界的にも重要な意味があり、宮崎県が誇る価値はあるだろう。また、現在の認定や健康調査の取りくみも評価に値するものである。だが、関係者が伝えるべき教訓として強調するのは悲劇の歴史であり、それが現在にも構造として残っていることである。宮崎日日新聞の社説は、「経済偏重のひずみが

世界中の環境悪化、都市と地方の格差、貧富の差の拡大などさまざまな問題を今も生みだしているという現状」こそが、土呂久を忘れてはいけないと踏ん張る人の原動力になっていると書く（2016.2.25）。

この指摘の通り、土呂久とバングラデシュの砒素汚染は、大きな格差を背景として辺境の地域に被害が生まれ、被害者自身もそれをきちんと認識できないまま継続拡大した状況において共通する。注4に示した歴史のように、環境問題は解決できるのだという宣伝は公害押し付けの説得に使われることもある。

AANの活動の歴史も、安全な水源確保のための技術や医学研究の進展といった成果だけでつくられているわけではなく、救われなかった被害をめぐる悲しみや苦しみをともなっている。朝日新聞宮崎支局の記者として土呂久砒素汚染問題に接し、記者を辞して土呂久の記録と被害者支援に尽力した川原一之氏は、AANのバングラデシュ支援でも中心的な役割を果たしている。多くの人たちによる支援活動を活写した著書『いのちの水をバングラデシュに―砒素がくれた贈りもの』の中では、次のように書く。

「私のすぐそばでどれだけ多くの重度の患者の命が失われていったことか。肺がんや肝臓がんで亡くなった患者を何人見送ったことか。罪なことをしていない村の人が、地下から汲みあげた水を飲んだだけで、こんなに無残な死を与えられるとは…。この不条理を避けるために、砒素をふくんだ水を飲まないようにしようという活動に、こんなに多くの困難が待ち構えていようとは想像もできなかった。」（川原 2015: 192-193）

これは、土呂久の問題に身を投じた時の思いに通じるところがあるように感じる。『口伝亜砒焼き谷』のあとがきには次のように書かれている。

「かけ出しの新聞記者だったぼくは、鉱毒被害を極小に評価した宮崎県の調査報告にごまかしを感じながらも、膨大な数字の羅列の前に歯ぎしりしたものである。この報告がまかり通っては、せっかく掘り起こさ

れた鉱毒事件が再び山奥の谷間に埋め戻されてしまう。それを許さないために、ぼくにできることはないのか。記録すること、鉱毒の実態をあったがままの事実として書きしるすことなら、ぼくにもできるのではないか。」(川原 1980: 239)

　川原さんは、土呂久に通っては被害者の話を聴き、その記録をガリ版で刷っては土呂久に届けることを3年半72回にわたってくり返して同書をつくった。そこにも、鉱毒に斃れた被害者の「こげえな辛え思いを思いはわしらだけでいい。同じ不幸を繰り返しちゃならん」という声がこめられている(同上: 241)。
　原因物質や発生の経路が異なればすべてが別の問題なのではなく、似た問題がくり返されるのであれば問題が解決したとは言えない。その意味で、公害は、単なる経済成長の負の側面でもなく、技術や対策で克服された過去の問題でもない。格差と差別にかかわる構造的な面を持ち、それは今も残っている。
　その問題意識と共感こそ、「共に歩む」支援が継続されてきた源泉でもあるだろう。その知見を次世代につなぐとともに、都市に発信していく意義は大きいだろう。

5　むすび

　公害問題の事例の中で土呂久の慢性砒素汚染中毒は二つの大きな特徴をもっている。それは放置にかかわる長い歴史と、和解後のAANによる国際的な活躍である。方向性としては相反するように見えるこれらの特徴がなぜ土呂久という一つの地域から発しているのか、という疑問が本稿にかかわる調査の出発点であった。
　それに関する土呂久の一つの大きな特徴は「辺境」であろう。産業公害という言葉さえあるように(宇井編 1985)、公害は都市や工業にかかわるものとされ、繁栄とむすびつけられることさえある。だが、土呂久で起きたのは山

村の悪夢であり (George 2013)、バングラデシュでも井戸水に頼る農村地帯で被害は起きた。そして、辺境の出来事だからこそ、砒素生産をめぐる労働災害や公害はまるで見えないことのように放置されてきた。これは決して過去のことではない。環境正義に関する最近の議論では、経済優先の論理と、それを辺境の地に押し付けることこそが根本的な問題だという提起がなされている (Bell2014, Malin2015)。かつて亜砒焼きに従事していた人たちのように、自らの被害を知っていてもそれを認められない事例は現在に続いている。第5章で触れた泉南訴訟とアスベスト問題、第9章でみる福島原発事故と原子力政策などもそれにかかわる。

この構造は、被害が社会に訴えられた後も続く。砒素の毒性が全身にかかわることは医学的に明らかだったにもかかわらず、公害病認定にあたっては因果関係の特定 (特異性疾患かどうか) という行政側の論理が優先された。そして、被害者の弱い立場や沈黙を利用する形で一地方に押し込められ、部分的な被害のみが認められたため、あたかも砒素は生命には影響のない微毒であるかのように問題を抑える動きにつながったのである。

これらが他の事例にも共通する教訓として大きな意味をもつのにたいして、土呂久の事例における特徴的な重要性として指摘できるのは、被害の記憶が埋もれかけた時期になってから、問題解決と補償救済に向けた動きが起こり、大きな成果をあげたということである。

その一つの始点として重要なのは、公害被害者としての佐藤鶴江さんの訴えである。長く放置されてきた問題においては被害救済を求める動きは地域を乱すものとして押さえつけられることも多く、問題が公的にとりあげられるようになってからでさえ、行政や企業や専門家に任せていては被害の全貌を明らかにしてくれるとは限らない。佐藤さんの訴えもその通りで、事態を大きく変えたわけではないが、被害者自身が声をあげた事実は重要である。その後の曲折を経て、佐藤鶴江さんも被害者原告団にかかわっている。

佐藤さんの訴えが抑えられたのにたいして、歴史を動かす契機になったのは 1971 年の齋藤正健先生による発表だった。両者の間にあった違いは何だろうか。もちろん、主観的・個人的な訴えと説得力のある客観的なレポート

という違いもあるが、より大きな差は聞き手の側にあるだろう。齋藤先生の報告は大勢の前でなされ、西日本新聞などの報道で全国に伝えられた。上記のように宮崎県は火消しを試みるものの、被害者・支援者の運動によって再び埋め戻されることはなかった。長く放置されていた辺境の問題に取り組もうとする人たちが宮崎県、九州、全国へと輪を広げたのである。

　経済的にも、集団的な動員力にも恵まれない運動が試行錯誤しつつ、やれる人がやれることをしながら進められた訴訟と支援運動は、経済優先の論理とは好対照である。バングラデシュにおいても、経済優先の論理がはるか上流のダムのように見えないほど上から入り込み、モノと金によってその力を押し通そうとしたのにたいし、AANは現地の人と「共に歩む」姿勢を大事にする (川原2005など)。

　こうした支援の広がりはどのように可能だったのか、土呂久からアジアへといった展開はほかでも期待できるのか、今後、こうした支援や解決への動きを広げるためには何が必要なのか、など、土呂久から学ぶべきものは多い。

注

1　元の原稿では笹ヶ谷についても言及していたが (藤川2014)、本稿ではAANの活動に焦点を当てるため、土呂久にかぎった。笹ヶ谷の砒素中毒問題も地域独自の特徴があり興味深い。斉藤 (1991) などを参照されたい。

2　宮崎日日新聞は、1982年12月に川原一之と樋口健二との「底辺労働の構造」と題する対談を連載した。その中で両氏は、手拭いで顔を覆っていた戦前の亜砒焼き労働者の姿は、全面マスクをかぶった原発労働者に似ていることなどを指摘し、明らかな危険をともなう仕事が底辺労働に押し付けられることを問題視する (宮崎日日新聞1982.12.4)。

3　池田寛二は、たとえば先進国がリスクを回避した結果として危険を押しつけられる途上国などについて「残余リスク社会」と指摘する (池田2001)。

4　亜砒焼き再開に際しては、もちろん地元から強い反対があったが、県や村も推進の立場に立って強引に進められた。その中では、たとえば休日の松尾鉱山の炉をみせて「最新式の炉だから煙は出ない」と説明するなどのいきさつがあったという。

5　川原一之さんからのヒアリング (2013年1月24日) による。なお、本稿は、川

第 7 章　辺境の公害からのグローバリズム　229

原さんの土呂久および AAN に関する著作にも多くを依拠している。その際、著者ないし歴史上の人物として言及する際には氏名のみ記載し、ヒアリングなどにかかわる個人として言及する際には敬称つきで表記した。ほかの人物についても同様である。

6　1920 年ごろ日本で最大の砒素生産地は足尾銅山だった。足尾の砒素は鉱害の一因にもなったが、土呂久のような古い方法ではなく、集塵機によって銅製錬の排煙から砒素を集めることで、より安全により大量の砒素を生産できた。川原一之さんの教示による。

7　この中間報告に環境庁側の専門家としてかかわったのは、国立公衆衛生院の重松逸造、慶応大学医学部教授の土屋健三郎の両氏である。両氏は、イタイイタイ病のカドミウム原因説否定などにも重要な役割を果たしており、公害否定には同じ展開が生じやすいことを示している。

8　知事斡旋の問題性については、『記録・土呂久』などに詳しい。そこから一点だけ引用すれば、調印の翌日、被害者の一人である佐藤鶴江さんのところに福祉事務所から生活保護打ち切りの電話がかかってきたという。「月々の生活保護を打ち切られ、病気の身でこの先 300 万円のお金でいったい何年暮らしていけるのか。目が見えなくなっていく不安と一人暮らしの心細さが募って、その夜、鶴江は血を吐いた」(記録 : 45)。

9　宮崎県公害課が 1990.5.17 に発表した「あっせん患者にたいする法に基づく補償給付支給基準」によって、3 次から 5 次のあっせん患者については、あっせん時に障害程度の評価基準に含まれていなかった症状が生じた場合、もしくはあっせん時の評価基準に含まれていた症状が予測を超えて悪化した場合に、公健法の給付を開始することに改められた。ただし、あっせんを受けた 82 人のうち、すでに死亡した 38 人は最初から対象外で、障害補償費が支給されるようになったのは 7 人、症状が軽くて療養費と療養手当のみ支給が 1 人という結果だった。

10　鉱山で働いていた人たちには労災補償の請求という可能性があり、笹ヶ谷では公健法に先立って認められている。ただし、認定される症状がかぎられるため補償給付額がきわめて少ないという同じ問題があった。注 15 で触れる宮崎県・松尾の砒素問題では鉱山近くに集落がなく、被害は労働者に限られるとして、労災請求をめぐって提訴された。

11　土呂久訴訟と重なる 1970 年代半ばから 1980 年代にかけては、名古屋新幹線訴訟、西淀川をはじめとする各地の大気汚染訴訟、安中公害訴訟、基地や空港に関する訴訟など、健康被害にもかかわる公害訴訟が他にも存在する。専門家や関係者の間では重視されたこれらの問題が社会的にはそれほど大きく注目されなかったのは、「まきかえし」などと言われる政治的な動きの影響もあるが、「四

大公害」を特別にあつかうマスコミや教科書などの姿勢も問い直す必要があるのではないだろうか。

12 住友金属が直接の操業者ではなかったが、中島鉱山の親会社だったことと、法的に鉱業法が鉱業権者の責任を認めていることから、同社を相手取ることになった。

13 1980年にアメリカで成立したいわゆるスーパーファンド法では汚染除去費用の負担責任を遡及する。閉山後の地権者・鉱業権者にもその責任は負わせられる。1980年代後半から1990年代にかけて日本でも有害廃棄物不法投棄対策としてスーパーファンド法制定が議論されたが産業界の同意がそろわず、国の費用負担を定めた産廃特措法が2003年に成立した。

14 原告患者が受け取った見舞金の平均は790万円である。なお、この和解の後、訴訟に加わらなかった「自主交渉の会」などの認定患者にも住友鉱から見舞金が配分された。受け取らなかった2名を除く16人が受け取った見舞金は80万円(「自主交渉の会」会員は弁護士費用5万円が引かれる)だった(記録:171)。

15 松尾は宮崎県木城町にある鉱山で、1918〜58年の間に断続的に亜砒酸を生産していた。土呂久の被害顕在化に続いて1972年に慢性砒素中毒の存在が発覚した。鉱山の規模は土呂久より大きかったが周囲に集落がなかったため、労働災害として対応された。土呂久訴訟に続いて1976年8月21日に患者と遺族が現鉱業権者の日本鉱業を相手取って提訴、1983年3月に勝訴した。注4で記した歴史も含めて土呂久との関係は深く、支援団体は共通している。なお、賠償金をもとにつくられた「松尾基金」は、後述バングラデシュにおける「ヒ素センター」建設も支援している。

16 同じ時期の大阪市の西淀川訴訟でも、1978年に提訴したものの公害反対運動「冬の時代」と言われる時代背景のもとで10年たっても結審の見通しすら立たず、1980年代の後半には消費者運動団体と連携して「地球環境と大気汚染を考える全国市民会議」を結成するなどして支援の輪を拡大したという(入江 2013: 132-138)。

17 「土呂久」を問うことは、なぜか上に立っている「東京」を問うことにつながるはずだという言葉は、土呂久の支援者で、のちにAANがバングラデシュの支援を本格化する際に重要な役割を果たす対馬幸枝の言葉である(記録:399)。

18 上野(2006)、川原(2000、2005、2015)など。また、アジア砒素ネットワークのサイトにも詳しい経緯が紹介されている(http://www.asia-arsenic.jp/top/ 2016.11.25最終閲覧)。

19 アジア砒素ネットワーク『バングラデシュ国ジョソール県オバイナゴール郡における砒素汚染による健康被害・貧困化抑制プロジェクト』(2012年2月発行、JICA草の根技術協力事業(パートナー型)報告書)、アジア砒素ネットワーク『バ

ングラデシュ国非感染性疾患リスク低減事業報告書』(2016年3月発行、外務省日本NGO連携無償資金協力成果物)などを参照。

20　この言葉は土呂久への支援にも通じる。土呂久の支援者にはカトリック教会関係者も多いが、横浜雙葉学園園長のシスター皆川は、どうして足元の川崎公害を見ないで遠い九州の公害に眼を向けるのかと問われたとき、「だって、土呂久を知ってしまったのですもの」と答えたという (記録310)。

21　インターネット・サイト「土呂久・砒素のミュージアム」(http://toroku-museum.com/ 2016.11.25最終閲覧)では、川原さんの監修によって画像を交えた紹介がなされている。

22　宮崎県は、土呂久の被害地域を再現したパネルを製作し、その活用方法を模索している (宮崎日日新聞2016.6.21)。ホームページも大幅に更新し、「高千穂町土呂久地区における公害健康被害 (慢性砒素中毒症) について」として歴史を含めた記載を行っている (http://www.pref.miyazaki.lg.jp/kankyokanri/kurashi/shizen/toroku.html 2016年1月13日更新)。

付記、本稿は、「辺境の地の公害から国際協力へ―慢性砒素中毒公害と土呂久での動き―」『明治学院大学社会学・社会福祉学研究』142号53-83頁 (2014年3月刊行) を改稿したものである。

引用文献

Bell, Karen, 2014, *Achieving Environmental Justice*, Policy Press.
藤川賢、2014、辺境の地の公害から国際協力へ―慢性砒素中毒公害と土呂久での動き―』『明治学院大学社会学・社会福祉学研究』142: 53-83.
George, Timothy, 2013, Toroku: Mountain Dreams, Chemical Nightmares in Rural Japan, Ian Jared Miller, Julia Adeney Thomas, Brett L. Walker ed., *Japan at Nature's Edge: The Environmental Context of a Global Power*, University of Hawai'i Press.
堀田宣之、2004、『アジアの砒素汚染』アジア砒素ネットワーク.
堀田宣之、2010、『目で見るヒ素汚染』Sakuragaoka Hospital.
堀田宣之、2013、『砷地巡礼』熊本出版文化会館.
飯島伸子、1993 [1984]、『環境問題と被害者運動 (新版)』学文社.
飯島伸子他、2007、『公害被害放置の社会学』東信堂.
池田寛二、2001、「環境問題をめぐる南北関係と国家の機能」飯島伸子編『講座環境社会学第5巻』有斐閣.
入江智恵子、2013、「大気汚染公害反対運動と消費者運動の合流」除本理史・林美

帆編『西淀川公害の 40 年』ミネルヴァ書房 131-161.
川原一之、1980、『口伝亜砒焼き谷』岩波書店.
川原一之、2000、「土呂久からバングラデシュへ」『環境社会学研究』6: 55-63.
川原一之、2005、『アジアに共に歩む人がいる』岩波書店.
川原一之、2015 、『いのちの水をバングラデシュに―砒素がくれた贈りもの』佐伯印刷.
Malin, Stephanie, 2015, The Price of Nuclear Power, Rutger University press.
宮崎県、各年度、『宮崎県環境白書』.
斉藤政夫、1991、『鉱害の法社会学』風間書房.
佐藤アヤ、1976、『いのちのかぎり　萎えし右手に筆をくくりて』土呂久・松尾等鉱害の被害者を守る会発行.
佐藤鶴江、1979、『鉱毒患者の遺稿、生きとうございます』土呂久・松尾等鉱害の被害者を守る会編集発行.
澁谷文、2013、「ケーススタディ・ネパール」アジア砒素ネットワーク『みんなに、未来へ、水をつなぐ』: 8.
田中哲也、1981 [1973]、『鉱毒・土呂久事件』三省堂
土呂久・松尾等鉱害の被害者を守る会、1975、『怨民の復権―土呂久訴訟への道』同会編集発行.
土呂久・松尾等鉱害の被害者を守る会、1976、『怨民の復権Ⅱ　行政医学を撃つ』同会編集発行.
土呂久を記録する会編、1993、『記録・土呂久』本多企画.
上野登、2006、『土呂久からアジアへ』鉱脈社.
宇井純編、1985、『技術と産業公害』国際連合大学.

土呂久慢性砒素中毒問題　略年表

江戸時代	土呂久鉱山は銀山としてにぎわう。
1903	銅と鉛を細々採取していた土呂久鉱山が休山。
1916	「工場法」実施（1911年制定）。砒素、水銀、リンとその化合物による中毒症については「業務疾病」とする。
1920	宮城正一が土呂久で亜砒酸の製造を開始。被害が発生し、岩戸村長が宮崎県庁に検査を依頼するも握りつぶされる。
1962	土呂久鉱山閉山、5年後に中島鉱山から親会社の住友金属鉱山に鉱業権移動。
1969	土呂久の佐藤鶴江、公害患者として名乗り出る。
1971.5	岩戸小学校教師の齋藤正健、宮崎県教職員組合岩戸小分会で土呂久の児童の健康問題を研究集会テーマとして提案。土呂久の問題が注目を受け始める。
1972.1.19	宮崎県医師会、前年11月の検診で亜砒酸中毒の後遺症が見られたのは8人だけ、と発表、公害を否定。
1972.12.28	住友鉱が平均240万円の補償金を支払うという第一次知事あっせんが決着。以後、第五次まで。
1973.2.1	環境庁、土呂久の慢性砒素中毒症を公害病に指定。症状を皮膚と鼻に限定。
1973.8.18	島根県は、公害救済法による公害病認定に12名の慢性砒素中毒症患者を申請、ほかに要観察34名がいると発表。
1973.8.27	土呂久の住民約20名が「土呂久公害被害者の会」を設立。
1974.7.4	笹ヶ谷地区、公健法の慢性砒素中毒症地域に指定される。
1975.12.27	土呂久公害患者と遺族6人が住友金属鉱山に総額1億9150万円を請求する訴状を宮崎地裁延岡支部に提出。
1979.6.8	受託収賄の疑いで黒木宮崎県知事逮捕、15日知事辞職。松形祐堯が新しい知事になり、県の公害行政が大きく変化する。
1984.3.28	土呂久訴訟判決、住友金属は翌日控訴。
1988.9.30	土呂久訴訟の控訴審判決。住友金属鉱山が上告。
1990.10.31	土呂久訴訟が最高裁で和解成立。
1992.9.17	土呂久を支援してきた医師、科学者など10人がタイ南部ロンピブン村の井戸水ヒ素汚染問題の調査に出発。
1993	WHOが、飲料水中のヒ素濃度のガイドラインを0.05mg/lから0.01mg/lに引き下げ。がん発生を考慮したもの。インドやバングラデシュなどは、濃度基準を引下げに対応せず。
1993	バングラデシュのナババガンジス県で同国最初の井戸水ヒ素汚染が発見される。インドによるガンジス川の水利用にともなう地下水利用の増加、1980年代の「飲料水と衛生の10年」で国際協力により多数のポンプ式井戸が掘られたことなどが原因。
1994.4.1	土呂久の支援グループを母体に「アジア砒素ネットワーク」設立。
2000.4.12	アジア砒素ネットワークが宮崎県でNPOの認可を受ける。
2001.1.18	アジア砒素ネットワークがバングラデシュでNGOの認可を受ける。
2011.11.13	インターネット「土呂久・砒素のミュージアム」開設。

第8章 インド・ボパール事件をめぐる被害拡大と国際的支援の展開

藤川　賢

1　はじめに

　1984年12月に発生したインド・ボパールにおける農薬工場ガス漏洩事故は、その当夜だけでも千人の死者を出す史上最大の工場災害となった。工場から突然流れてくるガスが町中の人を襲う状況は、リスク社会の象徴とも言える。ただし、史上最大の農薬工場災害が歴史的に農薬生産の多いドイツやアメリカではなく、インドの工場で起きたのは偶然ではない。それは、リスク分配の不平等性を示す典型例でもあり[1]、事故にいたる前史から事故後の追加的・派生的加害まで[2]、一連の過程を構成している。本稿では、短期的な事象としての工場災害を「事故」、現在にもかかわる一連の歴史を含めて「ボパール事件」と呼ぶ[3]。

　この事件では、先進国の大企業と発展途上国の貧困層との大きな格差が重要な位置を占めている。親会社にあたるユニオン・カーバイド社（「UC社」）は、本国アメリカでは使用していないイソシアン酸メチル（MIC）ガスによる農薬製造をボパールでは継続していた。また、インドでの販売不振により事故前にボパールからの撤退を計画しており、それが事故の一因になった。事故後には、工場を管理していたユニオン・カーバイド・インド（「UCILL社」）の株をすべて売却、工場跡の有害物管理・被害拡大の責任を放棄している。低額の補償で終わった和解の過程を含めて、ボパール事件では、被害・加害構造にかんして日本で指摘されていたことがほとんどあてはまり、事故後の放置構造をもたらした。あまりに大きな懸隔のために、UC社の幹部も被害者の

大多数も、法廷の場に登場することすらないまま、幕引きが行われたのである。

　加害企業からも行政からも見捨てられた状態の被害者たち、とくに貧しい女性たちは、自ら運動を組織し、生き延びるための道を探った。その弱いながらも切実な訴えは、互いに助け合うだけでなく、加害企業の無責任などを糾弾することへと直接つながっていく。その声は国外にも伝わることになる。

　事故直後の関心がうすれた後、ボパールにかんする記事や情報はインド内外で大きく減少するが、不均衡な和解が確定し、事故10周年を迎える1994年に英米など11カ国14人の医学関係者がボパールを再調査し、被害の継続拡大を明らかにしたことを契機に、再び国際的な支援活動が活発化した。Bhopal Medical Appeal（BMA）、International Campaign for Justice in Bhopal（ICJB）などのネットワーク的な支援団体は、インターネットなどを活用しながら、現在も情報発信と被害者支援を継続している[4]。その活動の特徴は、ボパールの現地組織を中心にしながらも、外に向けては「環境正義」「汚染者負担原則」など普遍的な課題を発信していることである。逆に言えば、先進国間では当然とされつつあることが途上国では実現されていない現実を具体的な形で問うている。

　この問いは、本書の課題に直接かかわるものでもある。そこで、次節でボパール事件の概観と被害状況について示した後、3節では、和解・補償をめぐる問題と、派生的・追加的な被害を受けた住民たちの行動をみていく。それは、重層的な差別の下でのあからさまな放置の事例であるとともに、「生きるための闘い」に自ら立ち上がった女性たちの言葉につながっていく[5]。4節では、こうした地域での当事者の運動と国際的支援との展開を追う。とくに、そのなかで「正義」が問われるようになる過程に着目する。それは、単純に問題認識を共有する範囲が拡大することで環境運動が社会的に構築されるのではなく、そうした運動の拡大のためには、より普遍的な変革を求める動きが重要だという本書の仮説とかかわっている。被害研究と解決論の探究との結びつきに関するボパール事件の教訓を確認してむすびとしたい。

第 8 章　インド・ボパール事件をめぐる被害拡大と国際的支援の展開　237

2　事件の概要

2-1　ボパールの地域と被害発生

　ボパール市は、デカン高原の北部、インドの中央近くに位置するマディヤ・プラディーシュ州 (Madhya Pradesh、以下、MP 州) の州都である。1984 年当時の人口は約 80 万人だったが、現在では 200 万人ほどにまで増えている。MP 州は、豆類の生産量が全国一位で労働人口の 72% が第一次産業に従事する国内有数の農業地域であり、そのことは、この地域の経済的位置の低さにもつながっている。2000 年から 2007 年の間にインド全体の GDP が約 7% 成長したのにたいして MP 州では 2% にとどまり、降雨などの影響でマイナス成長の年もあった。貧困線以下の人口の割合も、隣接するラジャスタン州とマハラシュトラ州がそれぞれ 21% と 31% なのにたいして、38% と高い (Bhandari et al 2009: 17)。貧困層の都市流入も続いているため、都市部では 42.1% とさらに高くなる (2004-05 年)。

　MP 州は、また、「指定カースト」が人口の 15.2% (全国では 16.2%)、「指定部族」が 20.3% (全国 8.2%) を占めている (ibid: 82)[6]。インドでは歴史的に下位カーストや貧困層がイスラム教、キリスト教、仏教などに改宗した例が多いが、MP 州にはヒンドゥー教からの改宗を規制する反改宗法が存在するほど (中谷 2010: 100)、ムスリムが多い地域である。とくにボパール事件の被害は貧困層に集中するため、被害者団体メンバーのほぼ半数はムスリムである。

　農業への依存と貧困問題、それにかかわる工業化への希求により、1970 年代に国営総合電機機器会社バーラト重電機と UCIL 社の工場が誘致された。前者は現在でもボパール最大の工場である。それに次ぐ規模だった UCIL 社の農薬工場は、緑の革命とともに増加してきた虫害に対処するために政府の呼びかけで誘致されたもので、ボパール駅から 1km 足らずのところにある広大な工場用地は MP 州が用意した。ボパール市には、アッパーレイク、ロウワーレイクと呼ばれる 2 つの湖が並び、その北側が旧市街、南側が新市街になっている。工場は、旧市街の北端[7]、スラムを含めた住宅密集地に隣接して建てられたのである (地図参照)。そこでは、ホスゲンとモノメチルアミ

現在も残るボパールのユニオン・カーバイド工場の残骸。(2010 年 12 月 10 日撮影)

ンを主原料として生成される MIC とアルファナフトールを反応させて、農薬「セヴィン」(国際名称はカルバリル)をつくっていた。

　この工場は、だが期待されたほどの経済的効果をあげることはできなかった。たしかに工場労働者には近隣のスラム地区から見ると数倍の給与が支払われたが、最先端の技術はもたらされなかったし、インドにおけるセヴィンの売り上げは 1970 年代後半に急落した。凶作などの影響でインドの農業が低迷して農家に高価な農薬を買う余裕がなくなり、また、一軒でセヴィンを使っても逃げた昆虫は農薬の効き目がなくなった後にもどってくることが明らかになったからである。UC 社はボパール工場でのセヴィン生産を取りやめる方向に動き、経費削減のために従業員を減らし、安全装置も止めていった。

　同工場では設立直後から悪臭や水質汚染などの被害が発生していたが、1980 年前後から災害が多発するようになる。1981 年には漏出したホスゲンによって労働者 1 名が生命を落とし[8]、1982 年秋には地元の新聞が工場の危険を訴える特別記事をくりかえし掲載していた。だが、これらの兆候や警告にもかかわらず対策が取られないまま、1984 年 12 月の大災害を招くことに

第 8 章　インド・ボパール事件をめぐる被害拡大と国際的支援の展開　239

なる。2 日夜に生産ラインの洗浄を行っていたところ、水が誤ってタンクに流入し、残っていた MIC ガス約 40 トンが反応したのである。幾重にもあったはずの安全装置が作動せず、対応できる技術者も不在だったために爆発を止められず、日付が変わるころ大量の MIC ガスが工場の外に流れ出た。ガスは、市街地の北端にあった工場から風に乗って拡散し、市のほぼ全域に及んだ。漏えい事故が相次いでいた UCIL 社が 2 年前に警報とサイレンを切っていたため、市民たちは何が起きたかを知ることもできず、ただ、唐辛子を焼いたような刺激臭と、目を開けていられないほどの目の痛みのなかを、逃げ惑うしかなかった。逃げ遅れ、倒れた者たちは次々に命を奪われ、道端にも病院の前庭にも死体が積み重ねられていたという。工場の診療所長さえ MIC ガスが有毒であることを知らなかったという情報や対策の不備によって、地域の医師たちにもなすすべがなく、被害はさらに拡大したのである[9]。

2-2　被害の規模

　MIC の毒性はシアンの 500 倍と言われる。即死者の多くは、肺がただれて溺れたような呼吸困難を起こしたという。その場で命を落とすことがなくても肺水腫、結核、気管支炎などを起こす他、眼や皮膚などを含めて MIC の影響を受ける器官は多く、被害は長期にわたる。また、神経や生殖に関する被害も大きく、生理不順や生殖障害など次世代への影響も深刻である。だが、後述のようにその解明への動きは遅く、発がん性を含めて、MIC 被害の全容は明らかになっていない。

　被害者の数について、BMA のウェブサイトは、ガス爆発による被曝者は 50 万人におよび、関連する死者は 2 万 5 千人以上、慢性的な疾病に苦しむ現時点での生存被害者 12 〜 15 万人、そのほかに、事故後に生まれた数万人の子どもが発達障碍に苦しみ、生理の不調に苦しむ 10 代の女性はそれ以上、さらに結核やがんが被災地で顕著に増加していると紹介している。

　それにたいして公式発表による死者数は 1991 年時点で 3,928 名となっている (Eckerman2005: 94)。現在の州政府のホームページは死者数を記載していないが、UC 社のサイトでは「政府の数字による」という記述のもと約 5,200 人

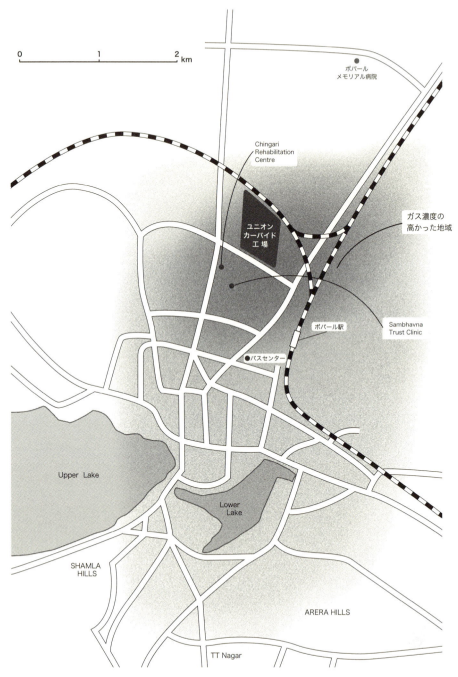

ボパール被害地の概略図

としている[10]。

　被害者数の特定が困難なのにはいくつも理由がある。一つには、もともとの人口統計や住民登録にあいまいな部分が多く、移住者等が数えられていなかった上、死者数があまりに多いために身元確認もせずに埋葬された例、一家全滅で事故後の調査に回答する遺族が残されなかった例などが多数ある。駅で命を失った旅行者やホームレスも少なくない。事故が落ち着いた後も、理由不明のまま死亡者リストへの記載が拒否されたもの、字が書けない、あるいは診察を受けられなかったなどの理由で申請書類が出されないものが多く、さらに、ガス曝露に起因する病気によって後から死亡する人も、事故当日から今日まで継続している。

　したがって、被害者数の特定は不可能なのだが、1999年までに申請されたのは死亡者22,149人、傷病者1,001,723人、そのうち、認定されたのは死亡者14,410人、傷病者729,927人である[11]。インド最高裁の資料でも、現在までの死者は15,000人以上、被害者約60万人となっているという[12]。

　現在も被害が拡大しているもう一つの理由は、事故後の対応の遅れである。第二世代、第三世代の被害は、公式には認められておらず、後述のように被害者運動団体も全容はまだ調査中である。さらに、土壌と地下水による汚染がある。後の調査で、敷地の内外に操業時の有害廃棄物埋め立て地があったことも判明した[13]。こうした汚染にもかかわらず、ボパールの人口増を反映して工場周辺の貧しい住宅地は現在も拡大している。そのため、この地域では年齢を問わず皮膚障害などの被害が続いていた。

2-3　被害と貧困との関係

　「公害が差別を生むのではなく、差別が公害を生むのだ」とは水俣病をめぐる有名な言葉であるが、これはボパールにもそのまま当てはまる。そもそも貧困層の住宅地に隣接して農薬工場が建てられたことがリスクの不平等を示しているし、事故当夜もバイクや自転車などの乗り物で逃げられた人たちの間には死者はいないという (Eckerman2005: 167)。言うまでもなく、貧しい人たちには医療の機会も情報も少ない。さらに、被害者が貧困層に偏っている

ボパール工場とその北側の貧困住宅地。緑地は工場の敷地内のもの。
工場北側には事故後に住み始めた人が多い。(2015年2月24日撮影)

ことは、政府などによる被害の放置や軽視にも直接つながっている。補償金の分配も、たいした被害ではない富裕層に有利で、貧しい被害者には補償金請求にさえいくつものハードルがある。1984年12月末には早くも次のような指摘がされている。

> 「多くの医者たちが、長期的な後遺症はないだろうとか、被害者の症状はMICによるものではなく、普通のぜんそくや結核にすぎない、などと言い始めていた。被害者の多くは貧しいスラム居住者であり、ぜんそくや結核はかれらの間ではごくありふれた病気なのだ。こうして事故の後遺症に対する不安が打ち消され、あの大惨事そのものを忘れさせようという動きが現われつつあった。」(ボパール事件を監視する会編 1986: 49)

これは、UC社の動きともかかわる。1985年6月のインドでの新聞報道によると、UC社がボパールの医師たちを買収し、ボパールでは結核発症率が高かったことをアメリカの法廷で証言させていたという (Morehouse et al 1986: 43)。

被害構造論が指摘するように (飯島 1993［1984］: 84)、こうした差別などの外的要因によって、健康影響は被害者世帯の生活にさらなる打撃を与えることになった。

> 「被害にあったうち70％以上の人がハードワークで生計を立てていました。そのうち5万人くらいの人は、それまでの商売や仕事が続けられなくなっています。また、とくに若い女性には生理や生殖に関する問題があります。そのために差別を受け、結婚も難しくなっています。このことはボパールの社会生活をも混乱させているのです。」[14]

このようにボパール事件の被害は、元から存在した貧困、宗教やカースト、性などに関する差別を拡大することになった。心身に傷を負った被害者の自殺は、その後も長く続いている。

たとえばエッカーマンは、女性が一家の家計を支えるようになっても、補償金は男性の手に渡りやすいことに関して、次のように指摘する。

> 「女性の地位低下。仮払い救済金の社会的影響の一つとして興味深いのは女性の地位にかんすることである。仮払金は女性の地位を低下させる効果を持ち、その支払い後の時期には女性が家長の家族が減少した。というのは、それまで女性が稼ぎ主として家長の立場にあった家庭で、仮払金によって収入を得た男性が家長として家族を支配するようになったからだろう。」(Eckerman 2005: 170)

後述するように、被害者世帯では稼ぎ主を失ったために女性が働きに出るようになった例が少なくない。こうした女性たちは、労働し、家事をし、家族や病人の世話をするのだが、その負担に加えて家の内でも外でも女性・被害者・貧困者等としての差別を受け続けることになる。こうした状況が、逆に被害者運動における女性たちの重要性をもたらしたと考えられる。このことについては後ほど詳しく述べたい。

3 和解と補償をめぐる被害拡大と被害者運動

3-1 インド政府とUC社による和解

　差別にもとづく被害拡大をもっとも端的に示しているのが被害の賠償をめぐる訴訟である。事件や被害の大きさとは裏腹に、裁判過程の報道すらほとんどないまま進んだ法廷交渉を経て、1989年2月、インド政府とUC社による和解が調印された。和解の中心的な条項は、UC社がインド政府に4億7千万ドルを支払うというものであった[15]。インド政府の要求額が33億ドルであり、係争中に被害者数が当初の基準の3倍に膨れたことやこの間のインドの物価上昇を考えると、これはあまりに低い。被害者側から見た問題点については次節で紹介するが、和解から一週間のうちにUC社の株は2ドル上昇したという (BMA2009: 11)。

　低額の和解には、二つの前提がある。一つは、インドとアメリカの経済格差である。この裁判においてUC社の弁護士たちは、第三世界の人の命の賠償額を計算することはできないと主張した[16]。それについて、『ウォール・ストリート・ジャーナル』(1985.5.16) は、アメリカ人の人命は約50万ドルであり、インドの国民総生産がアメリカの1.7%であることから、インド人被災者1人あたりの死にたいする損害賠償額は8500ドルになると計算したという (ラピエール他 2002: 下226)。関連して述べれば、1985年ごろ、インドの中産階級の交通事故被害者では20～30万ルピーの損害賠償額が認められており[17]、それらが判例として参照されると考えられるので、アメリカでは、会社が1人につき15000ドル (18万ルピー) から2万ドル (24万ルピー) の間で和解を求めるだろうという推測があった (ボパール事件を監視する会 1986: 38-39)。だが、先述のように、死者2万人以上、被害者合計約100万人という被害規模にたいする損害賠償が4.7億ドルと、これらの推定額をも下回る結果になった。

　低額の和解を導いたもう一つのポイントは、訴訟がインドで統一的に行われたことである。複数の政治的な動きがこれを誘導した。事故直後からイン

ド・アメリカ両国で数千の提訴が相次いだが、インド政府は1985年にボパールガス漏洩災害法を制定し、政府がボパール事件全被害者の法廷における代表であると定めた。これによって、被害者が法廷で訴えを述べる機会が失われたことになる。同様にアメリカでは訴訟がニューヨーク南地区裁判所にまとめられた後、同裁判所のキーナン判事が「不便宜法廷」を理由に訴訟の場をインドに移した。アメリカの裁判所では懲罰的賠償が認められているが、インドではそうした判例が少ない[18]。したがって、法廷での争点が「加害者の責任」から「被害の損害額」と変わってしまう。こうした手続きは「グローバル企業が引き起こす重大な害に対して責任を回避することを許し……外国の法廷における限られた救済しか外国の原告に残さないことになる」と、近年では実質的正義の観点から認められない例もあるとされるが（井原 2009: 22）、この法廷選択は、UC社の責任回避を可能にした重要な一因である。

　法廷での交渉がどのようなものだったのか詳細は不明だが、アメリカとインドから集められた被告企業弁護団が成果をあげる結果となった。1987年に5〜6億ドルの最終和解でUC社の訴訟をすべて終わらせるという噂が流れた時、国内外で強い批判が起こり、ボパールの被害女性団体もデリーでの抗議活動を行った。これらを受けてデオ判事は2.7億ドルの一時救済金という命令を示すのだが、最終解決を求めるUS社は激しく反発した。インドの民事訴訟法では判事がこうした命令を出すことは認められておらず、この命令は、犠牲者への正義を遅らせるだけだというのである。UC社は裁判官忌避を申し立て、インド法廷の訴訟手続きそのものを問題にする可能性もあった。インド高裁は、インド政府とUC社弁護士との話し合いの結果として、上記のとおり、4.7億ドルでの「完全最終 full and final」和解を提示することになる（Fortun 2001: 237-238）。この和解はボパール事件におけるUC社の責任を追及する上で大きな転換となった。そして、インドの法廷にたいしては、インド人民の権利を守り、国際的な環境法を整備する貴重な機会を逃したことへの批判がある（Rao et al 2008: 290）。

　関連して述べれば、この和解には、UC社やウォーレン・アンダーソンCEOなどにたいする刑事責任追及の中断も含まれていた。同CEOは、事故

直後にインドを訪れ警察に身柄を拘束されたもののすぐに保釈され、帰国していた。強い批判を受けてインド法廷は刑事責任追及の継続を発表したが、アメリカは身柄引き渡しを拒否し続けている。ボパールの地域集会では、毎年、アンダーソン CEO に見立てた人形を掲げて行進し、集会の最後にそれを燃やして抗議を訴えていたが、同氏が 2014 年秋に 92 歳で死去したため、12 月の 30 周年集会ではダウ社のマークを模したものに代わったという[19]。

3-2　補償金の分配をめぐる問題

　和解の後で、4.7 億ドルの約半分にあたる 75 億ルピーの分配について裁判所が示した分類は下記のとおりである (Eckerman 2005: 132)。

a　死亡例 3 千件について 7 億ルピー（各 10 万〜 30 万ルピー）
b　深刻な傷病 2 千件について 8 億ルピー（各 40 万ルピー）
c　不治の障害 3 万件について 28 億ルピー（各 5 万〜 20 万ルピー）、一時的な障害 2 万件について 10 億ルピー（各 2 万 5 千〜 10 万ルピー）、重篤でない障害 5 万件について 2 億 5 千万ルピー、家畜の損失 1 万 5 千件等について 10 億ルピー（各 2 万ルピー）と 5 億ルピー（各 1 万ルピー）

　この数字も決して十分とは言えないが、とくに貧しい人たちにはこの通りに支給されなかった。インド政府が当初預かっていた残りの半分を含めても、実際に支払われた補償金は、死亡例の平均で約 6 万 2 千ルピー、多くの負傷者には約 2 万 5 千ルピーだという (ibid: 136)。しかも、ここからそれまでに支給された緊急見舞金が引かれる。被害の中心地 36 地区では 1990 年から毎月 200 ルピーが支給されていたため、2 万 5 千ルピーといっても多くの人が実際に受け取ったのは 1 万 5 百ルピー程度に過ぎなかったという (ibid)。言うまでもなく、それすら手にできなかった人も多い。

　　「多くの文盲の被害者は、書類を提出できず、放っておかれた。何らかの補償を受け取った人も、ほとんどは 300 ドルから 500 ドルの間である。何年もの陳情の末に、二度目の分配がなされたが、それでも支払いの平均は 1 千ドルに満たない。生き残ったものたちは、それだけのお金

で、医療費や収入減を補って、残りの人生をどうやって続けていけるというのだろう？「あの夜」から 25 年がたって、受け取った補償金はちょうど 1 日に 7 ペンスということになる。これでは、ボパールでさえ紅茶一杯しか買えない。」(BMA2009: 35)

　最終補償は、被害者たちからの今後の補償請求はしないという誓約書などと引きかえられた。大きな困窮を残したまま問題の幕引きに向かうことになったのである。1992 年 11 月末にボパール犠牲者女性労働組合（BGPMUS）が出した 8 周年集会の招待状は、当時の苦境を切実に語っている。

　　「その日暮らしの労働者である多くのガス犠牲者の健康状態は、日々の生活の糧を稼ぐこともできないほど悪化しています。……1992 年 7 月 25 日には、ガス犠牲者の女性のための縫製施設も閉鎖されました。この閉鎖のために、2300 人の女性とその家族が生存の問題に直面しています。多くのガス犠牲者が水道の通わないスラムや小屋に住んでおり、きれいな水とましな家を求める声は、政府から完全に無視されています。都市の美化という名目で、ガスの影響を受けた街区はこの 3 年の間に何度もブルドーザーで押しつぶされました。犠牲者の救済もしくは回復の名目で政府は 20 億ルピーを費やしていますが、それは 9 つの無意味な計画に注ぎこまれてしまいました。

　　　（中略）

　他方で、1991 年 10 月 3 日裁決の指令によって、犠牲者にたいする個別の最終補償金判定の過程が 17 の少額裁判所で始まっています。これまでに 200 件以上で判定がくだりました。医療記録や証拠がないために、そのほとんどで申立が棄却されるか、あるいはガイドラインによる最低金額さえ給付されていません（中央政府は、死亡の場合で 20 万〜50 万ルピーの補償と決めました）。MP 州政府の申立管理会が遂行する欠陥だらけの傷害評価のために大部分のガス犠牲者が補償金の権利を否定されようとしていることが、裁判所での手続きや議論から明らかになりつつあ

ります。この傷害評価計画によると、ガス犠牲者の 90%がダメージを受けていないか、あるいは一時的なダメージしか受けていないと言われているのです。申立管理会のデータでは、35 万 7485 人の全犠牲者のうち、わずか 42 人しか永続的な障害者とみなされていません。カーバイド工場の有毒ガス流出による死者の数も減らされています。」[20]

　法廷の場などでこれらを訴えることもできない貧しい被害女性たちは、生活の場から抗議の声をあげていく。その運動の大きな特徴は、工場災害による損害を訴え、失ったものを取り返そうとするのではなく、現在を生き続けていくための要求であり、闘いだということである[21]。

3-3　被害女性たちによる地域運動

　ボパールの被害者団体で最大の組織が、上の集会招待状を出した「ボパール犠牲者女性労働組合 Bhopal Gas Peedit Mahila Udyog Sangathan」（BGPMUS）であり、縫製工場などで働く女性数千人が集結している（ただしリーダーは男性）。その構成員であり、実効的な活動力が国際的にも高く評価されているのが、「ボパール犠牲者女性文具労働組合 Bhopal Gas Peedit Mahila Stationery Karamachari Sangh」（BGPMSKS）である。彼女たちの多くは、事故以前には家から出ることすら少ない主婦だった。

　たとえば、リーダーのラシーダ・ビーは、「パルダ」制にしたがう貧しいムスリムの家に生まれたため学校にも行かず[22]、生家でも婚家でも糸巻きでわずかな賃金を稼いでいた。だが、工場爆発によって夫も父も病気になり、食べることさえできなくなってしまう。

「父はガンに苦しみました。私の夫の足は壊死し始め、ミシンを踏むことができなくなってしまい、疲れきって倒れ、息をするのにあえいでいました。家には、働いてお金を稼ぐ男性が残されていませんでした。そこで、私の弟が鍋店で働き始め、一日に 15 ルピーを得るようにしました。残った私たちは糸巻きを続けました。しかし、糸巻きをしても、

ガンで食べ物を口にすることができなくなった父の牛乳を何とか買うだけのお金にしかなりません。」(Chingari Trust 2016 [n.d])

そこで、州政府が既存の制度を被害者救済にあてた職業研修に参加したのが家の外に出た最初であったという。ただし、この研修は有給だが3か月の研修期間が終われば、それまでである。就職の当てもないまま放り出されてしまうことをきいて、女性たちは組合をつくって雇用の確保を求めた。これがBGPMSKSの始まりであり、彼女たちは、州政府の関連部局に仕事を得てからも、適正な賃金を求めて闘わなくてはならなかったのである。そこでの差別は、たとえば次のように書かれる。

「印刷局の雇用者はだいたい私たちがしてきたのと同じような仕事をしているのですが、その賃金が2400ルピーなのに、私たちにはわずか532ルピーしか支払われていないことに気がつきました。私たちは、なぜこんな継子いじめのようなことが行われるのか、その理由を問いただしました。すると役人たちは、ずけずけと、ガス被害者なのだから受け取れるのはそれがすべてなのだと答えたのです。」(同上)

こうした扱いに対抗するために、彼女たちは宗教やカーストなどの壁を超えて団結した。そして、家庭や地域の問題について話し合っていった。新しい病気、学校からドロップする子ども、結婚相手を見つけられない女の子などのことである。職場の待遇についても、継続する被害についても、問題は見えてくるが、解決の手段は持っていない。だが、被害を訴え、要求を伝えなければならないということに徐々に気がつき、1988年にはラジーブ・ガンジー首相に会うためデリーに向かう。会える術がないのはもちろん、道も知らず、お金も旅支度もないまま歩き続けたのである。途中で命を落とす子どももある中、道中の人に助けられながら一か月以上かけてやっとデリーにたどり着くものの、このときは、何とかするというMP州首相の空約束を手に帰ることになった(BMA & BGIA 2012: 53)。ただ、こうした積み重ねがわず

かながらも問題の改善につながり、後述のチンガリ・トラストなどを生むのである。

　このように彼女たちは「たたかう」ことを重視する。BGPMSKSのリーダー二人に会った時に強調されたのもたたかい続けること「Fight, Fight, Fight」だった[23]。ではなぜ、女性たちがたたかいの中心になるのか。二人の答えは、女性が家族や地域を守る存在だからだということだった。そして、男性がたたかい続けられないことについて、男たちは最初強く立ちあがっても長く続く困難のなかであきらめてしまい、目先の一時金などに迷いやすいことを話してくれた。

　女性たちに家族や地域を守る役割が期待されるのはインドの文化にもかかわるが、別の理由もあるようだ。一つは、女性たちの方がボパール事故の被害を強く受けたことである。MICの被害は男女ともに受けており、その差は少ないはずだが、女性が受けた身体被害の中には婦人科系のものもあり、それは結婚などにかんする差別にもつながった。また、先天性障害など、生まれてくる子どもの被害は直接的に母親の被害でもある。もう一つはインドの女性たちが受け続けてきた差別と抑圧である[24]。無力で、失うものがない状況だからこそ、宗教などの違いを超えて息の長い抗議が続けられた、あるいは続けざるを得なかったともいえる。それは国際的に支援の輪を広げつつ、今日に続いている。

4　被害者活動の展開

4-1　チンガリ・トラストとリハビリテーションセンター

　BGPMSKSの粘り強いたたかいの姿が認められて、組合長ラシーダ・ビーと書記チャンパ・デビ・シュクラの二人に、2004年に環境運動のノーベル賞とも言われるゴールドマン環境賞が贈られた。その賞金125,000ドルをボパールの被害者の救済にあてるために、彼女たちが中心となって翌年設立したのがチンガリ・トラストである。「チンガリ」はヒンドゥー語で炎を意味する。彼女たちがスローガンとしてデモなどで叫ぶ「私たちはボパールの女、

私たちは花ではない、私たちは炎」という言葉に由来している。

　チンガリ・トラストの目的は、被害を受けた子どもたちのケア、被害家族の女性のための職業支援、全国の女性運動の応援と連帯の三つである。このうち職業支援についてはミシン作業を試験的に行ったこともあるが、資金や経営設備が不足しているため、現時点ではまだ本格化していない。全国の女性運動支援のためには、チンガリ賞が設立され、2007年以来、みずからの身体を挺して企業犯罪にたいしてたたかうインドの女性活動家を毎年表彰している。5年以上の活動であることなどの条件にもとづいて、すべて女性の審査委員が受賞者を選び、トロフィーと5万ルピーの賞金を贈る。この賞には、賞金による運動支援というだけでなく、その活動を勇気づけるとともに、表彰を通して全国の草の根運動をつなげていく意味も込められている。

　チンガリ・トラストの活動の中心になっているのは、障害をもつ子どもたちのためのリハビリテーションセンターである。シュクラの孫もそうであるように、被害地区には障害をもって生まれてくる子どもが今も多く、学校に

チンガリ・リハビリテーション・センターでの授業風景（2015年2月25日撮影）

も行けず放置されてきた。その障害を和らげ少しでも自立した生活ができるように、上記の基金と国際的な寄付金によって無料でのケアと教育を行うのがこのセンターの目的である。それは同時に、母親の負担を軽減し、仕事の時間をつくることにもつながる。なお、公式には MIC ガスによる次世代影響は認められていないので、母親もしくは祖父母の誰かが事故被害者であることが入所の条件となる。ほぼ毎週の土曜日に入所希望の面接が行われ、すべての専門家がその子をみて、ケアの可能性などをチェックする。

　ただし、現状ではすべてのニーズに応えられてはいない。0 歳から 12 歳まで約 700 人の子どもが登録されているものの、施設と人手の不足により、午前・午後 2 部制でも実際に通えているのは 200 人ほどだという。活動の維持・拡大のためにも声を挙げていくことは重要で、たとえば歩けなかった子どもが訓練と補助器具などによって動けるようになり、子どものクリケット大会で活躍すると、その姿は国外の支援者たちにも歓びを与えることになる（BMA & BGIA 2012）。現在の施設も、州政府から公営住宅の 1 階部分を無償で借りているものである。

　現在のスタッフは約 30 名で、そのうち、理学療法士 4 名、言語療法士 4 名、作業療法士 1 名、特別教育教員 4 名、スポーツコーチ 2 名が、それぞれの場所で 1 名から数名の子どもを世話している[25]。理学療法では主に手足の障害を軽減し、座ることさえできなかった子どもが歩けるようになる例も多いという。言語療法では、同様に、主に口唇のねじれや麻痺によって発話できない子どもをケアする。これらのケアの場では母親がリハビリを学ぶために横についていることも珍しくない。外では役に立たないと差別されてきた子どもたちが、ここでは、まず愛され、その存在を尊重されるのだという。

4-2　サムバヴナ・トラスト・クリニック

　チンガリ・リハビリテーション・センターとともに BMA などの国際組織の支援を受けて活動しているのがサムバヴナ・トラスト・クリニックである。1985 年に設立された小さな自主診療所が前身で、国際支援を受けるにあたってトラストを形成した。サムバヴナとは「共感」「可能性」などを意味するヒ

ンドゥー語である[26]。

　医療の面でも、被害者たちは自己救済の活動をしてこなければならなかった。というのは、上述のように加害企業や公的な医療機関がMICガスの健康影響を軽視し、その範囲を狭めてきたからである。さらに、貧困な被害者は医療現場でも差別と放置を受けたし、MICガス中毒には化学薬品の使用が副作用を起こすこともあった。

　自主診療所の設立は事故から間もない1985年にさかのぼる。事故直後にドイツの毒物学者Max Daunderer博士がMICガスの解毒に役立つとして、チオ硫酸ナトリウムをボパールにもたらした。ところが当初はアメリカUC社の医療指示者もこの薬を推奨していたのだが、間もなくUC社の主張にMP州が追随する形で、どの診療所でもこの薬による治療が受けられなくなってしまう。チオ硫酸ナトリウムがシアン化中毒の解毒剤なので、UC社が、訴訟に備えてMICガスによる体内でのシアン化物生成を否定しようとしたのがその理由だと考えられている。そのため、被害地の救助活動を行っていた4つの団体が共同して自主診療所を設立したのである。

サムバヴナ・トラスト・クリニック入口（2015年2月24日撮影）

その活動は政治的な弾圧の対象になった。自主診療所は開所3週間後に警察の強制捜査を受け、拘留された職員たちは被害者たちの激しい抗議のおかげでしばらくして釈放されたものの、戻って来た時にはチオ硫酸ナトリウムの効果を示す1200例の医療記録などが持ち去られていたという(BMA2009: 14)。ボパールの公式な医学調査を行ったインド医学研究委員会(Indian Council of Medical Research)は後にこの薬の効果を認めるが、その最終報告書が出されたのは2006年である。

こうした医療活動は、政治的な運動と直接かかわりあっている。サムバヴナのマネージメントを担当するサランギ氏にうかがった時にも、最初に言われたのが「ボパールは、もちろん医学的な問題なのだけれど、同時に政治的な問題でもあることは明らかだ」という言葉であった[27]。その意味の一つとして、何が健康被害なのか MIC ガス中毒の医学的な定義付けさえ政治の影響を受けるということがある。たとえば、生殖障害や次世代への影響の存在が明らかになりかけたとき、政府の医療機関はその調査をやめてしまったという。それを調査し、公式には認められていない被害を含めてケアすることがサムバヴナ診療所の活動における柱の一つである。

関連するサムバヴナの重要な役割が、被害者への無料診療である。それは単なる医療費負担軽減という以上の意味を持っている。この点については、和解後に UC 社が UCIL 社の株を売却した基金で運営されるボパール記念病院と対比的に見るのが分かりやすいだろう。この病院は、1989年の和解への批判を受けた後にインド最高裁が提案して実現したもので、UC 社が UCIL 社の株を売却した代金を寄付したトラストが運営している。2000年に開業したこの病院の大きな設立目的はボパール事件被害者への無料診療であるが、病院のために州が用意した土地は市街から遠く、車を持たない被害者には通院できない。芝生の前庭と広い駐車場が備えられた記念病院と、小型車までしか通れない路地奥にあって通院者のほとんどが徒歩ないし自転車やバイクの荷台に乗ってくるサムバヴナとは対照的である。記念病院のこうした被害者の実態との乖離については、被害者以外の有料の患者が優遇されている、第二世代の被害者は無料診療の対象にならない、生殖障害や神経障害

などに関する研究部門がない、ガス中毒の専門医がいない、など多くの批判が存在する。

　それにたいして、サムバヴナでは、MIC 中毒の症状はきわめて多様なので、ヨガとアユルヴェーダと近代的な医学との組み合わせで、一人ずつの症状と体質にあった治療を進めている。サムバヴナに来所した人たちには、クリニックが使うカルテとは別に Health Book というノートが渡される。ここには治療に関する注意や健康診断結果などの他に、診療ごとに治療へのアドバイスが書き加えられていく。被害者自身が、医師の指導のもとで自分の治療法を理解できるようになっているのである。1996 年 9 月に後述の国際的な支援を受けてサムバヴナ・トラストが設立した後、2006 年には、被害地域のなかで新しい診療所に移転した。敷地には 50 アールほどの広さをもつ薬草園を備え、約 100 種類の薬草を育てて所内で製薬すると同時に、被害者自身が苗をもらって薬草を育てられるようにもしている。

4-3　地域被害者運動の継承の課題

　事故発生当初は多種多様な被害者運動団体が立ち上がったものの、補償問題が落ち着いてしまうと、主たる被害者運動団体は 4 つほどになる（Eckerman2005: 208）。上記のように BGPMUS など女性によるグループを中心に、毎年の記念日には企業への抗議などを示す集会を開き、デモ行進を行っている。抗議の訴えが続いている理由は、生活のあらゆる面にかかわる被害者の苦境のほかに二つある。一つは、UC 社およびその幹部の刑事的、社会的責任が全くとられていないことであり、これについては節を改めて述べたい。もう一つは、UC 社の責任放棄の一端でもあるが工場跡地内外の土壌・水質汚染が今も残っていることである[28]。

　事故後、工場はそのまま放置され、有価の機械や製品などは撤去されたり持ち去られたりしたようだが、MIC ガスを漏出したタンクなどの建造物は荒れるに任されている。工場用地は州政府の所有であり、当初の契約から見ても UC 社は敷地内の汚染復元をするべきものと考えられる（Eckerman 2005: 145）。さらに、工場の敷地内および周辺には事故以前から多くの有害廃棄物

が投棄されており、UC 社の調査でもインド政府機関でも敷地内の土壌などから高濃度の汚染が確認されている。汚染の存在は UC 社も認識しているというが (Hanna et al 2005: xxvi)、UC 社は独自の対策を行ったとして抜本的対策を取っていない。これについて、UC 社、合併後はダウ・ケミカル社の責任を追及し続ける必要が残っている。

　工場周辺には水道が敷設されておらず、汚染された井戸水によって多くの人たちに健康影響が生じた。2004 年に最高裁が水道管敷設を指示した後、給水車がタンクに水を運ぶようになり被害は減っているが、土壌復元と水道敷設は被害者にとっても重要な要求として継続している。また、工場の北側は事故以前には宅地になっておらず、産廃や排水が貯められていた地点があるが、近年はそこまでスラムが拡大しており、新たな被害も心配である。

　他方、事故からの年月につれて、新しい世代、新しい住民が増えることによって、被害や危険をよく知らない人も増えてきている。その中でサムバヴナは、地下水汚染に関するキャンペーンや第二第三世代の健康影響に関する調査を通じて、ボパール事件を教育・伝承する役割も果たしている。地元の小中学生がサムバヴナを訪れ、事故の状況や化学物質のリスクについて学ぶこともある。ただし、それは被害地周辺のごく狭い地域にかぎられ、全国的に産業化が進み、化学工場や原発も誘致され続けるインドにおいて、風化しつつあるボパールの教訓をどのように伝えるかは、難しい課題でもある[29]。この継承はリスクをめぐる先進国と途上国の差異としても重要である。

5　グローバル化との関係

5-1　企業責任とグローバルなリスク格差

　ボパール事件はインドで発生したが、アメリカ化学工業にとってそれは二つの意味でアメリカ国内ないし先進国の問題だった。一つは、企業の説明責任の方向である。上記の通りインド法廷で UC 社は関与と補償責任を最小限にとどめようとした。それは、株主に向けた説明の裏返しでもある。同社は、事故の責任はすべてインドの UCIL 社にあると強調し、企業経営の危機を否

定しようとしたのである。この姿勢は上述の補償交渉とつながり、さらに和解後は、それですべてが決着したという姿勢が貫かれることになる。

　2001年には世界最大級の化学企業であるダウ・ケミカルがUC社を買収した。被害者たちはダウ社がUC社の責任を引き継ぐべきだと主張するが、ダウ社もボパール事件はもう終わったという姿勢を崩していない[30]。ダウ・ケミカルは、アメリカではUC社のアスベスト被害にたいする和解のために23億ドルを支出しようとしており、この態度の違いについてBMAは、次のように記述する。

　　「容赦のない答えは、ボパールの人は、アメリカ人と同じ人間ではないからである。ダウは、dursbanというアメリカ国内では禁止された農薬による被害を受けたアメリカの子どもに、法廷外での和解のため、1000万ドルを支払った。だが、インドではdursbanの国内使用は安全だと許可を出させるために、ダウの社員が農務省職員に賄賂を贈ったことがみつかっている。インドの子どもが死んだら1000万ドルなのか1万ドルなのかは疑問だ。ダウの広報責任者が、ユニオン・カーバイドの被害者に支払われたケチな補償について言った有名な発言がある『500ドルならインド人には十分だ』。」(BMA2009: 33)[31]

　なお、企業の説明責任は、2015年に新たな局面を迎えた。12月にダウ・ケミカルとデュ・ポンが対等合併の計画を発表したのである。これについて、BMAなどの支援グループは抗議の声を挙げている[32]。ダウ社は、ボパール事件に関して、法的にも、財務的にも、社会的評判としても有責の存在であり、それを株主たちに隠したまま合併することは許されないという主張であり、両社の株主などへの働きかけが行われている。合併や分社化によって環境汚染にかんする企業の責任がどうなっていくのかは、グローバル化の進展によって「もの言う株主」たちが短期的な利益を求めやすくなる一方で、国による規制が難しくなる今後、大きな課題である[33]。

　ボパール事件がアメリカにとっての問題だったというもう一つは、社会

的な環境意識への対応にかかわる。ボパール事故当時、UC 社の本拠である
アメリカでは 1978 年のラブキャナル事件を契機に有害廃棄物に関する草の
根運動が急展開中だった。それが化学物質・化学工場への関心につながり
(Szasz1994)、「ハイテク汚染」も社会問題化しつつあった（吉田 1989）。アメリカ
国内での UC 社の環境汚染にかかわる悪評の高さもあり、ボパール事件への
注目は高かった。さらに、1985 年に UC 社のウエストバージニア州の工場が
有毒ガスの漏出事故を起こしたこともそれに拍車をかけた。厳しい視線を受
ける中で UC 社は、MIC ガスはアメリカ国内では使用していないと、インドと
の違いを強調する説明を行った。しかし、全米に多量かつ多種の有害化学物
質があることは明らかであり、「未来のボパールを防ぐ」ために喫緊に必要な
のは「知る権利」であり、さらに行動する権利であるとして (Morehouse et al 1986:
113-114)、住民による有害物質の監視・管理を強化する運動が強まる。その結果、
ニュージャージー州で法制化されたのに続き、1986 年には連邦の「地域住民
の知る権利法」が成立する。このようにアメリカではボパールの経験が具体
的な形で教訓化され[34]、有害化学物質への市民運動は今日に続いている。

　それにたいして、上記のように、インド国内ではボパール事故によって有
害化学物質の規制を画期的に厳しくすることはできず、災害経験が各地の環
境運動を強化したとは言えない。ボパールにおいてさえ土壌や水質の汚染は
国外からの支援で明らかになったのである。UC 社は 1989 年に秘密裡に調査
したものの汚染を隠し、インド国立環境工学研究所も 1990 年に汚染はない
という調査結果を発表している。その後、1994 年に各国の医学者たちが健
康被害の継続・拡大を明らかにし、1999 年にはグリーンピースが工場と周
辺の土壌水質の汚染を告発したことで、安全な水への要求は政治的な争点に
なり、2000 年からサムバヴナ・トラストが井戸水の危険性を知らせる環境
教育キャンペーンを行った経緯がある。

　このように、ボパール事件では、経済的利益優先の企業戦略のなかで責任
主体がつぎつぎに曖昧にされていった。他方、環境意識や運動の政治的影響
力という点でもアメリカとインドでの差がみられる。このことは、グローバ
ル化のなかで途上国と先進国との環境リスクの差が拡大する可能性を示すも

のと言えるだろう。ただ、ボパール事件のもう一つの特徴として、国外の環境運動や個人が、時を経て、ボパールの被害者支援を再び強化する場面を見ることができる。

5-2　国際支援と環境正義への訴え

　ボパール事件は、その惨状が世界的に報道されたため[35]、世界各国から多くの支援者が集まった。日本からも「アジアと水俣を結ぶ会」など公害や労働問題等に関心を持つ人たちが現地を訪問し、「ボパール事件を監視する会」（代表、宇井純・竹内直一）として多くの活動や報告を行っている（ボパール事件を監視する会編 1986）。水俣の谷洋一氏をはじめ、その関係者は現在もボパール支援にかかわっている。

　事故直後の報道や関心は、時間とともに薄れていく。訴訟がボパールの法廷に限られ、その動きがよく見えなかったこともそれを助長し、被害救済は UC 社の補償によって行うものという雰囲気がつくられていたようだ。だが、和解による賠償金額があまりに少なく、救済されていない被害が大きいことが、徐々に伝わっていく。その契機として、ボパール事故 10 周年前後の動きが重要な役割を果たした。1994 年 1 月には 11 カ国 14 人の医学者や法律専門家による「ボパールに関する国際医学委員会 International Medical Commission on Bhopal」（IMCB）が、3 週間にわたって多面的な調査を行った。その結果として、10 万人の子どもを含む 50 万人がガスに曝露し、長期的な健康影響で働けなくなった人が 5 万人、また、地表、住宅、飲料水などの環境汚染が深刻だと報告された（谷 2000: 201）。それを受けて 1994 年 12 月には、英紙『ガーディアン』と『オブザーバー』にボパールが現在も続く問題であることを示す意見広告が出され、その主体として BMA が結成された[36]。その後、フランスでラピエールなどが著述したノンフィクション小説『ボーパール午前零時五分』（2002 [2001]）がベストセラーになり、英米や日本でも翻訳された。この印税も BMA に寄付され、サムバヴナなどの活動を助けている。アムネスティやグリーンピースなど多くの NGO も加わる形で国際的ネットワークとして ICBJ も形成された。サムバヴナ・トラストやチンガリ・トラストは、

地域の継続的な活動がこうした国際支援と共同した成果である。1990 年代からはネットによる情報共有や広報も進んだため、世界各地の若い人たちもボパール事件にかかわり続けている。サムバヴナにはこうしたボランティアのためのゲストルームも備えられている。2009 年秋には、BMA やアムネスティなどとの協力のもと、被害者や専門家など 8 人が、飾り付けしたバスに映像機材や資料などを積み込み、8 週間かけてヨーロッパの国々の大学や集会などをめぐった (BMA2010)。

　ICJB は、1. 予防原則、2. 汚染者負担原則、3. 知る権利、4. (企業の) 国際的責任、5. 環境正義という指針原則をかかげている。これらは、ボパール事件の解決のために徹底される必要のある指針であると同時に、今日の環境問題において世界的に重視されるようになった考え方でもある。そして、先進国ではその実現が進んでいるのに対して、途上国の状況は異なる。見てきたように、ボパールの被害者は、法的公平性という観点でも人間としての尊厳という点でも不当な扱いを受け続けており、それについて「正義」を問う声は事故後すぐに生まれてきた (Morehouse et al 1986: 51)。その批判の中心となるのが、被害者の補償救済に関しても汚染土壌の浄化についても無責任を通してきた UC 社およびダウ社の姿勢と、その背後にある差別である。

　こうした格差・差別がある意味で拡大しつつある今日、ボパール事件の意味は再び大きくなっているように見える。サムバヴナのマネージャーであるサランギ氏は、2014 年の事故 30 周年国際集会の際に、国連を含めた国際的責任を強調したという[37]。ボパールは、あれだけの惨事にもかかわらず、自然災害であればあったはずの国連機関による援助活動をほとんど受けていない。UC 社の寄付によって 1985 年につくられたインド赤十字社の診療所は、1989 年の和解で UC 社から渡されるお金がなくなると順次閉鎖された。国際的な大企業に遠慮し、その行為を黙認し続けてきたとすれば、それは国連の無責任を示すことになる、とサランギ氏は指摘する。

　同じことは、先進国のすべての諸機関にかかわるだろう。インド・アメリカ両国の政府や企業などだけでなく、他国の政府なども強大な企業への糾弾を避け、支援活動もほとんど行ってこなかった。他国の問題に干渉しないの

は当然という政治的判断もあり得るが、ボパールのように多大な被害が生じる環境災害における救援の責任については、考える余地があるだろう。

6 むすび

　以上、本章ではボパール事件における事故後の被害者の状況と活動を中心にみてきた。ボパール事件の歴史においては、さまざまな差別・格差にもとづく構造的な要因が、事故そのものをふくむ被害と加害を拡大させてきたと同時に、被害放置にむすびついている。これは世界の大規模な環境災害における稀少な例外ではなく、とくにグローバル化によって増加する途上国での環境汚染に広く共通する特徴だと考えられる。被害者にとっては生活の全体にかかわる問題であっても加害責任の計量は賠償金が中心となり、企業側によるその金額を縮小させようとする動きが被害者に新たな苦しみを与える流れは、日本の公害の歴史にも重なる。

　他方、ボパール事件に関しては、事故発生直後から今日に至るまで多くの国際的な支援と関心が存在することも重要である。そのためにボパール事件は「終わった問題」になっておらず、多国籍企業の責任や環境正義のあり方について、今後を問う重要な基盤にもなっている。それがこれからどう動くかは予見できないが、ここでは、とくに1990年代以降の被害と解決に向けた国際的関心について、三点を確認してむすびとしたい。

　第一に、被害の認識と追究が問題解決の重要な出発点になるということである。IMCBの調査は、被害が現在も拡大していることを示す医学研究であった。ラピエールらの著作は、農薬工場建設以前から事故後にいたる長編小説である。これらが被害の存在を示したことで国際的な関心も広げた。他方、問題の打ち切りをはかった加害企業や行政は診療を含めた被害研究を妨げる動きをとった。これらの経緯は、事実がまず存在し、それに科学的評価、政治的判断が続くという順序とはまったく異なるものであり、解決過程を単純化することの難しさを示している。これは、解決のためにも拡大し続ける被害を確認し、認識の共有を図ることが重要だと示す一例になるだろう。重大

な問題の根本的解決には長い時間を要することを示唆するものでもある。

　第二に、国際的関心と課題の普遍性についてである。早期の補償救済と問題の最終解決との間にはずれがあり、加害企業がこのずれを利用することもある。事実認識が異なっている状況のなかで具体的な解決案を出すことは難しい。ボパール和解交渉は、それを閉鎖的な話し合いのなかで行ったために外部要因としての力関係が作用した典型例とも言える。それについて問われたのが「正義」であった。交渉において UC 社弁護団がインドの民事訴訟法の手続きからはずれた「一時救済金」命令を不正義だと主張したように、正義には多様な考え方があり、正義の観点からよりよい解決が生まれるとは限らない。ただ、ボパールについて言えば、正義が問われる状況が外部の関心を集め、そうした外部からの視点のもとで正義や責任にかんする追及が進んだ。問題をより普遍的な視点でとらえることが、理念的にも現実的にも、閉鎖された議論を防ぐポイントになると考えられる。

　関連して付言すれば、これは環境にかんする国内ルールと国際ルールの関係にもつながっていく。1970 年前後における公害問題と環境対策は途上国への公害輸出をもたらしたと言われるが、途上国での環境問題が先進国での環境リスクに関する意識や規制を高める一方で、途上国では放置されるなら、環境をめぐる格差はさらに拡大することになる。上述のようにボパール事件の和解は、水俣病の歴史において汚点とされる 1959 年の見舞金契約と類似する特徴を持つ。それがくり返されないためにも、国際ルールが各国内の事例にも影響を与えられるような広範な関心が求められるのではないか。

　第三に、長期的な解決への視点がある。上記のように UC 社は和解に際して「完全最終」のものであることに強くこだわった[38]。言うまでもなく自らの法的責任から逃れるためであるが、その結果は被害を長期化すると同時に、同社とダウ社への糾弾を強めることになった。これは、法的責任と社会的責任との関係でもある。UC 社は法的責任から逃れることだけを重視したが、ICJB などから同社への批判は社会的責任にも深くかかわっている。長期的に解決への取りくみを継続するために誰がどのような責任を負うのか、もう一度見直す意味があるのではないだろうか。

注

1 リスク社会という言葉を社会的に広めたベック『危険社会』でも、ボパール事件は「国際間の新たな不平等」に関する重要な例として挙げられる（ベック 1998 [1984]: 60-65）。

2 舩橋（2006）によれば、「派生的加害」とは「家族や職場や地域の日常生活の中で、人々の相互作用を通して、水俣病被害者に新たな苦痛や不利益を加えるような行為や言辞の総体」であり、「追加的加害」とは、発生源企業や行政などの責任主体が「被害者の正当な権利回復と被害補償要求に直面した時、それを妨害し、拒絶することによって、また、長期にわたる無権利状態に被害者を閉じ込めることによって、被害者の苦痛を加重させるような行為と言辞のこと」である。「直接的加害」の他に、これらや「再発防止義務の不履行としての加害」「巻き添えとしての間接的関与」「随伴効果の引き起こしとしての加害」を加えた「広義の加害過程」を把握する必要が指摘される（飯島・舩橋 2006: 43-44）。なお、加害・被害と解決過程との関係については舩橋他（1999）などを、放置については飯島他（2007）を参照。

3 ボパール事件を紹介する文献も、「Saga（物語）」（Eckerman 2005）、「Tragedy（悲劇）」（Morehouse et al 1986）など、時間の広がりを示す表現を用いることが多い。

4 BMA のサイト（http://www.bhopal.org/）、ICJB のサイト（http://www.bhopal.net/）をそれぞれ参照（2016.8.12 確認）。

5 「生きる権利のための闘い（Fighting for… our right to live）」は、4-1 で紹介するチンガリ・トラストのブックレット書名でもある（Chingari Trust 2016 [n.d]）。

6 指定カーストは不可触民とほぼ同義、指定部族は少数民族集団、いずれも歴史的に不利益を被ってきたマイノリティであり、インド政府が保護対象として指定している。

7 ボパール藩王国の城下町は湖近辺のもっと狭い範囲だった。今はない城壁の北側に貧困住宅街が広がり、ここに被害が集中した。工場はその北端に接して建設されたが、現在では工場の北側にも住宅やスラムが展開し始めている。

8 亡くなった 26 歳のオペレーターの家族は、1984 年 12 月 3 日にボパール駅で事故に被災し、5 歳の長男が生命を落とす（ボパール事件を監視する会 1986: 16、ラピエール 2002）。

9 事故 30 周年を迎える 2014 年秋、被害地域の北方にボパール資料館（Remember Bhopal Museum）が開設された。その展示品の一つに聴診器があり、持ち主だった医師が手にできた診療器具がそれしかなかったと書かれている。

10 数年前までUC社のサイトは死者数を3,800人としていた（変更の理由は不明）。なお、インド政府が2004年に賠償金増額の訴えを起こした際の数字では死者数15,248人で、そのうち5,200人はMICと死因との関係が証明できたもの、残りはそれがなされず傷害として賠償金が支払われたものである。いずれにしても被害者数の計算は不正確であり、たとえば、実際には20万人の子どもが被災し、1〜4千人が死亡したと推定されるにもかかわらず、事故後18歳以下は犠牲者に数えられていないともいう指摘もある（Eckerman 2005: 129）。

BMA: http://bhopal.org/what-happened/union-carbides-disaster/
UC社: http://www.bhopal.com/

11 死亡として申請したにもかかわらず、ガス曝露は部分的な原因だとして「傷病」の申請とされたものが7,000例以上になるという。申請のうち棄却されたのは、死亡者7,169、傷病者263,412、保留がそれぞれ570と8,394である（Eckerman2005: 137）。

12 15,000人のうち、事故当初の公式の被害者3,000人以上、事故当初の非公式の被害者7,000〜8,000人とされる。個人ブログ「化学業界の話題2010.6.9」（2011.1.14最終確認）。http://kaznak.web.infoseek.co.jp/blog/2010-6-1.htm#bhopal

13 サムバヴナ・トラスト・クリニックのマネージャー、サランギ氏からいただいた資料による（2013.2.27）。エンジニアであったサランギ氏は、ラジオでボパール事故を聴き、最初は駅などで倒れている人を病院に運ぶことから、被害者の支援を開始したという。ボパールには、医療関係者を含めてこうしたボランティアも集まった。サランギ氏はその後、自主診療所の開設などに尽力し、サムバヴナでも事務局の役割を果たしている。

14 サランギ氏へのインタビュー記事による。17 Corporate Crime Reporter 30 (12), July 28, 2003 （2016.8.17 最終確認）。
http://www.corporatecrimereporter.com/sarangiinterview.html

15 細かく言うとUC社が4億2千万ドル、UCIL社が4500万ドルを支払い、500万ドルについては、初期の医療処置のためにインド赤十字社に支払ったとして、企業が支払いを拒否した。Corporative Crime Reporter web site, 'Interview with Satinath Sarangi, Bhopal Group for Information and Action, Bhopal, India' (July 28, 2003) 2011.1.3確認。
http://www.corporatecrimereporter.com/sarangiinterview.html

16 この主張は、アメリカなどで複数の提訴が続いた、その最初からなされている。また、健康被害の賠償金額の算定に、当時かなり低かったアスベスト労災補償を用いるなど、補償金和解をめぐる問題はきわめて多い。被害者の数え方、インフレの加速なども含めて残された課題が多いにもかかわらず、分配などに関

するすべての責任をインド政府に押し付ける和解の解釈にも疑問がある。これらは、企業幹部の法的責任と並んで、この裁判過程をめぐってなされる批判の根本だと考えられる。

17　1ルピーは、1970年代初めには約33円、1985年ごろには約20円、2002年には約3円、2010年末約2円、2016年8月約1.7円である（ラピエール他 2002: 下 261、ボパール事件を監視する会 1986: 21、など参照）。この大きな変化には円高の影響もあるが、インドの物価高の影響が大きい。これは補償金問題にもおよび、インフレのために、1989年に決められた補償金額は2000年代初頭にはその価値を半減させていると指摘される（Eckerman2005: 136）。インド政府は、補償などに要した金額がすでに和解額を大きく超えていると裁判所に訴えているが、ダウ社は分配や復旧作業にかかわる配分と使用はインド政府の責任だと、同社のかかわりを否定している。
（http://storage.dow.com.edgesuite.net/dow.com/Bhopal/Aff%2026Oct06%20of%20UOI%20in%20SC%20in%20CA3187%20n%203188.pdf、2016.8.22確認）

18　アメリカほど一般的ではないが、インドにも exemplary damages と呼ばれる同様の懲罰的賠償制度がある。公務員による抑圧的加害など社会的な性格をもつ事例が対象だが、私企業による大規模な環境被害も含まれうる。ただし、社会性の重視がかかわるため訴訟の流れも他の事例と少し異なり、アメリカの大企業がインド司法にしたがう意志も必要になる（Morehouse et al. 1986: 67）。1985年ごろの記述によると、インドの法律ではアメリカのように懲罰的に高額の損害賠償を求めることはできず（アメリカの法廷で請求できたとしても利益を得るのはアメリカ人の弁護士だが）、最高責任者の刑事責任を問うことは可能だが難しいという見通しがなされている（ボパール事件を監視する会編 1986: 38-40）。

19　サランギ氏からのヒアリングによる（2015.2.24）。

20　サムバヴナ・トラストの保存資料、BGPMUSによる支援団体等への8周年記念集会案内「Bhopal Gas Peedit Maaila Udyog Sangathan　51, Rajendra nagar, Bhopal 462 010」

21　闘いといっても、実力行使ではない。デモなどで女性たちが抗議の印として掲げるのは室内の掃除に使うインド風ほうきである。ただし1989年2月にインド政府とUC社の和解が基本的合意に達した時、あまりに企業有利な和解に反対する被害者たちがデリーのUC社事務所に暴れこんで窓ガラスを割る、机や電話を壊すなどの行為を行った。それには女性も参加しており、新聞には「戦闘的なボパールの母親たち」などと報道されたという（Fortun2001: 238-239）。

22　パルダはムスリムの女性のスカーフ。パルダ・システムとは女性を家族外の男性の目から遠ざける習慣。

23 チンガリ・トラストでのチャンパ・デビ・シュクラさんの言葉（2013.2.28）。
24 サランギ氏へのヒアリングによる（2013.2.28）。同氏はインドの女性が置かれている立場について敵対的（hostile position）と表現した。
25 チンガリ・トラストでの聞き取りによる（2015.2.25）。
26 サムバヴナのスタッフの約半数は被害者であり、運営は合議によって行われる。
27 サランギ氏へのヒアリングによる（2010.12.8）。1985年の診療所設立の際にはサランギ氏自身も18日間拘留されたという。
28 インド国立環境工学研究所も2010年に、工場内外の土壌汚染はMICガスではなく、これらの産廃投棄によるものだという報告を出した。Hindustan times 2010.7.11付

http://www.hindustantimes.com/Soil-water-contamination-not-from-Bhopal-gas-leak-incident/Article1-570596.aspx
29 サムバヴナは、化学工場のリスクを訴え、国内各地の反原発運動などとも連絡を取っている。
30 UC社は本文中に記したようにダウ・ケミカルに買収され、サイトの情報もダウ社のサイトに誘導されるよう設計されているが、ボパールに関する情報は、現在もUC社の名前で開かれている。

UC社「ボパール情報センター」（2016.8.22確認）。http://www.bhopal.com/
31 補償をめぐる加害企業の被害者への差別は、水俣病の例と実によく似ている。ストックホルム会議の時期、チッソ水俣支社の総務部長は、1959年の子ども1人3万円という補償が十分だったかというスウェーデン人記者のインタビューにたいして、「当時の金の価値でいえばいいでしょうね。被害者の家族は喜んでいましたよ……水俣の漁師は毎日の食事代をかせぐのがやっとだったんです。彼らの将来なんて、かなり限定されたものだったんですよ」等と述べたという（原田1972: 219）。
32 Dow Chemical Hides Dirty Linen from Investors Ahead of DuPont Merger, July 20, 2016（2016.8.22確認）

http://bhopal.org/dow-chemical-hides-dirty-linen-from-investors-ahead-of-dupont-merger/
33 UCIL社の元社長などインド人役員については2010年6月にボパール地裁が有罪の判決を出した。朝日新聞2010.7.18、ICJB, news /Jun/6/2010（2011.1.14確認）。

http://news.bhopal.net/2010/06/06/a-long-road-a-26-year-timeline-of-the-criminal-case/
34 環境省のサイト「PRTRインフォメーション」によると、アメリカではボパール事故を契機に「化学物質がどこでどのくらい使われ、排出されているのかを地域住民は知る必要があるという世論が高まり」、1986年に「有害物質排出目録（TRI）」

第 8 章　インド・ボパール事件をめぐる被害拡大と国際的支援の展開　267

制度が発足した。これが世界で最初の本格的な PRTR とされる。
(http://www.env.go.jp/chemi/prtr/about/about-3.html)。その後、PRTR は、OECD 加盟国を中心に導入が進み、日本でも 1999 年に一応の法制化をみた。

35　1986 年のチェルノブイリ原発事故は当初ソ連政府によって隠されていたため、3 日後にスウェーデンが同国内での放射線量上昇から事故発生を推測して初めて日本などでも報道が始まった。途上国の鉱山災害などでも、相当な被害がまったく知られていない事例は多い。

36　なぜイギリスでトラストが組織されたのかという疑問について、サランギ氏によると、詳しいことは知らないが、アメリカではテレビなどが主要なメディアになるのでキャンペーンに費用がかかるのにたいして、イギリスでは新聞での呼びかけが有効だったからだろう、とのことであった。実際、この意見広告への反響は大きかったという (2010.12.8)。

37　ボパール事件は、様々なアルタナティブの可能性を示唆している。サランギ氏は、アユルヴェーダを用いるサムバヴナの療法もその一つだという。それは、今後も同様に起こり得る化学物質による健康被害への対処であると同時に、近代医学の考え方にたいするアルタナティブでもある (2015.2.24)。

38　第五福竜丸が被ばくしたいわゆるビキニ水爆実験の際、アメリカ政府は日本政府にたいして 200 万ドルの「慰謝料」を支払い、分配を含めたその後の対応をすべて日本政府にゆだね、両国外交問題を決着させている (朝日新聞 1955.1.5)。加害側が早期の完全最終決着を主張、実現する経緯には、共通の力関係がみられるようである。

付記、本稿は「ボパール事件における問題の過程と被害者運動の展開」『日本及びアジア・太平洋地域の環境問題、環境運動、環境政策の比較環境社会学的研究』2007～2010 年度科研費研究成果報告書 (代表、寺田良一、課題番号 19330115) 4-27 頁を元に再編したものである。

引用文献

ベック, ウルリヒ、1998［1984］、『危険社会』(東廉、伊藤美登里訳、法政大学出版局)．
Bhandari, Laveesh et al (ed), 2009, *Indian States at a Glance 2008-09 Madhya Pradesh*, Indicus Analytics.
Bhopal Medical Appeal, 2009, newsletter 777 25th Anniversary Report BHOPAL 25 YEARS.
Bhopal Medical Appeal, 2010, newsletter 777 2010 Winter.

Bhopal Medical Appeal and Bhopal Group for Information and Action (BMA & BGIA) 2012, Bhopal Marathon.
ボパール事件を監視する会編、1986、『ボパール　死の都市』技術と人間.
Chingari Trust, 2016 [n.d],「生きる権利のために闘う―チンガリ・トラストの案内」『明治学院大学社会学・社会福祉学研究』146: 149-171.
Demvo, David et al, 1990, *Abuse of Power*, New Horizon Press.
Eckerman, Ingrid, 2005, *The Bhopal Saga*, Universities Press.
Fortun, Kim, 2001, *Advocacy after Bhopal*, University of Chicago Press.
舩橋晴俊他、1999、『環境社会学入門』文化書房博文社.
Hanna, Bridget et al (ed), 2005, *The Bhopal Reader*, Other India Press.
原田正純、1972、『水俣病』岩波書店.
井原宏、2009、「フォーラム・ノン・コンヴィニエンス法理における実質的正義」『明治学院大学法学研究』86: 1-26.
飯島伸子、1993 [1984]、『改訂版　環境問題と被害者運動』学文社.
飯島伸子・舩橋晴俊、2006、『新版　新潟水俣病問題』東信堂.
飯島伸子・渡辺伸一・藤川賢、2007、『公害被害放置の社会学』東信堂.
ラピエール，ドミニク・モロ，ハビエル、2002 [2001]、『ボーパール午前零時五分』（長谷泰訳、河出書房新社）.
Morehouse, Ward & M. Arun Subramaniam, 1986, *The Bhopal Tragedy*, The Apex Press.
中谷哲弥、2010、「多宗教社会」田中雅一他編『南アジア社会を学ぶ人のために』世界思想社 : 92-103.
Rao, D.V. et al, 2008, *Dalits and Environment*, Sunrise Publications.
Szasz, Andres, 1994, *EcoPopulism*, University of Minnesota Press.
谷洋一、2000、「世界最悪の化学工場災害―ボパール事件その後」日本環境会議編『アジア環境白書 2000/01』東洋経済新報社 : 207-209.
吉田文和、1989、『ハイテク汚染』岩波新書.

ボパール事件簡略年表

1960年代	インドで緑の革命。肥料消費量は1966年から1971年までの5年間で3倍増。同時に虫害も増加。
1969	ユニオン・カーバイド・インド社設立、ボパール工場でセヴィン生産。
1976	ユニオン・カーバイド社 (UC社)、農業生産部門を結成。セヴィンなど農薬の生産と販売で国際大企業として急成長。他方プエルト・リコで死者1名を出す工場爆発を起こすなど環境汚染も頻発。
1982.9.17	ボパールの地方紙記者がボパール工場の危険性を訴える記事を発表。事故や労働災害が多発していた。
1983	インドでのセヴィン販売不振により、翌年にかけて、工場内で冷却装置や洗浄装置等の運転停止や人件費節減。
1984.10.22	MICの生産停止。タンク610と622に約42トンずつのMICが保有されていた。
1984.12.2	夜20:30 洗浄工程開始、23:00 MIC漏えいの最初の報告。
1984.12.3	日付が変わる頃、MIC漏えいが深刻化。以後、約40トンのガスがボパール市街地を覆い、52万人が曝露、8千人が最初の一週間で死亡し、10万人以上が慢性的被害を受けたと言われる。
1984.12.7	UC社のウォーレン・アンダーソンCEO、訪問したボパールで拘束されるも即日保釈。
1985.3.29	インド議会がボパールガス漏洩災害法1985を制定。インド政府が法廷におけるUC社に対する唯一の原告になることを法制化。
1985.5	ボパールで活動する4つの組織が協力して被害地に診療所を設立。6月3日開設。24日には女性1名を含む5名が突如警察に連行される。
1985	州政府による被害者活動への弾圧が厳しくなり、大量逮捕や警官の暴力が多発。BGPMUS（ボパールガス犠牲女性労働者連合）などによる定期的な抗議活動が始まる。
1986.5	アメリカの地区法廷がすべての訴訟をインドに移す決定。9月インド政府がボパールでUC社を提訴。
1986	アメリカが「有害物質排出目録 (TRI)」制度を導入。地域住民の「知る権利」を認め、世界初の本格的なPRTR制度。
1989.2.14	インド最高裁、UC社がインド政府に4.7億ドルを支払うという和解案を認める。
1989.5.4	和解の仕方と刑事訴訟無効への広範な批判にこたえて、最高裁が和解の見直しに同意。
1989	被害者がボパールからデリーまで1月以上かけて歩いて抗議の訴え。女性100名、子ども25名が参加。2006年と2008年にも。
1991.10.3	最高裁、和解手続き再開を宣言。刑事訴訟は復活を示唆。UC社に、被害者のための病院設立に5億ルピーを寄付することを希望。今後生まれてくる先天性のMIC中毒の子どもへの準備に言及。
1992.2.1	ボパール行政長官、ウォーレン・アンダーソンCEOらUC社幹部を刑事犯罪者と宣言。

1992.4.15	UC 社、ボパール病院トラストの設立を発表。2007 年ボパール記念病院開業
1994.1	11 カ国 14 名の医師などによる「ボパールに関する国際医学委員会」がデリーとボパールで 3 週間の研究。国際的に反響を呼ぶ。
1994.12	イギリスに本部を置く Bhopal Medical Appeal (BMA) が新聞に意見広告。国際的支援が拡大。
1996.9	BMA などからの寄付金などで運営されるサムバヴナ・トラスト・クリニック開設。被害者による自主診療所が母体で共同運営による。
1999.11	グリーンピースが工場周辺の土壌と地下水を調査。飲み水も重金属や有機化学物質で汚染されていると発表。
1999.11.15	ニューヨーク南地区裁判所で被害者たちによる新しい集団訴訟。ボパールの被害者グループも 15 の法廷で訴え。翌年却下される。
2000.8.11	サムバヴナ・クリニックが汚染地域で井戸水の汚染など健康教育キャンペーンを開始。
2001.2.4	ダウ・ケミカルが UC 社を買収。910 万ドル。以降、ダウは、UC 社のボパール事故責任の継承を否定。
2001	ドミニク・ラピエールとハビエル・モロ『ボーパール午前零時五分』刊行。フランスでベストセラーになり、翌年英訳および日本語訳出版。
2004.1.6	ボパール行政長官、運動団体の陳情を受け、ダウ・ケミカルが UC 社の刑事訴訟を引き継ぐことを指示、同社に通知。
2004.5	被害者の訴えを受けて、インド最高裁が被害地に安全な水の水道管を敷設するよう指示。2010 年ごろまでに給水車による給水システムが整うも、水道管は未設置。
2004.7	和解から 15 年を経て、インド最高裁がインド政府に基金の残額を被害者に開放するよう指示。新聞によると約 3.27 億ドル。
2004.12.16	ヨーロッパ議会が決議「ボパール生存者たちは 20 年間、公正な補償、適切な医学的処置、総合的な経済的社会的再生を待ち続けている」。
2004	ボパールガス犠牲者女性文具労働者組合のラシーダ・ビーとチャンパ・デビ・シュクラが、アジア・ゴールドマン環境賞を受賞。その賞金 12 万 5 千ドルをもとにチンガリ・トラストを設立。
2006	サムバヴナ・クリニック移転。薬草ガーデンを備えた 2 エーカーの施設になる。
2009.10	BMA などがヨーロッパ 8 カ国で、ボパール・バス・ツアーを実施。12 月まで。
2010.6.7	ボパール地区裁判所が UCIL 社の元役員に有罪判決。
2014.9	UC 社元 CEO のウォーレン・アンダーソン氏が隠居先で死去、92 歳。
2014.12	ボパール事故 30 周年を前に「ボパール資料館 (Remember Bhopal Museum)」開館。

第9章 福島原発事故における避難指示解除と地域再建への課題
――解決過程の被害拡大と環境正義に関連して

藤川　賢

1 はじめに

　福島原発事故の発生から4年余の2015年8月11日、鹿児島県の川内原発が再稼働を開始した。原発事故後につくられた原子力規制委員会の審査による初めての原発運転である。その審査合格が正式発表されて間もない2015年6月に、政府は福島の居住制限、避難指示解除準備両区域の避難指示を2017年3月までに解除する方針を固めた。この二つの方針には大きな共通点がある。それは、いずれも決定の責任主体が明確ではないことである。

　原発再稼働に先立って、規制委員会の田中俊一委員長は、規制委が行うのは大きな事故を起こさないかどうかの審査であり、規制委は再稼働の判断主体ではないと述べ、他方、宮沢洋一経産相は「規制委の判断があったのだから」と政治判断の余地を否定した。地元自治体と国との間でも事故への最終責任の押し付け合いが見られる (産経新聞 2015.8.10)。2016年8月26日には、春に起きた熊本震災を受けて県民の不安が増しているなどの理由で三反園訓鹿児島県知事が九州電力に川内原発の即時停止の要請を行った。このように多くの原発立地地域が揺れ動いている[1]。

　同じように、福島の避難指示解除についても、国の方針でありながら自治体ごとの判断が問われ、実際に帰還するかどうかは住民個々の判断によるというあいまいな状況にある。住民の意向との関係の中で、該当する自治体の対応もまちまちである。ふり返れば、この状態は避難指示が始まった当初から指摘されていたことであった。舩橋晴俊 (2013) は事故後の混乱を「制御能

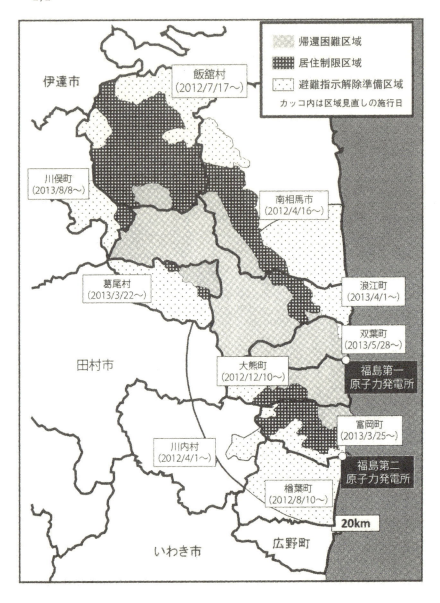

図9−1　福島原発事故の避難指示区域（2012年再編後）

出典：濱田武士・小山良太・早尻正宏（2015）『福島に農林漁業をとり戻す』みすず書房 73頁

力の不足」による問題と指摘し、このしわ寄せとして自治体と個人が相互にけん制しあうような閉塞が生じていると述べる。①生活再建と地域復興の支援、②福島原発事故の収束、③東電の損害賠償と行政の支援、④東電の責任問題と今後の経営形態、⑤放射線問題の取り扱い、といった諸課題がいずれも不十分にしか対応されていないという全国的課題の中で、個人にとっても自治体にとっても「帰るか、帰らないか」という限定的かつ不適切な選択肢の中で議論せざるを得なくなっているというのである(同上:354)。

　この指摘は、避難指示を受けた区域の将来にも当てはまるように思われる。①〜⑤の課題はどれも完全には解決していないが、損害賠償、ADR、除染などについては終期の話が具体化しつつある。健康影響についても、一方では、放射線障害による被害者は福島ではまだ出ていない、という主張が根強く存在し、他方では甲状腺異常の増加などが指摘される[2]。農産物価格への影響も、何年残るかわからない。後述のように避難指示が解除された自治体では人口減少と高齢化が進み、その影響は10〜20年後に深刻化する。こうした見通しにもかかわらず、今帰るか帰らないかが議論の中心になり、それが帰る人帰らない人の両方に負担を与えている。同時に、風化の懸念も深刻である。

　にもかかわらず、2017年3月の避難指示解除が1年後の精神的慰謝料打ち切りと連動するように、政府や東電は福島原発事故を「終わらせる」ことによって自らの責任を終わらせようとしているように見える。そのために、通常は年間1mSv(ミリシーベルト)とされる公衆の空間放射線量について、100mSv以下での危険は科学的に証明されていないとして、20mSv以下なら居住可能という基準も示された。これらは本書の第1章で触れた放置の構造に重なる。福島原発事故と公害問題との共通性は高く、発生と加害、被害と差別、補償と汚染への対処、等々についての指摘があるが(土井2013、平岡2013、畑・向井2014、畑2016、除本2016)、放置構造についても例外ではないのである。

　以下、「2」では、原発事故による被害構造と被害の潜在化の特徴を公害研究の先行例と比較しながら検討する。「3」では全国的な状況と地域の状況とのずれを中心に、地域再建をめぐる課題を加害・被害の観点から見ていく。それらを受けて「4」では、東電や国を含めた社会全体が、福島の地域再建に

果たすべき長期的な役割について、環境正義と社会的責任の議論をまじえながら考察する。本稿は、福島の避難指示区域の再建にしぼって論じるものであるが、この点でも原発事故をどのように解決していくか最良の方法を模索するために、正義の視点は重要な意味をもつはずである。

2 福島原発事故における被害構造と被害潜在化

2-1 健康被害の方向性

公害問題における被害の構造的拡大において身体的被害が重要な起点であることは言うまでもないが、被害構造が常に健康被害から始まるわけではない。たとえば新潟水俣病問題においては、すでに認定された被害者への差別がその後の未認定問題、二次訴訟などに影響を与えたし(飯島・舩橋編著 2006)、ダム建設による立ち退き問題の被害構造を論じる研究もある(浜本 2015)。

福島原発事故でも、放射能の健康影響の実態は予測としても示しづらく、多くの福島県民から健康影響が訴えられているとは言え、その内容や理由もさまざまである(成他 2015、など)。リスクと不安の存在は確かだが、その不安を医学的な健康影響として語ることが難しく、その曖昧さが家族や地域の人間関係を分断することもある。同時に、健康被害・因果関係の否定や軽視が、さらに健康被害の悪化、不安などの精神的被害、差別などの社会的被害につながる可能性もある。

こうした点で、まだ明らかでない健康被害は、むしろ、被害の潜在化と深く結びついている。被害構造論における被害潜在化と被害拡大の関係については公害問題でも論じられているところだが[3]、福島の状況ではそれがより複雑になっていると考えられる。そもそも福島で観測されているレベルの放射線による健康被害は、リスクとしてしか分からない。「分からない」健康被害が現実の社会生活にどのような影響を与えるかは、大きな問いである。ただし、実際にはリスクにかかわる実生活への影響はすでに膨大なものになっている。被害構造論において地域の崩壊は被害拡大の最終段階だったが、

福島では事故直後から強制避難などによって地域も家族も解体され、そのうちいくつかは修復不可能である。同様に、放射能への不安や避難などのストレスによる健康被害も大きい。中には、それを苦にして自ら命を絶った人も少なくない。

この両者とかかわって、リスクや被害を口に出すことが難しくなり、被害の潜在化をもたらすとともに、そのことがストレスや人間関係悪化の原因になっている。放射能のリスクや不安に関する発言は、しばしば政治的なものととらえられ、井戸川克隆前双葉町長の言動のように出処進退にまでかかわることもある[4]。これは政治家だけのことではなく、日常生活の中でも不用意に関連する発言はできないのである。たとえば母親同士の会話では、洗濯物を外に干すかどうかといった細かい言動から相手の状況や原発問題への考え方について確認して、話題を選ぶといった配慮が普通に行われている。もちろん、その背景に原発をめぐる歴史や政治的論争がかかわることは言うまでもなく、それは、補助金などをめぐる利害ともかかわっている。

こうした関係を飯島（1985、1992）の図式（本書第1章図1-1）に加えると、**図9-2**のようになる。

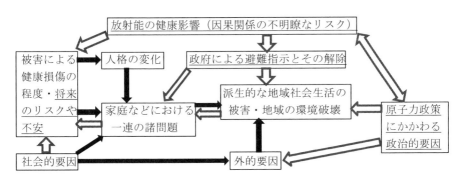

図9-2　福島原発事故に関する被害の社会的拡大

注：下線部の項目と白抜きの矢印が、被害構造の元図（図1-1）に加えられた福島原発事故の特徴であり、逆に、元図から削除された項目および矢印はない（ただし、一部の説明を簡略化した）。図は被害程度に関するものではないので、この広がりが福島事故の大きさを示すわけではないが、問題の複雑さと政治的社会的要因に端を発する影響の多さとは、今後のさらなる被害拡大の可能性につながっている。

2-2　被害構造としての福島原発事故問題の特徴

　図 9-1 で太い矢印が示すように、飯島（1993 [1984]）が指摘した健康損傷を始点とする被害拡大は、福島でも現実のものとして存在する。放射能との関係は不明であるにしても、避難過程や不安によるストレスなどで健康状態を悪化させた人はきわめて多い。とくに高齢者、病気を抱えていた人、子どもや妊婦などに関しては深刻な事例もあり、入院にともなう家族構成の変化、介護・養育のための離職・転職も多い。それが人格や地域の社会関係に影響を及ぼしていることは言うまでもない。

　また、健康被害にかんする将来への不安は、現状以上に個人差が大きく、人に伝えるのもより難しい。この打撃も、家族や地域のさまざまなところに及んでいる。この打撃の深刻さは、福島に住む人たちの不安の強さを示すものでもある。流言の大きさは社会的関心の高さと情報の少なさを掛け合わせた結果に比例するというが、放射能の影響をめぐる言説の多さも、関心の高さと不確実性との結果である。福島に住む人たちの多くは、個人の中でも同様の迷いをくり返しているのである。こうしたことを含めて、「放射能の健康影響（因果関係の不明瞭なリスク）」は、その「不明瞭さ」を含めて被害の社会的拡大にかかわる大きな要因を占めている。

　この点で、放射能のリスク評価と「原子力政策にかかわる政治的要因」との相互連関は、二重三重に被害の関連図式を複雑化させている。一つは、このことによって放射能リスクにかかわる医学的・科学的な言説の信頼性が損なわれていることの影響がある。関連して、避難指示に関する問題がある。過去の公害事件では、住民たちは多大な犠牲を払ってでも地域の存続を求めたのであり、足尾鉱毒事件における松木村や谷中村の消失は多くの紛争をともなった。それにたいして福島原発事故においては短時間のうちに広範な地域が空白になり、すでに復旧が難しいところも少なくない。それとともに、避難指示解除をめぐる動きも、地域の再建を目指すものであることは間違いないのだが、放射能リスクにかかわる不信感などを受ける形で地域再建を妨げることにもつながっている。政治的要因は問題の複雑化や不可視化（＝発言の抑制）などをもたらすだけに、後述の人間関係などに与える影響もはか

り知れないものがある。

　このことにもかかわり健康問題ともかかわるのが、「派生的な地域社会生活の被害」から「家庭などにおける一連の諸問題」へ、さらに「健康損傷」への影響である。図1-1では出発点だった「健康損傷」が被害の相互的影響の中に組みこまれていることは、放射能の拡散が止まったからといって福島の被害拡大が止まるとは限らないことを示すものである。健康問題、リスク論、家庭、地域社会、政治論争の間で問題の循環的拡大を防ぐためには、この複雑化した状況を解きほぐすことが求められるだろう。この点で懸念されるのは、被害の潜在化である。

2-3　被害の潜在化と被害拡大

　被害者の立場について見た時、被害の潜在化には二つの過程がある。一つは、被害の認識ないし疑いをもちつつ、社会的な事情でそれを訴えない場合である。もう一つは、被害を自覚しない、もしくは痛みなどの自覚症状があってもそれを外的な要因と結びつけて考えない場合である。ただし、現実には両者はつながっている。普通の暮らしをしたいという思いは、不安とそれを打ち消そうとする傾向の両方にかかわるからである。以下にあげるのは、郡山市に住む高校生による2012年の発言である。彼女は、市内でも線量の高い地域に自宅があったため親元から離れて避難するという話もあったが、地元に残ることを選択した。

　　それでも日々のニュース、インターネットの書き込みなどを見ていると、心が揺らぎます。将来、健康でいられるのだろうか、ここに住み続けて、本当に大丈夫なのだろうか、と、考えてしまうのです。自分の生まれ育った町に住む、当たり前のことで悩まなければいけないのです。これは異常なことです。草むらは線量が高そうと、なるべく離れて歩く、「この雪には放射性物質が含まれているのだろうか」と真っ白な雪を見て思う、公園の砂場を見て「今の子供たちは砂場で遊ぶにも放射能を気にしなければいけないのか」と、自分の小さかったころと比べてしまう、

外で深呼吸をしたとき「今、放射能を吸った」と思ってしまう、このように考え出すときりがありません。でも、そんな不安をいちいち口に出して言わずに心の中にしまいこんで暮らしています[5]。

この発言は、事実としての放射線量の高さと同時に、それがどのように日常生活の中に溶け込むかを示している。彼女は、避難地域から来た友だちや東電関係の家族をもつ友だちがいるので、学校では原発や放射能に関する話はしないようにしているという。

リスクを感じつつも、それについての意識や言動を遠慮するという感覚は、よりリスクの高い環境に身を置く可能性につながる。この感覚は、リスクの高さとは関係ないからである。やや極端な例になるが、避難指示区域内で設備工事の会社を経営していた50代の男性は、次のように語っている。

(以前の仕事は原発と直接関係なかったが、福島第一原発の廃炉工事に要請があれば＝引用者注＝以下()は同様) そのうち人が足りなくなったら行くしかないかなと、年配の連中とは話してますけどね。結局廃炉作業は人海戦術ですから、線量を浴びてない人が交代で行くしかない、…(中略)… 誰かしら犠牲にならないと、犠牲も何もなしにどうにかしようとしても無理でしょ。…(中略)… 結局、地元の人間が何十年と働いていて分かるから、そういう人間が行くしかない。また地元だからみんな行くんです。[6]

この男性は、放射能のリスクを気にしないわけではなく、とくに若い世代の被ばくについては慎重である。そのため、自分は年配だから放射能の影響は受けにくいと、線量の高い地域の仕事には自分が率先して行っている。このように、リスクの高い状況に自分の身をおくのはやむを得ない(もしくは、多少のリスクは大丈夫)という考え方と、そうした不安やリスクを口に出さないという選択とは、ともに地域や周囲への配慮と結びついている。

言うまでもなく、福島県には自主避難する人も多く、また、県内に住みつ

づけていても被ばく量を減らすために相当の努力をしている人もいる。だが、同時に放射線量を気にしていたら切りがないという側面もある。そして、その境界をどこに求めるかは個人の意思で決められるとは限らず、置かれた状況や社会関係の中で選ばざるを得ないのである。なかでも避難指示とその解除をめぐる政策決定は、補償の問題とも連動して、人びとの選択を大きく左右してきた。放射能のことを考えれば帰りたくないが誰かが帰らなければ故郷が失われる、と考える人もいる。

今後、とくに避難指示解除区域では、互いにほかの人たちの意向を推し測りながらの生活再建が続くことになるが、その道のりも単純には見通せないのが現状である。

3 避難指示解除と生活再建に向けた課題

3-1 賠償の打ち切りと高齢者の生活困難

福島県内では、謝罪し補償していても東電の側が上に立っているように見える、という声をきく。それは、こうした責任に関する時間とも深くかかわっている。帰還をめぐるこれまでの動きをみると、東電はできるだけ早くに責任を果たしてしまおうとし、国がそれを後押ししているかのような印象を与えている。だが、本書第8章でも触れたように加害側の都合による拙速な解決は被害拡大の原因になる。村のほとんどが原発30km圏内にあって2011年3月16日に全村避難したものの、4月に村が緊急時避難準備区域と避難指示区域に二分されてしまった川内村はその一例である。住民の半数以上は前者の区域に住んでいたが、その指示が2011年9月に指示解除になり、多くの人がまだ仮設住宅などに住んでいるにもかかわらず12年8月で精神的賠償も打ち切られてしまった。

> 賠償についての説明がほとんどなかったんですよ。行政説明があって、除染だとかその目標の放射線量だとかについては説明があったので、川内村の人も、富岡の人と同じような賠償が続くんだろうなと思っていた

のが、ある日突然ふっと切れたので、お金を使いすぎちゃったというかね、一気に100万円とか200万円とか大きいものがきちゃったので、その尻をしっかり伝えていなかったので計画性なく使っちゃったという面もあるんですよね。だから前もってわかっていれば川内の爺ちゃん婆ちゃんも節約して使ったんだけど説明がなかったので、その辺は残念だったと思いますね。[7]

仮設に住む高齢者の多くは、川内村では家族とともに暮らしており、避難の過程で世帯が分散してきた。この間に配偶者と死別した人、家族を施設に預けるようになった人も少なくない。賠償の対象となる不動産などが少ない人や、また、東電が示す仕組みに沿った申請ができないために受けられたはずの賠償を受けていない人も多い。そうした点も含めて、この人たちの生活は家族の経済状況や居住地、家族との人間関係などに依存する割合が高いため、帰村宣言されたからといって一人で帰れるわけではない。もちろん、他地域で新しい生活を始めるわけにもいかず、家族の世話にならずに生きていきたいと思う人ほど難民化し、仮設にいられる間はここにいたいということになる。

仮設での家計の苦しさについて、ある人はこのように語っている。

今は国民年金だから月に換算すると3万しかもらってない。それで生活なんとする？ 足りない所は若い人(=子どもたち)にコメを買ってもらって食べられるかもしれないけど。じいちゃんがいるときは農業者年金も入ったから、二人で何とかやっていたんだ。今ここ(=仮設)にいて、電気料だガス料金だって月3万では払いようがないもの。…(医者への通院も)行かないわけにいかない。今は、9月まで(医療費本人負担分が)無料なんだ、それで助かっているだけで。だけど、年寄りだから往復タクシー乗らなきゃならねえ、往復あるくと(=往復すると)2千円払わなきゃなんねえ。月に3万円なんて、食うところさ(=食費には)、まわらねえんだ。[8]

月 3 万円の国民年金だけでは生活できない。それは事故前の状況と同じように見えてまったく異なる。川内村では井戸水なので水道代がかからないし、食料はかなり自給できた。また、光熱費などの経費を同じ敷地に住む子ども世帯がまとめて払ってくれる、などの援助はあった。家族や近隣の援助についても、野菜や食事のやり取りあるいは子守などを通じて相互扶助の関係ができており、お互いの負担感は少なかったのである。ところが避難指示により世帯が完全に分離して、その関係が壊れた。東電による月 10 万円の精神的損害賠償が支払われていた間はそれで生活できたが、区域再編でそれが打ち切りになると、とたんに状況が切迫したのである。

　2012 年にいち早く帰村宣言をおこなった川内村では生活再建計画が進みつつある。世帯で数えれば 9 割は戻った地域もあり、近年は伝統芸能などの文化的な復旧もようやく目に見え始めている（藤原他 2016: 66）。それでも 2015 年秋に実施された国勢調査の結果では人口 2,021 人と震災前 2010 年の 2,822 人から 28.3% 減少している。なお、世帯数は 1,077 と 5 年前の 950 から逆に増えており、平均世帯人員数は、2.97 人から 1.87 人へと大きく減った。これは東京都の平均より少ない。除染関係などの労働者単身世帯の影響もあるが、単身もしくは夫婦のみの高齢者世帯が増加したのである。他方で、若年層の帰還は進まず、小中学校の生徒数は震災前の約 3 分の 1 である。村の平均年齢は実感的には 70 歳くらいにまで上がってしまったという声もきかれる。

3–2　コミュニティの再生をめぐる課題

　住民構成が 50 〜 70 代に大きく偏ってしまった川内村では、地域再建に向けた苦労も続いている。川内村は、もともと富岡町や大熊町の原発関連企業などに通勤する人も多かったが、それがなくなった現在、どう産業をつくりあげていくか、きわめて重要な課題である。だが現在のところ、復興補助を得ての工場誘致などが進んでいるものの、それらは家計を支えるほどの賃金を出せないこともあって人手不足が続く。基幹産業というべき農業や林業が受けた放射能の影響も大きく、それが観光事業にも妨げとなっている。

　また、福島県内に共通することであるが、農産物の売れ行きは戻ったよう

に見えても価格はなかなか元に戻らず、この点を含めた農業被害への補償には問題が指摘される[9]。また、仮設住宅や除染工事などの拠点もいわき市や郡山市などの都市部にかたよったため、産業面でも人口面でも都市と農村の格差は拡大したと考えられる。

同時に、数字の上での所得は低くても豊かだった村の生活を支えてきた、自然の恵みと、それにかかわる地元の小さな経済が失われた打撃も見過ごせない。川内村の魅力が大きく損なわれてしまったのである。炭焼きなどの山仕事が減って以来、原発を含めた他町への通勤が川内村の経済を支えていたのは事実だが、それでも富岡やいわきに移り住んでしまうより川内村に住みつづける人も多く、また、若い間は町暮らしをしても定年後などに戻っていた。それは何より自然が豊かだったからであり、その豊かさは、地域の小さな経済を支えてもいたのである。とくにキノコの加工品、味噌や漬物など手作りの品は農産物直売所や口コミ販売で主に高齢者の重要な副収入にもなっていた。それが失われてしまった（金子 2015）。

放射能問題以外にも「川内村に帰りたくても帰れない」事情は増加してい

川内村で再開された田植え。（2014年5月25日撮影）。川内村では事故以前の風景を取り戻しているところも多い。

る。たとえばある夫婦は、夫の新しい職場へは川内村の方が通勤しやすいのだが郡山市内に住みつづけている。給料が減ってそれだけでは生活が難しく、川内村では存在した同居する両親の援助もなくなり、妻がパートで働かなくてはならない。川内村に希望条件にあうパートがあるとは思えず今のパートをやめられないからである[10]。

　生活保護の受給者にとっても、川内村よりいわき市内の方が生活しやすいかもしれないという話もきいた。川内の冬はマイナス5,6度まで下がるので毎月の灯油代が3万円くらいかかる。また、広い川内村ではちょっとした移動にもガソリン代が高くつくが、生活保護受給で車が持てない場合の交通費はさらに大きな負担になる。そのため、とくに通院の必要などがある人には川内村に帰ることが難しいというのである[11]。

　川内村にかぎらず、原発避難の対象地域では経済的に困窮する人が増えたという。職を失った人も多い上に、自然や家族などとの関係の中で細々と支えられていた生計は補償や保険の対象にもなりにくい。先述した高齢者のように、生活保護の対象になるほど経済事情は悪くても何とか生活している人はさらに多いだろう。金銭という形をとらなくても、村の小さな経済はこういう人たちを支えていた。たとえば、隣家の人が通院する車に同乗させてもらって同じ病院に通う、病気になった親戚のお見舞いにいくのに、金品は子ども世帯が用意して高齢者がそれを届ける形で顔を出す、等々である。ある意味では、自家用の野菜や果樹、野山の動植物などをふくめたこうした村の小さな経済こそ、村の豊かさを支えていたといってもよい。今後、単純に福祉制度などによってこれに置き換えるのであれば、川内村に住みつづける意味は減り、むしろ都会の方が楽に生活できるということになる。

　このように考えるならば、村の豊かさを復活させていく第一歩は、高齢者や経済的身体的に弱い立場にいる人たちが一方的に何かの世話になる立場ではなく、少額でも自由に支出できる経済力をもち、何らかの形で地域の経済的社会的活動に参加できる仕組みを取り戻すことではないだろうか。

3-3　長期的な展望とコミュニティの意味

　長い時間をかけて培われてきた自然や社会関係が崩れてしまった今、その復旧にも相応の長期的な取り組みが必要である。だが、その力がいつまで続くか、という課題もある。次節で述べるようにそこでは政府や東電の責任が問われるのだが、それを考えるためにも地域ごとの事情も見落とすことができないだろう。言うまでもなく、放射線量が高いところ、帰還が遅くなるところほど、復旧の見通しは厳しくなる。それについて、2017年3月に避難指示解除が予定される飯舘村の例を見てみよう[12]。

　川内村の北方40kmほどに位置する飯舘村は、川内村と同じく阿武隈高地の高原の村である。川内村より周辺都市への通勤が難しい分、米作・畜産・酪農などの農業に力を入れてきた。その成果が認められて「日本で最も美しい村」連合にも加盟し、「までいライフ」(＝丁寧な生活)をスローガンとする村づくりを見に来る人たちも増えていた。20年来の努力が実を結んだ時期に、飯舘村は原発事故に遭ったのである。

　村域の大部分が福島第一原発から30km以上離れた飯舘村は、事故直後には避難指示の対象にならず、むしろ南相馬市などからの避難者を受け入れていた。そして、高濃度の放射性物質が降り注いだことが分かってからも情報や指示の混乱があり、全村避難が完了するまでに事故から4か月ほどを要した。そのため、福島県の健康調査でも一人当たりの被ばく量が県内自治体のなかで突出して多い結果が出ている (長谷川他 2014)。

　その飯舘村も、帰還困難区域の長泥地区を除き (長泥記録誌編集委員会 2016)、ほぼ全村が2017年3月に避難指示解除される予定である。とはいえ、まだ除染も完了しておらず、宅地周辺の線量はかなり減ったものの、少し山林に入るだけで急に線量が上がることも少なくない。戻れる状態ではないと判断する人も多く、帰村宣言が出されたとしてもそれに歩調を合わせる人は少数派にとどまり[13]、川内村以上に高齢化も深刻だと思われる。その中でどのように村を再建できるのか、問われることになる。

　飯舘村では、川内村以上に放射能への不安や耕地荒廃が大きく、酪農・畜産、米作などこれまでの基幹産業を再開できる見通しが立っていない。その

第 9 章　福島原発事故における避難指示解除と地域再建への課題　285

飯舘村内の水田に設けられた仮仮置き場。黒いフレコンバッグを積み終わるとシートをかけ、完成すると外側が白い鉄柵で囲われる予定である。(2016 年 2 月 28 日撮影)

上、集落中央部の水田がいくつも除染土壌の仮仮置き場になってしまう。土砂を積み上げられる平らな土地でトラックやブルドーザーが作業できる道路があるというのが広い水田を置き場にする理由だが、村内の優良な水田のうち 3 分の 1 近くが黒いフレコンバッグと白い金属塀に占拠されることになる。その撤去に何年、何十年かかるか分からず、撤去されても押しつぶされてしまった土地を水田に戻すには多大な費用がかかるという。借地料は、普通に米作していた時の売り上げより多いのだが、それでも水田再開に要する費用には足りないだろう。

このように戻っても元の生活ができないことも、村に帰れない大きな理由になっている。他地域に新たな住宅を求める人も増えている。その中にも、いつかは村に帰りたい、村の家も残しておきたいと考える人が一定数いるのだが、それにしても村に戻る人への負担は小さくない。

　　2 地域居住を目指す方と…（中略）…お互いに一生懸命やってきた仲間なんですが…（中略）…私は話をしたんです。「じゃあ、河川の草刈

飯舘村長泥地区の内側から見たバリケード。長泥地区は帰還困難区域のため許可なく入れないが、街道沿いの並木は住民の方がたが手入れを続けている。(2015年5月9日撮影)

りのとき、来てくれんのかい？クリーンアップ空き缶拾いのとき、来てくれんのかい？」「いや、それは勘弁してくれ」っていう話です。…(中略)… 用水路の手入れ、今までは、皆さん全員参加でやるんですね、それが(今後)できるかっていったら、できなくなりますよね。やっぱり、やむを得ないでそういう(=2 地域居住などの)判断をしたとしても、地域の復興っていう点からすると、非常に大きな障害が、問題が出てきますよね。

だから、賠償は、皆さん個人に賠償って形にしますけど、ここで失ったものに対するものは、どなたがどういう形で取り戻すことができるんだろう。戻った人が、恐らく、汗水流して苦労して、時間をかけて、そして取り戻せるかどうか。[14]

飯舘村は、集落ごとにみんなで力をあわせてアイデアを出し合いながら村づくりを進めて、観光と農牧業を組み合わせることにようやく成功しつつあった(菅野 2011、長谷川他 2014、)。それが根底から崩され、新たな道筋は見

えていない。これは現在も大きな負担だが、川内村と同様、帰還の中心世代である 50～70 代が高齢化する 10 年後 20 年後により大きな危機が訪れることも懸念される。

こうした現状に対して、現在目にすることのできる復興策は、道の駅などの公共施設と道路整備、そしてソーラーパネルなどが中心である。これらの建築物は当初は復興を象徴できたとしても、10～20 年後まで人を集めるものとは思えない。これらは、せいぜい 3～5 年程度の短期的な見通しで判断されているように見える。

飯舘村にかぎらず村の生活は、他所に出ていった人が帰省したり、定年後に戻ってきたり、あるいはリピーターの観光客ができたり、といった長期的で多様な関係をもってきた。過疎化が進んでからは、こうした外部との協力が村を支えた場合もある。その中で原発事故は、村の人口を減らし、村と人との関係も複雑化させた。これを混乱や分断につなげず、村を支える力にしていくためにも、長期的で多様な関係の重要性は増している。それにたいして、避難・帰還政策の決着を急ぐために選択を迫り、短期的な結果を求めようとすれば、事態はより深刻化しかねない。

この点を含めて、これから福島原発事故からの地域再建を考えるためにも、被害拡大と差別、コミュニティの分断、住民参加と情報公開の限界など、これまでの公害・環境問題にかかわる環境正義の問題として指摘されてきた点を確認する意味がある。

4 避難地域の復興に向けた環境正義の課題

4-1 閉塞の悪循環を打ち破ることは可能か

福島県内では、一見すると事故以前と同じ生活を再現しているようでいて「一皮むけば、日常生活とはあまりに異質なものと隣り合わせの生活が続いている」(渡邊 2014: 48) という。元の生活が再建されたという人と、それを否定する人とがいる時点で、それは十全なコミュニティの再現ではないともいえる。福島テレビの後藤義典報道部長は、座談会において次のように発言している。

「今、福島県民の中では『自分の価値観を押し付けない』というのが暗黙のルールになっていると思います。放射線にしても、県内の米を食うか食わないか、これは個人の価値観だし、自分はこうすると人に押し付けないっていうことです。」[15]

この発言が県外での差別を心配する声に関する話題へとつながっているように、このルールは県内、県外の両方に関して人間関係を守ろうとする意図をもつ。そのため、自制的なルールにとどまらず、強く放射能への不安を訴える発言などに関しては、「風評被害を助長する」などとして厳しい制裁が加えられることもある[16]。

その背景にあるのは、原発事故問題が風化する一方で福島にたいする負のイメージが残る現状である。たとえば、事故から3年たっても福島県内では次のような記事が掲載される。

飯舘村の中心部で営業を開始したセブンイレブンと使用中止が続くポスト。
（2016年2月28日撮影）

「事故の風化が進み復興支援の機運が薄れる一方で風評が改善しなければ、負のイメージが県外で定着してしまう恐れがある。同市で贈答用サクランボなどを手掛ける紺野繁勝(68)も『もう3年。何か手を打たなければいけないと思うのだが、どうすればいいか分からない』と焦る。直接販売の顧客の中心は高齢者。『一度離れた県外の顧客が、戻ることなく世代交代していくのを黙って見ていることしかできないのか』」(『福島民友』「原発災害「復興」の影(風に惑う・3)」2014.3.31)

　福島県外の人びとは、わずかな放射線量など気にせず福島の農産物を購入するか、贈答用の高級品だからと他県産を選ぶか、ほとんど自由に選ぶことができる。それにたいして、福島の農業者には選択の自由がない。同じく、福島に住む人は、食品などは選べても居住地などについては選択の余地がない。この不自由とそれに関する格差があるために、人間関係を波立たせないよう、余計なことを言わないのである。その結果、閉塞感をともなう暗黙のルールが生まれる。だが、そこでは「発言の自粛→内面的なストレス増大と問題風化の懸念→福島の置かれる現状の悪化→県内での閉塞感→発言の自粛」という悪循環が生じる可能性もあり、上記のような葛藤につながっている。
　それは同じ家族や、あるいは一人の個人の中にも両方の意見が存在し、時に揺れ動いているからであり、また、論争化が注意深く避けられているからである。ただ、大きな懸案でありながら突き詰めることができないというもどかしさが閉塞感にもなっている。たとえば、夫婦で帰村したある方は次のように話す。

　　放射能の問題に片づけられないよ、放射能によって内在化されていたものがみんな出ちゃったっていうか、離婚する人もいるしね、それは、放射能の問題がなければ離婚しなくて済んだかもしれないけど、内在していたものが隠し通せなくなったわけ。……俺だって、夫婦仲良くやっていたって女房に言わないことだってある……放射能のことだってそうだよ、言わないよ。女房が元気ないからって、これくらいの放射能は大

丈夫だから元気出せなんて言えないしね。[17]

　表面的には家族関係に変化が起きたわけではないが、奥さまには心身不調の自覚もある。互いの気遣いを含めて、これらは図 9-2 のような被害拡大とも言える。だが、それらを被害として声高に訴えればさらに傷つくことにもなり、口に出せないのである。
　こうした閉塞感を打破する可能性は、福島県内より県外にある。というのは、放射能のリスク、東電の責任、原子力政策のあり方といったより大きな議論が全国的に展開されれば、福島に住む人たちもより広い文脈のなかで語ることができると考えられるからである。たとえば 20mSv なら生活可能という基準に疑問をもつ人は、他県で放射線量や福島の地域再建に関心を持つ人になら、それを語れるかもしれない。だが、だったら帰村しなければよいと片付けられてしまうと思えば口にしづらいし、1mSv を超える地域でともに生活する人には余計に言えないだろう。この点は、1mSv と 20mSv という二重基準の押し付けとともに、不安を持って暮らす人たちにたいする加害になりかねない。すべての人が率直な不安や希望を話し合い、理解できる状況をつくりあげるのは、当事者だけの課題ではなく、政府や東電あるいは社会全体の責任である。福島では、それに関する抗議の声も起きつつある。

4-2　「棄民」にされることへの怒り

　年間 20mSv 以下であれば生活可能という政府の判断が（毎日新聞 2015.7.8 夕刊）、説明も議論も不十分なまま既成事実化しつつある一方で、政府や東電も現実には「帰らない」という選択を認める賠償を進めている[18]。これは上記のような発言の自粛や葛藤を増すことになり、個人としても地域としても生活再建にとって混乱を増している。
　こうした放置と翻弄への怒りは、事故から時間がたつにつれて膨れた部分もある。原発事故の解決が見えない中で「賠償の終期」が話題にのぼりだした 2014 年、原子力損害賠償紛争解決センターへの ADR 申し立ては件数・人数とも大幅に増加した[19]。そこには、賠償打ち切りへの不安や不満、生活の

困窮など多くの理由があるが、一つには原発事故問題が風化するなかで東電や国が責任を逃れようとすることへの疑問があるように見える。

　2014年11月には飯舘村の人口の半分近くにあたる住民約3千人による集団申し立てがあった。先述のように飯舘村は、大半が原発から30km以上離れているにもかかわらず、他の市町村に比べて多くの人が被曝した。その後も将来への見通しが立たない状況に業を煮やした結果の申し立てと言える。ADRであるから訴えの対象になるのは東電だが、「申し立ての意義」には次のような記述がある。

> 　「政府・県・村は「除染」も不十分のまま、新たな安全神話を広め、避難区域の解除を拡大し、帰還政策を進めようとしている。
> 　しかし、若い人々、特に子どもを持つ若い親たちは、放射能の不安から帰還できない。年長者も、若い人々が帰還しないので、子どもに迷惑をかけるのではないかと思い、帰還を躊躇している。
> 　このままでは村民はバラバラにされたまま、時間の経過により問題は解決するどころか、泣き寝入りを強いられる。それも深い恨みとくやしさを残して。足尾銅山公害や水俣病の例を見るまでも無く、この国は、過去何度も「棄民」を繰り返してきたが、飯舘村民もまた「棄民」にされようとしている。このようなことを絶対に許してはならない。」（原発被害糾弾飯舘村民救済申立団ほか 2014: 6）

　「恨みとくやしさ」と似た言葉が重ねられているように、ここでは行政の重なり合う責任が追及されていると考えられる。一つは言うまでもなく事故の責任だが、それ以上に、住民の帰還を促進して事故の収束をはかることでその責任を逃れようとすることへの疑問である。

　もう一つは、行政に頼らざるを得ない人を増やし、しかも、そういう人ほど手にする賠償が低くされることへの疑問である。コミュニティの崩壊はこれからも厳しくのしかかるにもかかわらず、それにたいする補償は見えない。個人がバラバラにされるなかで将来はお金に頼るしかないのか、という悲し

みと、それにしては低い賠償額への疑問がそこにはある。

　そして、ある意味ではそれ以上に大きいのは、これまで住民の支援を約束してきた行政や政治家が口をつぐみ、うやむやに事故の幕引きをはかろうとしていることだろう。この文章の起草に深くかかわった申立団の一人は、「棄民」という表現に思い至ったのは2014年になってからだと話す。

> （事故から）2年が避難民、後の2年は難民、もう難民の状態だ、このままいったら棄民だと、そこから始まった。捨てられたと同じでしょう、何年も何年もね。避難というのは2年が基本でしょう、その後は難民の状態になっているんじゃないのというのが3年目。4年目もこのままだったら捨てられたのと同じ、国からもね。寄り添う、寄り添うと言葉ばかりでね、 …中略… （行政が言うように）希望が持てる状況に、今、ありますか？ 少しでも希望を持たせるためには新たな人生を一歩でも歩んでもらう、人生の刻みをつけてもらう、そのために何をやればいいかということを行政は真摯になって考えなければならないはずなんです。[20]

　この言葉は、本書第8章で紹介したボパールの状況に通じるものがある。もちろん、福島の事例は同一国内で貧富の差もはるかに小さく、賠償などの対応も比べ物にならない。にもかかわらず、根本で共通するのは、被害者が被害者であるがゆえに差別的な待遇を受け、放置されることである。そして、その際、問題発生以前からあった格差が作用し、被害を拡大することである。たとえば事故以前に不動産等を所有していた人への賠償は比較的手厚く、ある程度よい条件で移住もできるが、賠償の対象となる財物が少ない人の選択肢は限られている。経済的理由や仕事や家族のために帰村せざるを得ない場合もある。本章の冒頭でも触れたように、福島原発事故をめぐっては全体的な課題が残された状態で焦点となる個人や自治体に判断が委ねられてきた。今後もそれは続くが、帰還をめぐる動きが一段落すれば、本人にも周囲にも、それが強制された選択であることは見えにくくなるだろう。そうした問題を避けるためにも、福島の状況について注意や支援を続ける社会の責任は残る。

近年、世界的に環境正義に関する議論の射程は広がっており、福島の帰還と復興をめぐるこうした状況もその視点から見ることが可能だろう。

4-3　地域再建にかかわる社会的責任──環境正義の議論とのかかわりから

　1980年代にアメリカで大きく展開した環境正義の運動は、黒人居住区への危険施設などの集中にかんする環境人種差別への対抗を主軸とするが、その議論の対象は、必ずしも人種差別にかぎられたものではない。たとえばBell (2014) は、分配をめぐる正義のほかに、健全な環境への権利（実在的な正義）と、決定過程への参加と情報にかかわる「手続き上の正義」とを指摘する（Bell2014: 17-22）。放射能汚染などをめぐる環境と、二重基準や放射性廃棄物・除染土壌の配置をめぐる問題のほかに、さまざまな決定の過程も環境正義の観点から問われるということである。

　これについて、環境正義運動の原点ともいわれるラブキャナル事件から生まれた環境運動団体 Center for Health, Environment and Justice (CHEJ) は、次のように述べている。

　　「環境正義とは、選択する権利、オプションをもち、行動する権利である。市民集会や公開説明会で発言する権利であり、すべての決定が汚染原因者たちの共通利害によってではなく、コモンセンスと正義にもとづいてなされることを要求する権利である。」[21]

　これに即して言うならば、飯舘村などについて進められようとしている避難指示解除は、経済的理由や年齢あるいは村や家族への責任感などの理由で「帰らざるを得ない」人の権利を損なっている。とくに、帰っても元の生活をできる当てがない状況で帰らなければならない場合は深刻である。そして、これらの方針決定は、この人たちにとって、政府や東電の利害の結果として押しつけられたものであり、事実として発言の機会を与えられてこなかった。このまま帰還しても、当事者の自己責任に押しつけられたまま地域再建に向けて苦闘しなければならないとすれば、棄民状態が続くことになる。

もちろん、上から工業団地などの計画を押しつけてはならないし、補助金で手当たり次第に観光施設をつくればよいというものでもないが、国も県も東電も、村の再建のために何をどこまで支援できるのか、その可能性さえ明示していないのが現状である。
　原発事故による避難指示対象地域のコミュニティの再建には複数の課題がある。第一に放射能をめぐる危険があり、これは本質的な課題であるにもかかわらず、そのリスク評価が人によって異なっている。第二に、こうしたリスク評価や補償や避難をめぐる違いにより信頼関係を取り戻すにいたっていない。第三に、飯舘村や川内村は周囲の市町村との関係が重要だったにもかかわらず、とくに浜通りの隣接自治体が崩壊し、その後の見通しが立っていない。コミュニティは、土地と人間、そして、役場や企業などの機関、近隣との交流などを含む広い意味での社会関係資本によって構成されているが、そのすべてが脆くなってしまっているのである。そこに無理やり基盤を置くために役場や住宅や工場などを配置しても、『人間なき復興』などと批判さ

富岡町の居住制限区域と帰還困難区域の境界部。この柵の手前だけが避難指示解除となる予定である。（2014年1月10日撮影）

れることになる (山下・市村・佐藤 2013)。どうすれば、土地と人間との相互的なやり取りを可能にすることができるかという、その議論の基盤となる人間関係が壊されているのである。

　この点で、避難指示解除と帰還に向けた課題を上記の環境正義の考え方に照らしてみていくならば、次の3点を見直す必要があると考えられる。一つは、これまで一般に年間 1mSv が基準とされてきた空間放射線量について 20mSv 以下なら居住可能とすることについてである。その数値の妥当性はおくとして、わずかな議論のうちに決められたこの二重基準によって、福島の人たちによりリスクの高い基準を押しつけているだけでなく、意見の違いによる不安や中傷などのリスクも与えていることになる。その責任を誰がどのようにとるのか、明らかでない。

　第二は、地域の分断と縮小である。すでに移住を決めた人も増えた反面、判断に迷う人はさらに混乱を増している一面もある。上でも少し触れたように、賠償金額は地理的線引き、職業や財産、家族状況などによって細かく分かれ、経済的理由でどちらにも進めない人が増えているのに、それを支える家族や地域がなくなっている。「ふるさとの喪失」「コミュニティの喪失」は 2012 年ごろから言われていた言葉であるが (除本 2012 など)、最近になってそれを実感する人も多いという[22]。個人を対象とする賠償だけでなく、地域社会を支援する責任が国や東電にも求められるだろう。

　関連して第三に、やや大きな話になるが、価値観の強制についても言及しておきたい。飯舘村を含む阿武隈高地では、山の恵みに支えられて多様な生活が可能だった。自給自足的な生活に魅せられて移住してきた人たちも少なくない。だが、原発事故と避難によって、核家族化・単身化が進み、お金がなくては日常生活も成り立たなくなった。今、村に戻ってもそれは変わらない。川内村などでも、事故後、自然に即した生活から市場に依拠する生活への変化、農林業などから工場や会社への勤務への産業構造の変化、地域コミュニティの解体と個人化、核家族化などの動きが進んでいる。避難先が都市部になりやすいという事情とともに、工場建設や道路整備は復興事業として実行しやすいという行政の事情もその一因である。だが、仕事も買い物も病院も遠方に行かなく

てはならなくなり、村内では中心部に新しい復興住宅などが集められ、村の空間構成は変わりつつある。明治以来、多くの山村が近代化に取り残されてきたが、1980年代くらいからようやく自然の恵みや多様な生活が世間に受け入れられるようになり、飯舘村や川内村も評価を受けるようになっていた。そこに、従来型の産業化政策を押しつけることには大きな抵抗を感じざるを得ない。

5 むすび

　本章では、社会的な被害の拡大という観点から福島原発事故の現状についてみてきた。第一に健康被害の輪郭が不明瞭で、かつ、これから拡大することが福島原発事故の大きな特徴である。第二に、それは被害の潜在化とかかわっている。第三に、この被害の潜在化は、原発ともかかわるさまざまな格差と結びついている。第四に、これらの結果として地域社会の分断など、被害の社会的拡大が見られる。第五に、現状ではそれらが住民一人ひとりの選択や責任に結びついているように見える。自己責任などが強調されて議論や葛藤が地域に閉塞してしまう事態を防ぐためには、国をはじめとする社会全体での対応が必要だと考えられる。

　これらは、前章までに見てきた事例における格差と放置の関係に重なる一面がある。福島ではこれまでに多額の損害賠償や除染・復興支援事業などが注ぎこまれている。だが、それが被害を痛感せざるを得ない人に適切に行き渡っているとは言いがたい現状も指摘される。賠償の金額や期間が加害者である東京電力によって決められており[23]、そのためADRなどの仲介手続きも十分に機能していない一面がある。過去の公害訴訟でも見られたように、全体の問題や加害責任ではなく、個々の被害者の損害や判断が議論の焦点になってしまうのである[24]。

　災害や公害に関して多く共通することでもあるが、被害は一様に降りかかるのではなく、弱い立場に位置していた人ほど大きな打撃を受けやすい。福島においても、正社員だった人は事故後も職を得やすく、不安定な仕事をしていた人ほど、今も職や生活費に困っている割合が高い。そして、苦しい立場

にいる人にとってこそ、事故の影響は長く続く。若い人は避難先で新しい生活を始めやすいが、高齢者ほど先が見えないことが辛く感じる。にもかかわらず、弱い立場の人ほど、その苦しみを訴える力ももたないのである。

　前節で触れた「棄民」化への怒りの声は、この点にかかわっている。沈黙をいいことに、こうした困窮への支援や責任が忘却されてはいけない、という訴えである。こうした訴えは、二つの意味で社会のあり方を問い直そうとしている。

　一つは、日本の伝統的なふるさととしてのコミュニティの再生である。飯舘村や川内村は、地域全体で子どもや高齢者などを支える人間関係をもち、それが地域の大きな魅力でもあった。だが、避難指示が解除されても若い世代は戻らず、その問題は10年後20年後により顕著に表れてくる。そこから長い時間をかけて以前と同様のコミュニティが形成できるようになるまで、政府や東電の社会的責任が残るのではないか。都市と似た福祉施設などによって短期的に復興の形を整え、コミュニティを変えてしまうことへの疑問がある。

　もう一つは、参加と決定に関するプロセスを問うものである。日本の原子力政策の歴史は、特定の地域に原発による利益集団をつくりだし、その地域が受け入れるからという理由で集中立地をくり返してきた。その候補地として、大都市から離れた過疎地など不利な条件を抱えた地域が選ばれてきたのも事実である。福島原発事故によって、飯舘村のようにそれまで原発と無縁だった地域が原子力政策と深くかかわることになった。賠償だけでなく、除染土壌の置き場や減容化施設なども建設されている。これらについて、利害にもとづく個人間の取引だけで決定されるべきことなのか、地域全体での議論を踏まえて決めるべきことなのか、現時点では、曖昧な点が残ったままである。

　この点で、上記のCHEJによる環境正義の記述が示すように、すべての人たちが選択の権利をもち、参加と発言を認められ、その結果としてコモンセンスにもとづいた決定ができるかどうかは、飯舘村だけでなく社会全体が問うべき課題である。環境正義の視点から福島原発事故後の賠償や復興の過程を見直すことは、原子力その他に関する日本の政策を問い直すことにもつながっている。

今日、福島県の現状は一つの岐路にあるようにみえる。社会的関心がうすれる中で、徐々に様々な決定が狭い関係者の間でなされるようになっている一面がある。国や東電も、地域復興に向けた責任について口にしつつも、それを事故にかかわる賠償や除染などの責任と、通常の行政的課題とに分け、その両者の間で抜け落ちるものを軽視しつつある。今後、どのように課題を確認し、より広い問題へとつなげながら支援と関心をひろげ、責任の所在を問いつつ、解決を模索するか、筆者自身をふくめて社会の全体にかかわる、大きな課題である。

注

1. 2013年の大飯原発停止以来2年ほど原発稼働ゼロが続いていたため、規制委員会の決定と川内原発再稼働は大きな注目を集めた。その後、2016年には高浜原発2基が再稼働したが、大津地裁による仮処分決定などによって運転が停止された。また、2016年8月にMOX燃料使用の伊方原発が再稼働している。
2. 2013年6月に自民党の高市早苗政調会長（当時）が、東京電力福島第1原発事故で死者が出ていないとして原発再稼働に意欲を示し、マスコミ等の反論を受けて撤回、謝罪した。この謝罪会見が行われた6月19日の『福島民報』は、同月5日の福島県民健康管理調査の検討委員会が、2月の報告以降、18歳以下で甲状腺がん診断が「確定」した人が9人増えて12人、「がんの疑い」が8人増えて15人になったとする結果が報告され、ただし「放射線の影響否定」の見解が示されたことを報じている。日付の一致は偶然だろうが、「健康被害否定」が政治的、科学的、両方の動きをともなっていることに注意すべきだろう。
3. 飯島伸子における被害のとらえ方について詳しく論じた友澤（2014）は、飯島が地球環境問題にまで及ぶ「加害-被害関係」を展開しようとした時、加害と被害が別個の概念に切り離されてしまうと述べる（友澤 2012: 38）。この批判は、原発をめぐる加害と被害の関係を考える際にも重要であり、被害構造論は、被害の分類と整理のためというより、潜在化する被害に注意するための方法の一つとしてとらえるべきである。ここでの図式化も福島の被害の全貌を捉えたものではないことを確認しておきたい。
4. 井戸川克隆氏は、事故後の対応をめぐる町議会や福島県などとの対立を経て2013年に町長を辞職した。その言動の基盤として被ばくへの懸念と、関連する政府などへの不信が表明されている。「井戸川かつたか公式サイト」（http: //www.

idogawa-katsutaka.net/）参照。2016.9.5 最終確認。
5 2013 年 1 月、郡山市でのシンポジウムにおける発言から。
6 いわき市（避難先）でのヒアリング（2013 年 12 月 10 日）。
7 川内村の仮設住宅でのヒアリング（2014 年 3 月 17 日）。
8 川内村の仮設住宅でのヒアリング（2014 年 5 月 24 日）。
9 「原発事故から 3 年、見捨てられる福島の農家」『週刊東洋経済』2014.3.15、など。
10 川内村の仮設住宅でのヒアリング（2014 年 3 月 17 日）。
11 川内村の仮設住宅でのヒアリング（2014 年 8 月 1 日）。
12 飯舘村は、2017 年 3 月 31 日の帰還をめざして 2016 年 7 月 1 日には役場を村に戻している。ただし、多くの村民から見直しの要求も出ている。
13 飯舘村などより一足早く 2015 年 9 月に避難指示が解除された楢葉町では、1 年後の帰還者数が人口の 1 割弱であった（朝日新聞 2016.9.5）。放射線への心配のほか、医療や買い物などの生活基盤が戻っていないことが理由と考えられている。
14 飯舘村でのヒアリング（2015 年 6 月 26 日）。この方は、村に献身してきた方で、家業よりも地域の仕事を優先することについて奥さんから文句を言われた際にも「何とも答えられなくて、『いつか俺が死んだときには、必ず周りで助けてくれっから』って言ったんですが、そういうのを、私はつくってきたような気がしていた」のに、それがなくされたことを辛く感じている。言うまでもなく、この悔しさは村全体に通じるものだろう。
15 『福島民友』〈被災地メディアの闘い「東京、そして世界に伝えたいこと」Part 1〉2012.3.22　http://www.nippon.com/ja/views/b00701/
16 風評被害のとらえ方については他で書いたが（除本他 2015）、その被害・加害の関係と、誰が賠償などの責任をとるかについて、再検討の必要があるだろう。これも、環境正義にかかわる課題の一つである。
17 川内村でのヒアリング（2014 年 5 月 25 日）。
18 2014 年に東京電力は、移住が必要な避難指示区域住民が都市部に新たな住宅を取得する場合に、一定の範囲で地価の差額分についても賠償の受付を開始した（東京電力　http://www.tepco.co.jp/cc/press/2014/1239448_5851.html、2015.10.2 最終確認）。このこと自体は、避難者の生活を保障するためにも当然だと考えられるが、他方で、移住しない人、移住するが当面は賃貸住宅に住む人、元の居住地で不動産をもっていなかった人などについての対応が遅れているため、格差や分断の一因になっている。
19 ADR センターによると、2014 年の申立件数は 5,217 件で前年の 28% 増、申立人の総数は 29,534 名で前年の 14% 増である。なお、2013 年 5 月には浪江町の住民の半数以上にあたる 11,602 名が参加する大規模集団申し立てがあり、申立人

数が前年から倍増している。2015年は4,239件、23,984人の申し立てと前年より少し減ったが、なお高水準が続いている。『原子力損害賠償紛争解決センター活動状況報告書～平成27年における状況について～（概況報告と総括）』（平成28年3月）による。

20　福島市でのヒアリング（2015年3月14日）。
21　第1章でも紹介したこの引用は、CHEJの機関誌が初めて表紙に「環境正義」を明示した際の記述による（Everyone's Backyard 8-1=Jan.1990: 2）。ラブキャナル事件がアメリカの環境正義運動の出発点であると言われるのも第1章で述べた通りである（Dobson 1998: 18, Lerner 2010 :ix）。ロイス・ギブスたちは、ラブキャナルの汚染地域の一部が「安全」とは言えないのに「居住可能」として販売されることについても、似た文脈から反対している。
22　郡山市でのヒアリング（2015年9月28日）。
23　「「加害者が決めるな」東電、賠償支払い指針を"骨抜き"に」『福島民友新聞』「原発災害「復興」の影：償う(5)」（2014年5月1日）、など。
24　その典型例は、浪江町集団申立に関するものだろう。飯舘村が受けたのと同様の被ばくと混乱を経験した浪江町では、町役場の主導によって注19で紹介したADRの集団申立を行った。精神的損害（一人月10万円）の25万円上乗せなどの要求に対して、翌年仲介委員は5万円上乗せの和解案を出したが、東京電力は事実上拒否した。「国の紛争審査会が公開の場での審議を経て定めた中間指針」にない一括の上乗せ賠償はせず、「斟酌すべき個別の」事情があればその都度対応するというのがその理由である（東京電力ホールディングス「原子力損害賠償について」http://www.tepco.co.jp/fukushima_hq/compensation/index-j.html、2016.9.6最終確認）。その後、仲介委員会からの受諾要請にも拒否回答を続けている。

付記：本稿は、Fujikawa (2015)、除本他 (2015)、藤川 (2016) など、これまで発表してきた記述を踏まえて執筆したものである。

引用文献

Bell, Karen, 2014, *Achieving Environmental Justice*, Policy Press.
Dobson, Andrew, 1998, *Justice and Environment*, Oxford University Press.
土井淑平、2013、『フクシマ・沖縄・四日市―差別と棄民の構造』編集工房朔
Fujikawa, Ken, 2015, Environmental Destruction and the Social Impacts of the Fukushima Nuclear Disaster,『明治学院大学社会学社会福祉学研究』144: 1-15.

藤川賢、2016、「福島原発事故の避難指示解除と帰還にかかわる環境正義の課題」『明治学院大学社会学部付属研究所年報』46: 149-161.

藤原遥・除本理史・片岡直樹、2016、「福島原発事故の被害地域における住民の帰還と「ふるさとの変質、変容」被害―川内村における伝統芸能の継承の困難を事例として」『環境と公害』46-2: 60-66.

舩橋晴俊、2013、「震災問題対処のために必要な政策課題設定と日本社会における制御能力の欠如」『社会学評論』64-3: 342-365.

浜本篤史、2015、「戦後日本におけるダム事業の社会的影響モデル―被害構造論からの応用」『環境社会学研究』(近刊).

長谷川健一・長谷川花子、2014、『までいな村、飯舘』七つ森書館.

畑明郎、2016、『公害・環境問題と東電福島原発事故』本の泉社.

畑明郎・向井嘉之、2014、『イタイイタイ病とフクシマ―これまでの100年 これからの100年』梧桐書院.

平岡義和、2013、「組織的無責任としての原発事故―水俣病事件との対比を通じて」『環境社会学研究』19: 4-19.

飯島伸子、1985、「被害の社会的構造」宇井純編『技術と産業公害』東京大学出版会: 147-171.

Iijima, N., 1992, Social Structures of Pollution Victims, J. Ui ed. *Industrial Pollution in Japan*, United Nations University Press, 255-279.

飯島伸子、1994 [1983]『改訂版 環境問題と被害者運動』学文社.

飯島伸子・舩橋晴俊編著、2006、『新版 新潟水俣病問題』東信堂.

原発被害糾弾飯舘村民救済申立団・飯舘村民救済弁護団、2014、『かえせ飯舘村：飯舘村民損害賠償等請求事件申立書等資料集』.

金菱清、2014、『震災メメントモリ』新曜社.

金子祥之、2015、「原子力災害による山野の汚染と帰村後もつづく地元の被害 - マイナー・サブシステンスの視点から」『環境社会学研究』21: 106-121.

菅野典雄、2011、『美しい村に放射能が降った』ワニブックス.

Lerner, Steve, 2010, *Sacrifice Zones*, MIT Press.

長泥記録誌編集委員会編、2016、『もどれない故郷 ながどろ―飯舘村帰還困難区域の記憶』芙蓉書房出版.

成元哲編著、2015、『終わらない被災の時間―原発事故が福島県中通りの親子に与える影響』石風社.

友澤悠季、2012、「「社会学」はいかにして「被害」を証すのか」『環境社会学研究』18: 27-44.

友澤悠季、2014、『「問い」としての公害』勁草書房.

渡邊純、2014、「原発被害の多様性と共通性」『環境と公害』44-1: 48-51.
山下祐介・市村高志・佐藤彰彦、2013、『人間なき復興』明石書店.
除本理史、2012、「「帰還」をめぐる避難者たちの選択」『週刊金曜日』20-28: 30-31.
除本理史、2016、『公害から福島を考える―地域の再生をめざして』岩波書店.
除本理史・渡辺淑彦編著、2015、『原発災害はなぜ不均衡な復興をもたらすのか』ミネルヴァ書房.

福島原発事故簡略年表（川内村・飯舘村を中心に）

1960.11.29	佐藤善一郎福島県知事が東京電力に双葉郡への原発誘致を表明。
1963.12.1	福島県開発公社が福島第一原発に関連する用地買収を開始。
1971.3.26	福島第一原発（双葉町・大熊町）1 号機、運転開始。
1975.8.21	福島第二原発（富岡町・楢葉町）着工。1982 年運転開始。
1979.3.28	アメリカ、スリーマイル島原発事故。
1979.10.24	福島第一原発 6 号機、運転開始。6 機に。
1986.4.26	旧ソ連（現、ウクライナ）、チェルノブイリ原発事故。
1997.3.6	東京電力、佐藤栄佐久福島県知事に 3 号機プルサーマル計画の協力要請。
1997.7.21	東京電力寄贈のサッカー施設「J ヴィレッジ」オープン（楢葉町）。
2002.4.1	大熊町に原子力災害対策センター（オフサイトセンター）完成。
2003.4.15	前年から引き続いていたトラブル隠し、データ偽装の影響で福島第一・第二原発とも全電源停止に。
2006.9.27	プルサーマル計画に反対していた佐藤栄佐久知事、県政混乱で辞職。
2009.9.18	3 号機でプルサーマル発電開始
2011.3.11	東日本大震災発生。1～3 号機が冷却材喪失状態に。3km 圏内の住民に避難指示、10km 圏内屋内退避指示発令。
2011.3.12	10km 圏内避難指示。1 号機水素爆発、後に、3～4 号機も爆発、損傷が続く。夕方、避難指示を 20km 圏内に拡大。
2011.3.15	20～30km 圏内の屋内退避要請。大熊町にあったオフサイトセンター撤収。
2011.3.16	川内村が全村の自主避難、郡山市のビッグパレットへ。
2011.3.19	飯舘村で集団自主避難。バスで栃木県鹿沼市へ（多くは 5 月帰村）。
2011.4.1	山下俊一長崎大教授らが飯舘村役場で非公開セミナー。村の汚染について心配無用を強調。このころ自主避難から戻る人が増える。
2011.4.11	飯舘村に自主避難の要請。
2011.4.12	福島原発事故の INES レベル「7」に引き上げ。チェルノブイリと同等。
2011.4.19	文科省、放射線量が年間 20mSv 以下なら屋外活動を認める暫定措置決定、反対を受けて 8 月に 1mSv 以下に変更。
2011.4.22	政府は、半径 20km 圏内と飯舘村などを「計画的避難区域」に、それ以外の 20～30km 圏内を「緊急時避難準備区域」に指定。
2011.5.14	飯舘村避難開始、送別会。
2011.6.10	川内村の仮設住宅（郡山市）入居開始。
2011.6.22	飯舘村役場が福島市飯野支所に機能移転。
2011.7.31	飯舘村の松川第 2・伊達東仮設入居開始。ほぼ全村が避難完了。
2011.8.3	事故賠償のための原子力損害賠償支援機構法成立。

2011.9.30	20~30km の緊急時避難準備区域解除決定。川内村では村域の半分が該当。
2011.11.14	川内村で公共施設の除染開始。
2012.1.30	川内村帰村宣言。3月26日役場機能再開。4月小中学校が村内再開。
2012.4.1	警戒区域・避難指示区域の再編。避難指示解除準備区域（目安は年間線量20mSv以下）、居住制限区域（20~50mSv）、帰還困難区域（50mSv以上）。
2012.5	環境省、飯舘村の除染実施計画を策定。
2012.7.17	飯舘村の区域再編発表。3区域に分かれ、大半が居住制限区域。
2014.10.1	川内村に残っていた居住制限区域が避難指示解除準備区域に。
2014.11.14	飯舘村民の半数3000人がADRの集団申し立て。
2015.6.12	政府、居住制限区域、避難指示解除準備区域の避難指示を2017年3月に解除する方針を決定。飯舘村は長泥地区を除き、解除される。翌年6月正式決定。
2016.6.	川内村の避難指示すべて解除。
2016.7.1	飯舘村役場が全機能を本庁舎で再開。

あとがき

　本書は、飯島伸子先生によってはじめられたイタイイタイ病（イ病）調査を受け継いでいる。それまでの調査結果を2007年に『公害被害放置の社会学－イタイイタイ病・カドミウム問題の歴史と現在』（飯島伸子・渡辺伸一・藤川賢著、東信堂）としてまとめていた頃から、富山では後の「全面解決」確認（本書第2章）に向けた動きが少しずつ感じられるようになっていた。そこで、神通川流域での取り組みの特徴を明らかにするためにも、各地の公害の解決過程について学んできた。その結果の一部をまとめたものが本書である。

　当初は解決の側面がもっと強かったのだが、次第に「放置」が前面に出るようになり、最終的には東信堂の下田勝司社長の勧めもあって「放置構造」という言葉を使うにいたった。そうなった最大の理由は、第1章や第9章で言及したような福島原発事故後の経緯、とくに2015年前後から顕著になってきた風化と「まきかえし」にある。とは言っても、本書は、放置を強調しようとしているのではなく、声の小さい人ほど放置されやすい構造的要因を認識したうえで、より根本的な解決に向けて長期的な取り組みが求められていることを具体例によって示そうとするものである。

　書き終えてみて、飯島先生と舩橋晴俊先生の影響が色濃いことに改めて驚いている。序章からくり返されているように、本書は、舩橋先生が解決論を解決方法論と解決過程論に分けた、その後者の具体例を目指すものであった。舩橋先生の環境制御システムに関する議論がどちらかというと環境問題の解決を理念的に示すものだとすれば、多様な現実からそれを見るとどうなるかと考えたのである。結果として、飯島先生の被害構造論に近づくことが多かったのは、われわれに理由があるのか、現実がそうなのか、よくわからない。調査地でも、飯島先生や舩橋先生ならどうおっしゃるだろうか、と思うことがたびたびあったが、これはわれわれが抱え続けていくべき問いなのだろう。

　本書の各章は互いに独立性が高く、総論の第1章と共著の第2章を除いては互いの議論もしていないのだが、調査の多くは共同で行ってきた。それは

3人の間だけのことではなく、すべての章は、地域で問題に取り組んでおられる方、行政や企業の方、多領域にわたる研究者・関係者の方とのつながりの中で書かれたものである。多くの方に出会え、多くの方から教えを受けたことは、本書におけるわれわれ3人にとっての最大の喜びであり、誇りである。同時に、共同・協力の重要性は、本書を通じてわれわれが再認識したことでもある。解決過程に決まったルートがあるわけではないが、関心が共有され、人びとの間で新たな協力が生まれた時、解決への次のステップが見えてくることは、多くの事例に共通している。

公務・役職や個人情報の関係もあってお名前を挙げるのを控えるべき方も多いが、可能な範囲で、各章に関連して直接のご高配をいただいた方のお名前を記して、感謝申し上げたい。なお、職名や所属などは、すでに他界された方も含めてわれわれがお会いした当時のものを原則とした。

第2章のイタイイタイ病・カドミウム問題に関しては、調査開始以来、地域の方や弁護団・研究者の方がたのお世話になり続けている。イタイイタイ病対策協議会の初代会長の小松義久様と現会長の高木勲寛様には数え切れないほどのご高配をいただいている。副会長の高木良信様と江添久明様をはじめイ対協および神通川流域カドミウム被害団体連絡協議会の方がたにもお世話になり続けている。萩野病院院長の青島恵子先生、イタイイタイ病弁護団の近藤忠孝先生、松波淳一先生、青島明生先生、水谷敏彦先生、富山医科薬科大学名誉教授の北川正信先生、加須屋實先生、千葉大学の能川浩二先生からは、継続的に多くのご教示をいただいた。大阪市立大学の畑明郎先生には、カドミウム問題以外にも広範なご指導をいただいている。また、神岡鉱業、富山県立イタイイタイ病資料館、イタイイタイ病を語り継ぐ会の方がたにも各種のご高配をいただいた。長崎大学の斉藤寛先生、金沢大学の城戸照彦先生、高橋光信先生、金沢医科大学の中川秀昭先生、茨城大学の浅見輝男先生、東京農工大学の平田熙先生など、専門にかかわるご教示をいただいた方などはほかにも多い。

第3章の大分市公害問題の執筆にあたっては、稲生亨様、藤井敬久様、橋本健司様、三浦正夫様をはじめ、多数の三佐地区関係者の方がたからインタ

ビューや資料提供などを通して多大なるご協力をいただいた。また、木野茂先生(大阪市立大学、立命館大学)からは、佐賀関漁協の運動とあわせて当時の貴重な資料を多数閲覧・利用させていただいた。

　第4章の「関あじ・関さば」の展開は、西尾勇様、姫野力様、岡本喜七郎様、上野孝幸様、坂井伊智郎様、須川直樹様、姫野元春様、紀野與八様、紀野雄三様をはじめ、大分県漁業協同組合佐賀関地区の方がたのご協力なしに調べることができなかった。くり返しのインタビューに加えて、煩瑣な資料閲覧やデータ確認にも、いつも、快く応じていただいた。

　第5章のアスベスト問題については、かなり以前からの村山武彦先生(現東京工業大学教授)のご教示によるところが大きい。

　第6章のベンジジン問題は、佐藤進先生(日本女子大学、立正大学、新潟青陵大学名誉教授)が東京都立労働研究所におられた時に教えていただいた事例であり、本章は20年後に提出する宿題でもある。

　第7章の土呂久問題についてもアジア砒素ネットワークのおかげで取り組むことができた。最初に、当時の代表だった上野登先生からお話をうかがった時のことは、今も懐かしい。川原一之様からは何度も貴重なご教示をいただいただけでなく、野の花館でご自身が作成・収集なさってきた資料を手に取って紹介していただいた。アジア砒素ネットワークでは、横田漠先生、下津義博様、寺田佳代様などの皆様からもご教示ご厚誼をいただいている。土呂久の佐藤愼市・マリ子様ご夫妻には複数回にわたって地域をご案内いただいたうえ、山の自然の恵みもご馳走になった。桜ヶ丘病院の堀田宣之先生と横井英紀様からは世界各地のカドミウム問題を見る視点を教えていただいた。宮崎県庁環境農林部と高千穂町役場の皆様にも何度もご教示ご高配をいただいた。

　第8章のボパール事件について、最初にご教示くださり、その後も何かとお世話いただいているのはサムバヴナ・トラスト・クリニックのサティナス・サランギ様である。サムバヴナの方がたはスタッフやボランティアの方だけでなくゲストの方もフレンドリーで訪問するたびに新鮮な刺激がある。また、ラシーダ・ビー様、チャンパ・デビ・シュクラ様をはじめ、チンガリ・トラ

スト・クリニックの皆様にもご教示、ご高配をいただいている。水俣からボパールの支援を長く続けておられる谷洋一様からも貴重なご教示、情報をいただいた。野澤淳史さんには、二度にわたってボパールに同行していただいた。

第9章の福島原発事故については、あまりに多くの方のお世話になっているため、お名前を挙げることが難しい。また、現在進行中のことも多いので一部にとどめると、本書に深くかかわる川内村と飯舘村でくり返しご高配をいただいたのは、井出茂様、志田篤様、長谷川健一・花子様ご夫妻、菅野哲様をはじめとする方がたである。また、川内村役場と関係諸機関の方がたにも各種のご教示・情報提供をいただいている。共同代表の河合弘之・保田行雄・海渡雄一先生、事務局長の只野靖先生、スタッフの仲千穂子様をはじめとする飯舘村民救済弁護団の方がたからも多面にわたるご高配をいただいた。渡邊慎也先生、渡邊純先生、渡辺淑彦先生をはじめ、福島弁護士会の先生方にも様々な形でお世話になっている。日本大学の糸長浩司先生たちが飯舘村で長く続けておられる実践活動は貴重であるが、われわれもその恩恵を強く受けるものの1人である。また、片岡直樹（東京経済大学）、土井妙子（金沢大学）、除本理史（大阪市立大学）、尾崎寛直（東京経済大学）、根本志保子（日本大学）、藤原遥（一橋大学大学院）の先生方との共同研究なしには、われわれが福島に通うことはなかった。この事例比較を始める以前からのご教示にも感謝しなければならない。福島にかかわる研究者の先生方との交流も貴重である。とくに、長谷川公一先生（東北大学）、高木竜輔先生（いわき明星大学）、佐藤彰彦先生（高崎経済大学）、磯野弥生先生（東京経済大学）、成元哲先生、松谷満先生（中京大学）、関礼子先生（立教大学）からは何かとご指導いただいてきた。

加えて、本書にかかわる調査を共同したわけではないが、この間定期的に報告の場や、有益なコメントやご教示をいただいた場として、寺田良一先生（明治大学）を中心とする「社会的公正と環境リスク」研究会がある。主な参加者は、平岡義和（静岡大学）、堀田恭子（立正大学）、原口弥生（茨城大学）、湯浅陽一（関東学院大学）、宇田和子（福岡工業大学）、野澤淳史（日本学術振興会）、中島貴子（立教大学他）、山岸達夫（大正大学）の先生方である。

本書は、独立行政法人日本学術振興会平成28年度科学研究費助成事業の

研究成果公開促進費 (JP16HP5184) の交付を受けて刊行されたものである。各章にかかわる調査は主に、日本学術振興会科研費基盤研究 (C) : 課題番号 24530665 および基盤研究 (B) : 課題番号 15H02872 による成果に基づくものである。第 3 章、第 4 章、第 8 章に関しては基盤研究 (C) : 課題番号 21530559 および 22530547 による成果が含まれている。また、研究報告等に関連して、基盤研究 (B) : 課題番号 19330115 および 15H03413 (いずれも研究代表者 : 寺田良一) の成果を一部用いた。また、第 9 章に関連しては三井物産環境基金 (2013 〜 2015 年度) の成果および明治学院大学社会学部付属研究所特別推進プロジェクトによる研究成果を一部反映している。

東信堂の下田勝司社長には、刊行の構想時からいろいろとご高配、ご助言をいただいた。あまり焦ることなく執筆作業ができたのは、的確かつおおらかなご支援のおかげである。編集を担当してくださった向井智央氏にも、細部にわたるお世話をいただいた。

このほか、公私にわたって本書を支えてくださった方は実に多い。環境社会学会・日本環境会議をはじめとする関連学会の先生方、その他の諸先輩方、家族、友人に、深く感謝申し上げたい。とくに渡辺良枝さんには、大分のご両親ともども長きにわたる調査をささえていただいた。

こうしたすべての皆様のお力添えがあって、本書は成立している。お名前をあげきれなかった方を含めて、皆様の力と取りくみに感謝と敬意を表するとともに、その成果が今後に伝えられていくよう、われわれとしても勉強を続けていきたい。

事項索引

アルファベット

AAN → アジア砒素ネットワーク
ADR　4, 14, 273, 291, 296, 299, 304
ALARA の原則　40
BGIA　249, 252
BGPMSKS → ボパール犠牲者女性文具労働組合
BGPMUS → ボパールガス犠牲女性労働者連合
Bhopal Medical Appeal (BMA)　236, 239, 247, 249, 252, 254, 257, 259, 260, 270
Center for Health, Environment and Justice (CHEJ)　36, 41, 293, 297, 300
Chingari Trust → チンガリ・トラスト
Everyone's Backyard　36, 300
exemplary damages　265
International Campaign for Justice in Bhopal (ICJB)　236, 259, 260, 262
JECFA　54
JICA　219, 222, 230
MIC ガス → イソシアン酸メチルガス
NIMBY (Not in my back yard)　35, 41
PRTR　33, 267
PTWI → 耐容週間摂取量
SO_2 (二酸化硫黄)　73, 79, 83, 93, 104
UCIL 社 → ユニオン・カーバイド・インド社
UC 社 → ユニオン・カーバイド社
WHO　54, 203, 233

あ

あおぞら財団　59
秋田県・小坂　43
悪循環の連関構造　7
曙ブレーキ羽生製造所　162
アジアと水俣を結ぶ会　259
アジア砒素ネットワーク (AAN)　13, 204, 219, 221-226, 228, 230, 233
足尾鉱毒事件　i, 210, 276
足尾銅山　8, 229, 291
アスベスト　ii, 12, 18, 37, 157-163, 165, 166, 169-175, 178, 181, 188, 213, 227, 257, 264
亜砒焼き　22, 207-209, 227, 228
阿武隈高地　284, 295
アムネスティ　259, 260
アメニティ　59
アメリカ　iii, 9, 10, 15, 33-37, 230, 242, 244, 245, 253, 256-258, 260, 264-267, 269, 293, 300, 303
アモサイト　157, 158, 161
アルコール中毒　7
安全基準　37, 44, 51, 54, 55
安全神話　37, 291
安中　43, 64,70, 229

い

飯舘村　3, 4, 14, 284, 286-288, 291, 293-297, 299, 300, 303, 304
家島地区　83, 86, 90, 91, 94, 95, 102, 104, 106
家島の集団移転　87, 98, 103
伊方原発　298
生きていく権利　216
イギリス　267, 270
生きる権利のための闘い　263
石川県・梯川　43
石綿健康被害救済法　158
石綿新法　162-165, 168-170, 172, 173
石綿対策全国連絡会議　168, 169
石綿の健康リスク調査　170-172
イスラム教　237
遺族補償　212, 213
イソシアン酸メチル (MIC) ガス　33, 235, 238, 239, 242, 252-255, 258, 264, 266, 269
イタイイタイ病カドミウム説　20, 31, 39, 46, 48, 63, 66, 70, 229
イタイイタイ病関係資料継承検討会　62
イタイイタイ病住民健康調査　56
イタイイタイ病資料館　63
イタイイタイ病セミナー　60, 64
イタイイタイ病対策協議会 (イ対協)　47, 48, 57, 58, 60, 63, 64, 70
イタイイタイ病闘いの顕彰碑　71
イタイイタイ病とカドミウム環境汚染対策に関する国際シンポジウム　58, 70
イタイイタイ病に関する厚生省見解　70
イタイイタイ病に関する総合的研究班　43, 46, 53, 70

索 引 311

イタイイタイ病は幻の公害病か 70
イタイイタイ病弁護団 65
イタイイタイ病を語り継ぐ会 63
『イタイイタイ病のはなし』 60
委託研究班 23, 31, 66
1、2 ジクロロプロパン 189-191, 193, 195, 196, 200-202
一時金 44, 50, 56, 215, 250
一村一品運動 123, 124, 142, 144, 145
遺伝子組み換え作物 18
井戸水の砒素に関する国際会議 221
『いのちの水をバングラデシュに』 225
いわき市 282, 283, 299
岩戸村 206, 207, 233
因果関係 13, 15, 18, 23, 43, 45, 52, 54, 227, 274, 276
インド医学研究委員会 254
インド国立環境工学研究所 258, 266
インド政府 265
インド赤十字社 260, 264
「飲料水と衛生の10年」 233

う

上浦港(佐賀関港)の重金属汚染問題 12, 116-118, 126, 129, 138, 143, 148, 150
ウエストバージニア州 33, 258
『ウォール・ストリート・ジャーナル』 244
宇宙船地球号 33
『奪われし未来』 19

え

衛生管理者 190
エーアンドエーマテリアル 174
『怨民の復権』 210

お

応用地質研究会 221
大飯原発 298
大分県 12, 206
大分県医師会 81, 87
大分県佐伯市 207
大分県新産都二期計画 117
大熊町 102, 281, 303
大阪市西淀川 59
大阪府泉南地域 170
大津地裁 298
汚染者負担原則 236, 260

汚染物質専門調査会 67
『汚染物質評価書——食品からのカドミウム摂取の現状に係る安全性確保について』 51
オフサイトセンター 303
『オブザーバー』 259

か

外圧 33
海外青年協力隊 219
海岸埋め立て反対運動 ii
解決過程論 3, 4, 10, 17, 19, 38
解決合意 44, 48
　——不履行としての加害 105
解決方法論 4, 10, 17, 19
解決論 4, 18, 38, 236
買取販売事業 118-122, 124, 125, 143, 144, 146-150
加害過程 38
加害構造 i, 7, 8, 18, 24, 37
「加害者が決めるな」 300
加害の二重性 103
化学工場 34-36, 256, 258, 266
化学物質 41, 177, 178, 180-183, 185, 187, 189, 192-195, 200-202, 256, 258, 267, 270
化学物質・汚染物質専門調査会 67
格差 iii, 34, 37, 65, 226, 235, 260, 262, 292, 296
鹿児島県 271
風成(臼杵市) 127, 151
カースト 237, 243, 249
語り部 62, 63
価値観の強制 295
『ガーディアン』 259
カドミウム 23, 26, 27, 29, 33, 40, 43-45, 47-57, 64-66, 70
　——汚染地域 45, 52, 60, 63
　——汚染地域住民健康調査 70
　——汚染「要観察地域」 70
　——吸収 53
　——食品安全基準 71
　——食品規格の国際基準 27
　——腎症 5, 23, 27, 43-45, 48-56, 64, 65
　——についてのクライテリア 54
　——の耐容週間摂取量(PTWI) 54
　——のリスク評価 44, 51
『カドミウム汚染地域住民健康調査検討会報告書』 56
カトリック教会 231
神奈川県みうら漁協松輪支店 124
カナダ先住民 6

カネミ油症　i, 7, 18, 39, 213
神岡鉱業　ii, 29, 43, 47-49, 62, 63, 67, 70, 71, 210
仮仮置き場　285
カルバリル　238
川内村　279-284, 287, 294-297, 299, 303, 304
川崎公害　231
環境運動　ii, 33, 34, 39, 236, 250, 258, 259
環境基準　29, 40, 55, 62, 67
環境規制　14, 33, 37
環境権　215
環境差別　13, 41
環境再生　58, 59, 61, 62, 65
環境社会学　39
環境主義　36
環境省　40, 48, 54, 56, 266, 304
環境人種差別　36, 41, 293
環境制御システム　17, 31, 32
環境政策　34, 39
環境正義　iii, 36, 37, 41, 227, 236, 259-261, 274, 287, 293, 295, 297, 299, 300
環境創造みなまた推進事業　61
環境対策　ii, 10, 33, 64
環境庁　22, 23, 46, 48, 53, 78, 86, 87, 92, 97, 129, 211, 229, 233
『環境白書』　32, 54, 214
環境法　10, 245
環境ホルモン　ii, 19
環境モデル都市　61
環境問題　ii, iii, 10-13, 18, 38, 206, 215, 225, 260
　　──の全体像　59
環境リスク　258, 262
観光立県　211
関西労働者安全センター　190, 200, 201
ガンジス川　220, 233
「完全最終 full and final」和解　245, 262, 267

き

喜右衛門屋敷　210
記憶の継承　62
帰還　iii, 3, 14, 271, 279, 284, 291, 293, 295, 299
　　──困難区域　3, 284, 294, 304
企業城下町　22, 24, 99, 131
企業による地域支配　88
『危険社会』　263
疑似受益圏　→　補償的受益圏
規準緩和　48
　　──値　53, 56
規制　8, 30, 34, 36, 38
　　──委員会　298

犠牲　278
帰村宣言　280, 281, 284, 304
北九州市　4, 9, 109
棄民　14, 290-293, 297
救済　12, 13, 15, 38, 204, 215, 218, 247, 249
九州住民闘争交流合宿　217
九州石油　95, 98, 100, 104, 108
九州電力　95, 100, 104, 108, 271
急性カドミウム中毒　40
教研集会　211
共闘会議　94
共同出荷　121, 124, 146, 147, 149, 151, 153
協和会　127, 132, 133, 144
行政の中立性　62
強制された選択　292
強制避難　275
業務疾病　233
漁協を守る会　140, 143, 145
漁業権　126, 127, 128
　　──の更新問題　133, 135
居住制限区域　294, 304
キリスト教　237
『記録・土呂久』　14, 219, 229
近位尿細管　27, 52-54, 56
緊急計画・地域社会知る権利法（Emergency Planning and Community Right-to-Know Act）　33
緊急時避難準備区域　279, 303, 304

く

草の根運動　36, 251, 258
『口伝亜砒焼き谷』　207, 225
国の責任　4
クボタ　158, 162, 163
　　──ショック　12, 162, 170, 174
熊本水俣病　i, 5, 59, 66
熊本大学　219
組合長傷害事件　138, 142
グリーンピース　258, 259, 270
クリソタイル　157, 159, 161, 163
クロシドライト　157, 158, 161, 163
グローバル化　ii, iii, 13, 33, 34, 37, 256-258, 261
クロム労災　191, 197, 201
軍事産業　35

け

警戒区域　304
計画的避難区域　303
景観　59

索引　313

経済格差　24, 244
経済成長の負の側面　226
経産省　66
刑事責任　245, 265
経団連　213
けがと弁当は自分持ち　24
決定過程への参加　293
現金やり取り　133, 140, 145, 147, 149
健康管理支援　44, 49-51, 55, 56, 64
健康調査　64, 214, 215, 224, 284
健康被害　9, 13-15, 18, 21, 22, 29, 40, 58-60, 65, 209-213, 229, 254, 264, 267, 274, 276, 296, 298
原子力規制委員会　32, 271
原子力災害対策センター　303
原子力政策　227, 276, 290, 297
原子力損害賠償支援機構法　303
原子力損害賠償紛争解決センター　290, 300
原状回復　59
健全な環境への権利　293
原爆傷害調査委員会　15
原爆症　15
原発　10, 14, 26, 37, 41, 256, 271, 274, 275, 278, 279, 281-284, 287-291, 294, 295, 297-300, 303
原発再稼働　32, 271, 298
原発被害糾弾飯舘村民救済申立団　14, 291
原発労働者　228

こ

後遺症　203, 242
鉱害　48, 66, 216, 229
公害湮滅の構造　7
公害・開発問題　143, 144, 148, 149, 150
公害教育　60
公害行政　19, 22, 23, 31, 34, 233
公害経験　45, 57, 58, 63, 65
　──の継承　59, 61, 62
　──の普遍化　65
公害健康被害補償法（公健法）　12, 45, 73, 74, 97, 203, 204, 212, 213, 215-217, 229
公害資料館　45, 58, 62, 224
公害ぜんそく　57, 204
公害訴訟　10, 22, 45, 229, 296
公害追放・二期計画反対佐賀関漁民同志会
　　→同志会
公害の国際化　13
公害反対運動　4, 77, 129, 148, 230
公害被害者運動　58
『公害被害放置の社会学』　5
公害病　5, 43, 45, 49-51, 53, 56, 59, 65, 73-75, 79, 81, 84, 92, 97, 98, 103, 106, 203, 215, 233
　──認定　45, 213, 227
公害防止協定　47, 48, 57, 62
公害防止事業費事業者負担法（事業者負担法）　92, 96, 108, 109
公害防止設備投資額　46-48
公害薬害職業病補償研究会　41
公害輸出　13, 35, 262
光化学スモッグ　22
鉱業法　230
神崎海水浴場　80, 143
神崎期成会　129, 136
神崎漁協　126, 132-135, 142, 152
神崎地区　78, 79, 117, 126, 128, 143
甲状腺　3, 4, 273, 298
工場法　233
厚生省　27, 43, 53, 70
厚生省見解　53, 54, 64
厚生労働省　51, 54, 71
構造的緊張　17, 31, 32
構造的要因　i, 6, 7, 8, 11, 18, 19, 24, 38, 261
行動する権利　36, 258, 293
鉱毒　225, 226
後発途上国　65
高齢化　273, 284, 287
郡山市　277, 282, 283, 299, 300, 303
国際援助　220
国際環境会議　25
国際がん研究機関（IARC）　195, 202
国際基準　27, 33, 37, 55
国際支援　iii, 224, 236, 252, 259-261, 270
国際的責任　260
黒人　41, 293
『国民衛生の動向』　54
国立公衆衛生院　229
国連機関　260
国連人間環境会議　33
個人化　295
骨軟化症　27, 29, 31, 46, 53, 54
コーデックス　27, 28, 33, 51, 54, 55, 70, 71
子どもの被害　250
コミュニティ　281, 284, 287, 291, 294, 295, 297
コモンセンス　36, 37, 293, 297
ゴールドマン環境賞　250, 270

さ

再稼働　40, 298
最終解決　11, 65, 262
埼玉県伊奈町　7

再発防止義務の不履行としての加害　263
佐賀関町漁業協同組合（漁協）　12, 78, 115, 117-121, 125-129, 132, 133, 135, 137, 138, 142, 143, 148, 150, 152, 153
佐賀関町漁協職員組合　133
佐賀関町第一漁協　132, 133
佐賀関方式　116, 131, 132
笹ヶ谷　203, 204, 213, 228, 229, 233
差別　18, 21, 218, 241, 243, 244, 249, 250, 252, 253, 261, 273, 274, 287, 288, 292
サムバヴナ・トラスト・クリニック　252, 254-256, 258-260, 264-267, 270
山東化学　183, 184, 186, 198, 199
産廃特措法　230
サンヨー・シーワイピー　189-191, 200-202
「残余リスク社会」　228

し

ジェンダー　222
ジクロロメタン　189-191, 193, 196, 200-202
資源の呪い　65
自己責任　24, 293, 296
自主交渉の会　230
自主診療所　252, 253, 254, 264, 270
自主避難　278, 303
次世代への影響　239, 252, 254
自然災害　260
自然の恵み　282
実験動物　46
実在的な正義　293
実質的正義　245
指定カースト　237, 263
指定部族　237, 263
島根県　233
市民のための有害廃棄物情報センター　41
自民党　40, 70, 298
社会関係資本　294
社会構造　6, 18
社会的弱者　36
社会的ジレンマ　7, 14
社会的責任　255, 262, 274, 293, 297
社会的要因　20, 21
社会変動　17
宗教　222, 243, 249, 250
集団移転　89-91, 93, 95-97, 102, 104-106, 109
住環境整備　92, 95-98, 103, 104, 106
住民運動　35, 36, 43-45, 47, 48, 57-60, 62, 64
住民健康調査　47, 48, 51, 71
住民立ち入り調査　62

受益圏・受苦圏論　75, 103
少数民族　38
昭和電工（昭電）　61, 95, 98, 100, 105, 108
障害をもつ子ども　251
障害補償費　212, 229
職業起因性　177
職業性がん　13, 177, 178, 181, 182, 183, 193
職業病　12, 178, 179, 181, 182, 189, 195
　——リスト　182, 183
　——胆管癌　9, 13
食品安全委員会　51, 54, 56, 66, 67
食品安全基準　58
食品安全規格　29
食品健康影響評価　51, 52
食品公害　213
食品に関するリスクコミュニケーション　67
女性　38, 250, 251
　——運動　251
　——たちの重要性　243
　——の地位低下　243
除染　3, 14, 273, 279, 281, 282, 284, 285, 291, 296-298, 304
ジョソール　224, 230
知る権利　258, 260
ジレンマ　14
新規認定打ち切り　213
新産業都市（新産都）　ii, 12, 74,75, 81, 85, 93, 97, 99, 103, 104, 116, 126, 129, 152
新自由主義　37
人種差別　293
人種問題　36
腎臓障害　5, 27, 43, 48, 52, 53, 56, 66
神通川　5, 11, 29, 44, 45, 47-51, 57, 59, 62, 64, 65
　——鉱毒対策協議会　70
　——流域カドミウム被害団体連絡協議会　ii, 47, 66, 71
　——流域カドミウム問題の全面解決に関する合意書　49, 71
新保守主義政策　36

す

水銀　ii, 21, 34, 233
水質汚染　238, 255, 258
随伴効果の引き起こしとしての加害　263
スウェーデン　58, 266, 267
杉並区　22
ストック　67
ストックホルム会議　266
スーパーファンド法　9, 35, 230

住友化学　75, 77, 88-91, 95, 98, 99, 104, 108
住友金属　105, 208, 212, 215, 216, 230, 233
スモン病訴訟　59
スラム　237, 238, 242, 247, 256, 263
スリーマイル島原発事故　303

せ

生活環境の侵害　59
生活再建　273, 279, 281, 290
生活保護　211, 283
生活補償　212, 213, 217
正義　iii, 36, 236, 245, 260, 274, 293
制御能力の不足　271
生殖障害　239, 254
セヴィン　238, 269
世界システム　218
世界市場化　33
拙速な解決　279
説明責任　256, 257
全国的なカドミウム問題　51
潜在化する被害　298
潜在的な患者　48
先住民族　37
川内原発　32, 271, 298
選択する権利　36, 37, 293, 297
泉南　166, 171, 175
　──アスベスト国家賠償訴訟　167, 227
全面解決　ii, 8, 43, 49, 64, 67

そ

組織的無責任　7, 24, 32
ソ連　267

た

タイ　13, 219, 233
ダイオキシン　i, 18, 19, 35
大気汚染　ii, 6, 9, 12, 59, 73-75, 79, 81, 85-87, 90, 92-97, 104, 105, 213, 229
第五福竜丸　267
第三水俣病問題　129
代替水源の技術　222
耐容基準　10
耐容週間摂取量（PTWI）　51, 52, 55
耐容摂取量　27, 51
第四の公害病　204
ダウ・ケミカル社　33, 256, 257, 260, 262, 265, 266, 270

高千穂町　206, 214, 215, 231
高浜原発　298
多国籍企業　iii, 261
脱原発　10, 26
ダブルスタンダード　34
ダム　220, 228, 274
胆管がん　177, 178, 183, 189-193, 195, 200, 201, 202
単身化　295
湛水栽培　55, 64

ち

地域格差　34, 36
地域再建　273, 276, 286, 287, 290, 293
地域再生　4, 59
地域社会　57, 59, 63, 68, 208, 277
地域住民の「知る権利」　35, 258, 269
地域主義　58
地域振興　12, 212
地域の分断　295
地域復興　273, 298
地域ブランド化　12
小さな経済　282, 283
チェルノブイリ原発事故　10, 19, 267, 303
チオ硫酸ナトリウム　253, 254
地下水汚染　256
地球温暖化　18, 67
地球環境経済研究会　48
地球環境問題　64, 298
蓄積性　27, 44, 47
『知見次代へ──土呂久鉱害45年』　204, 224
チッソ　5, 7, 18, 24, 25, 266
虫害　237, 269
中国　52
中和　212
長期低濃度暴露　52
朝鮮人労働者　208
懲罰的賠償　245, 265
チンガリ・トラスト　249-251, 259, 263, 266, 270
『沈黙の春』　19

つ

追加的加害　4, 5, 105, 263
追加的・派生的加害　235
対馬　65, 70
面買い（つらがい）　120
鶴崎地区　81, 83, 84, 87, 91
鶴崎パルプ　75, 77, 95, 98, 99, 100, 104, 108

て

抵抗的環境保護運動　37
底辺労働の構造　228
『定本カドミウム問題百年』　14
低レベル放射線のリスク評価　32
データ偽装　303
手続き上の正義　293
デリー　245, 249, 265, 270

と

ドイツ　10, 203, 235, 253
東海村　41
東京　216, 217, 218, 299
東京電力（東電）　3, 102, 273, 278-281, 290, 291, 293, 294, 296-300, 303
　　——の責任　273, 284, 290
東京都　281
同志会　127, 129, 131-133, 137, 144
当事者の運動　236
動物実験　31, 40, 46, 52, 66
特異性疾患　227
特殊健康診断　188, 193, 194, 198
毒性発現メカニズム　52
特定化学物質等障害予防規則　178
都市と農村の格差　282
都市と地方の格差　225
途上国　ii, 34, 38, 39, 228, 236, 256, 258, 260-262
土壌汚染　29, 46, 47, 49
土壌復元　11, 48, 58, 62, 64, 66, 67, 71, 256
栃木県鹿沼市　303
特化則　178, 184, 185, 192, 193, 195, 199, 201
富岡町　279, 281, 282, 294, 303
「共に歩む」　226, 228
富山県　5, 56, 62, 66, 70
富山県公害健康被害認定審査会　71
富山県地方特殊病対策委員会　70
富山県農林水産部　67
富山県立イタイイタイ病資料館　60, 61, 62, 71
富山市　49, 58
トヨタ財団　222
トラスト　252, 254, 267, 270
トラブル隠し　303
土呂久公害被害者の会　233
土呂久地区の鉱害にかかわる社会医学的調査成績　211
土呂久・砒素のミュージアム　231, 233
土呂久・松尾等鉱害の被害者を守る会　210, 212, 217, 219
土呂久を記録する会　14, 211

な

内発的発展　58, 116
中条町井戸水砒素中毒事件　219
仲買人　119-121, 124, 125, 143-149, 153
長崎県対馬　5, 43, 53, 65
中島鉱山　208, 230, 233
長泥記録誌編集委員会　284
長泥地区　284, 286, 304
名古屋新幹線公害訴訟　15, 229
浪江町　14, 299, 300
楢葉町　299, 303
難民　280, 282

に

新潟県立環境と人間のふれあい館　61
新潟水俣病　61, 66, 274
二期計画　75, 78, 79, 92, 96-98, 127, 135, 142
西日本新聞　228
西淀川　59, 229, 230
二重基準　290, 293, 295
二重の加害性　105
ニチアス　174
日成品工業協会　188, 189
日本公衆衛生協会　53
日本鉱業協会　216
日本鉱業（日鉱）佐賀関精錬所　116, 126, 129, 131, 132, 138-140, 230
「日本で最も美しい村」連合　284
ニュージャージー州　258
ニューヨーク州　34
ニューヨーク南地区裁判所　245
人間としての尊厳　260
『人間なき復興』　294
認定患者　29, 48, 66, 212, 215, 230
認定基準　23, 29
認定制度　57, 215
認定要件　48, 58, 213, 214

ね

値立て委員会　120, 146
ネパール　222

の

農漁業被害　210

索引　317

農業被害　47, 49, 70, 282
農水省　28, 67
農地汚染　29
農薬　203, 235, 238, 257, 261
農用地土壌汚染対策　28, 40, 55

は

排水基準　29, 40, 46, 55, 62, 67
ハイテク汚染　35, 258
廃炉　278
派生的加害　263
派生的・追加的な被害　236
8号地埋立絶対反対神崎期成会　78, 126
8号地計画の中断（凍結）解除　142
8号地計画取消訴訟　79, 95, 105
8号地阻止県民共闘会議　78, 93, 107
バックラッシュ（Backlash）　19
発言する権利　36
発言の自粛　289
発言の抑制　276
バッシング　19
発生源対策　4, 11, 29, 44, 48, 49, 59, 60, 62, 64, 65, 67
バーミキュライト　161, 162, 174
パラチオン　109
バーラト重電機　237
パルダ（制）　248, 265
反改宗法　237
ハンガリー　203
バングラデシュ　13, 203, 204, 220, 221, 222, 224, 225, 227, 228, 230, 233
反原発運動　19
反公害運動　22, 66, 74, 81, 88, 89, 106
阪神高速道路公団　59
販促キャンペーン　122, 123, 144, 149

ひ

被害拡大　19, 20, 22, 235, 244, 274-277, 279, 287, 290, 292, 296
被害構造論　6, 18, 20, 38, 243, 298
被害者運動　9, 22, 23, 25, 39, 59, 74, 81, 103, 212, 243, 244, 255
被害者の救済　4, 11, 41, 58, 215, 217, 250, 260
被害の記憶　227
被害の潜在化　20, 22, 273-275, 277, 296
ビキニ事件　15, 267
ヒ素センター　224, 230
鼻中隔穿孔　213

非特異性疾患　213
避難指示　271, 273, 279, 281, 284, 303
避難指示解除　14, 271, 273, 276, 284, 293-295, 297, 299, 304
避難指示解除準備区域　304
避難指示区域　3, 10, 274, 279, 299, 304
兵庫県・生野　43
兵庫県市川流域　53
広島・長崎　15
ヒンドゥー　237, 250, 252
貧困　iii, 34, 65, 222, 235, 237, 241, 243, 253
貧富の差　225, 292

ふ

風化　273, 288, 289, 291
風評被害　129, 131, 139, 288, 289, 299
プエルト・リコ　269
不可触民　263
不可視化　276
複合型ストック公害　160
福島テレビ　287
福島潟（新潟県）　61
福島県　3, 281, 287, 288, 298, 303
福島原発事故　i, iii, 3, 4, 7, 10, 14, 19, 26, 32, 218, 227, 271, 273, 274, 276, 287, 292, 296, 297, 303
福島市　300, 303
福島第一原発　102, 108, 278, 284, 303
福島第二原発　108, 303
『福島民報』　298
『福島民友』　299, 300
不正義　37
双葉町　303
不知のエコロジー　68
フッカー・ケミカル社　34
仏教　237
不便宜法廷　245
ブランド化　ii, 11, 12, 115, 116, 118, 133, 148
フランス　259, 270
プルサーマル計画　303
ふるさとの喪失　295
フロー　67
文化の破壊と停滞　59
文化的な復旧　281
『文藝春秋』　46
分断　287
分配をめぐる正義　293

へ

平和な文化大革命　22, 45
β 2- ミクログロブリン　50, 66
ベータ・ナフチルアミン　183, 195, 198, 199
変革　8, 17, 31
辺境　13, 38, 204, 218, 219, 226-228
ベンジジン　9, 13, 171, 177, 178, 183-186, 188, 189, 191-193, 195, 196, 198, 199
ベンジジン共闘会議　199

ほ

包括請求論　59, 67
膀胱がん　13
放射性廃棄物　35, 293
放射線　3, 37, 213, 267, 273, 278, 279, 284, 288-290, 295, 298, 299, 303
放射能　4, 15, 274, 276-278, 281, 289, 290, 293, 294
放射能への不安　275, 284, 288, 291
放置構造　i, ii, 8, 11, 19, 34, 38, 235, 273
ボーエン病　213, 214
補償救済　8, 9, 12, 23, 29, 48, 213, 215, 227, 262
補償金　18, 242, 243, 247, 265
補償請求権　50
補償的受益圏（疑似受益圏）　99, 102
補償的受益圏の受苦圏化　74, 98-100, 102, 106
ホスゲン　237, 238
『ボーパール午前零時五分』　259, 270
ボパールガス漏洩災害法　245, 269
ボパールに関する国際医学委員会 International Medical Commission on Bhopal（IMCB）　259, 270
ボパール記念病院　254, 270
ボパール犠牲者女性文具労働組合（BGPMSKS）　248-250, 270
ボパール犠牲者女性労働組合（BGPMUS）　247, 248, 255, 265, 269
ボパール資料館（Remember Bhopal Museum）　263, 270
ボパール事件を監視する会　242, 259, 263, 265
本人申請主義　172, 213

ま

まきかえし　4, 10-12, 14, 1821, 26, 29-31, 40, 44, 45, 48, 50, 53, 58, 64-66, 70, 229
巻き添えとしての間接的関与　263
まちづくり　59
松尾鉱山　228-230
松木村　276
マディヤ・プラディーシュ（MP）州　237, 247, 249, 253
慢性気管支炎（CB）　85, 86, 93, 94, 95
慢性腎臓病　56
慢性砒素中毒　203, 213, 214, 215, 220, 224, 226, 230, 233

み

三佐・家島公害青年追放研究会　83
三佐地区　6, 74, 75, 78, 79, 81, 83, 85, 86, 88-90, 93-95, 97-100, 103, 105, 106, 108
水島（倉敷市）　59, 93, 94, 97, 108
水と衛生の十年　220
三井金属鉱業　29, 43, 46-49, 55, 57, 66, 70, 71
密室的な議論　19, 26, 31
緑の革命　220, 237, 269
水俣　24, 26, 48, 259, 266
水俣市立水俣病資料館　61
水俣病　4, 7-9, 18, 21, 23-25, 47, 61, 73, 104, 204, 210-213, 241, 263, 266, 291
水俣病犠牲者慰霊式　61
水俣病未認定問題　i, 18, 46
南相馬市　284
ミニマムの被害　24, 39, 50
未認定患者　66, 215
未認定問題　4, 47, 274
見舞金　216, 230, 246
見舞金契約　5, 9, 24, 25, 212, 262
宮崎県　iii, 13, 22, 204, 206, 207, 211, 212, 214, 215, 224, 225, 228, 229, 231, 233
宮崎県医師会　233
宮崎大学　217
宮崎日日新聞　204, 224, 228
未来だけの議論は役に立たない　39

む

ムスリム　237, 248, 265

め

明進会　212

も

モノメチルアミン　237
もやい直し　61
森永ヒ素ミルク事件　203, 219
文科省（文部省）　60, 70, 303
モンゴル　13
モンタナ州　37

索 引　319

文部省・厚生省・富山県による研究班　63

や

薬害エイズ　213
谷中村　276

ゆ

『YUI』　223
有害化学物質　35, 258
有害廃棄物　34, 35, 41, 230, 241, 255, 258
有害物質排出目録（TRI）　266, 269
有機水銀　5, 23
有機則　192, 193
有色人種　38
ユニオン・カーバイド・インド（「UCILL社」）　235, 237, 239, 254, 256, 264, 266, 269, 270
ユニオン・カーバイド社（UC社）　33, 235, 238, 239, 242, 244, 245, 253-260, 264, 266, 269, 270

よ

要観察　48, 49, 57, 71
用量-反応関係　52
ヨーロッパ議会　270
抑圧の加害　265
四日市　47, 48, 59, 62, 66, 67, 84, 86, 90, 94, 95
四日市公害と環境未来館　62, 67
ヨハネスブルク・サミット　25
予防原則　260
予防的措置　192
四大公害訴訟　14, 26, 45, 61, 215, 217

ら

ラブキャナル事件　9, 34, 35, 36, 40, 41, 258, 293, 300

り

リコール　127, 138, 139, 140, 141, 142
リスク　18, 24, 28, 29, 178, 206, 228, 256, 274, 275, 278, 277, 295
　——格差　256
　——社会　235, 263
　——コミュニケーション　53
　——の不平等　235, 241
　——評価　26, 52, 294
リビー　161, 162, 174
良妻賢母思想　39

れ

零細企業　ii, 12
歴史的街並み　59
レッテル　21

ろ

労働安全衛生　192, 194, 195
労働災害（労災）　ii, 6, 9, 12, 13, 15, 24, 40, 102, 108, 208, 227, 229, 230, 269
ロンビブン　219, 233

わ

和解　13, 59, 204, 212, 216-218, 226, 230, 236, 244, 254, 257, 259, 260, 262, 264, 265, 269, 270, 300
和合会　208

人名索引

アルファベット

Bell 227, 293
Broadbent → ブロードベント
Daunderer 253
Dobson 36, 300
Eckerman → エッカーマン
Fortun 245, 265
George 10, 25, 227
Heffernan 37
Lerner 300
Malin 37, 227
Morehouse 242, 258, 260, 265
Schluchter 25, 39
Szasz 35, 258
Walker 10, 39

あ行

芥川仁 219
浅見輝男 52
淡路剛久 59, 67
アンダーソン（ウォーレン） 245
飯島伸子 4-6, 12, 14, 18, 20, 24, 40, 50, 65, 66, 74, 89, 98, 106, 210, 243, 263, 274-276, 298
池田寛二 14, 228
石西伸 92, 94
石井隆一 60
石本二見男 43, 50, 66
礒野弥生 59
出盛允啓 214
井戸川克隆 275, 298
市村髙志 295
稲生亨 79, 93, 107
入江智恵子 230
江添久明 66
エッカーマン（イングリッド） 243, 246, 255, 264, 265
圓藤陽子 195, 202
大久保規子 167, 168
緒方正人 39
岡本喜七郎 117, 121, 122, 124, 125, 133, 145, 147, 149, 153
萩野昇 46, 63, 70
押川尚子 219
小田康徳 59

尾本信平 45

か行

海渡雄一 19
影浦広義 132, 134, 137-143
カーソン（レイチェル） 19
カーター大統領 35
加藤新 85
金子祥之 282
香山不二雄 67
川上伝蔵 126, 131, 138-143
川名英之 118, 150
川原一之 207, 208, 210, 218, 219, 221, 225, 226, 229-231
菅野典雄 286
キーナン判事 245
木野茂 131, 151
ギブス（ロイス・マリー） 35, 36, 40, 41, 300
熊谷信二 190, 200, 201
倉恒匡徳 211
黒木博 211, 212, 233
後藤義典 287
小林哲 120, 122, 124, 125
小松義久 66
小山良太 272
近藤忠孝 57, 58

さ行

ザックス（ヴォルフガング） 33
齋藤正健 208, 211, 227, 228, 233
坂井伊智郎 151
佐藤彰彦 295
佐藤栄佐久 303
佐藤喜右衛門 207, 210
佐藤鶴江 210, 211, 215, 216, 227, 229, 233
佐藤ミキ 217
サランギ（サティナス） 254, 260, 264-267
重松逸造 229
渋江隆雄 62, 71
島林樹 4
シュクラ（チャンパ・デビ） 250, 251, 266, 270
成元哲 274
菅義偉 40
須川与八 137
砂田一郎 102

た行

高市早苗　298
高木良信　66
竹内直一　259
武内重五郎　66
竹ノ内徳人　121, 125
竹村俊治　198
立木勝　78, 85, 129, 137
田中俊一　32, 40, 271
田中哲也　205, 208, 210
田中豊穂　94
谷洋一　259
丹野弘　182, 183, 193
チャクラボーティ（ディパンカー）　221
津田敏秀　31
対馬幸枝　224, 230
土屋健三郎　229
鶴野秀男　209
デオ判事　245
寺田良一　36, 64, 267
土井淑平　273
友澤悠季　21, 298
鳥越皓之　117

な行

永井進　4
柳楽翼　93, 94
西尾勇　126-129, 131, 136-139, 141, 143, 151, 152
西川次郎　216
西村幾男　198
野瀬善勝　86, 87
野田之一　66

は行

橋本健司　83, 85, 88, 90, 98
橋本道夫　22, 45
長谷川健一　3, 286
畑明郎　4, 7, 50, 65, 273
バトル（フレデリック・H）　15
濱田武士　272
浜本篤史　274
ハムフェリー（クレイグ・R）　15
早尻正宏　272
林経三　196
原田正純　21, 219, 266
ハンニガン（ジョン・A）　18
ビー（ラシーダ）　248, 250, 270
樋口健二　228
日野行介　3, 15
姫野力　121, 133, 144-147, 149, 152, 153
平岡義和　7, 24, 273
平松守彦　74, 79, 107, 123, 142
廣中博見　219
深瀬清祐　195, 199
藤原精吾　185, 189
藤井敬久　83, 87-89, 98
藤谷新一　142
藤原弘達　119
藤原慎一郎　184, 186, 188, 189, 199
藤原遥　281
舩橋晴俊　4, 7-9, 15, 17, 31, 32, 99, 105, 106, 263, 271, 274
船橋泰彦　77, 88, 89, 99
フリーベルグ（ラルス）　58
古城八寿子　219
古田鉄男　136
ブロードベント（ジェフリー）　10, 83, 92, 96, 104, 108, 118, 150, 152
ベック（ウルリッヒ）　263
堀田恭子　39
堀田牧　219
堀田宣之　203, 214, 219-221
堀道子　219

ま行

松形祐堯　212, 233
松波淳一　39, 40, 46, 66
三浦正夫　90, 96, 99
三上剛史　68
三木武夫　86, 92
三反園訓　271
宮城正一　207, 233
宮本憲一　65
宮沢洋一　271
宮島尚史　185, 188, 196, 199
宮本憲一　4, 14, 160, 161
向井嘉之　43, 50, 65, 273
村上達也　41
村松昭夫　166, 167
村山武彦　161, 175
森裕之　162
モロ（ハビエル）　270

や・ら・わ行

矢野忠義　39
山下俊一　15, 303
山下祐介　295
山名元　26
山村廳唯　202
山本直俊　50
幸久男　91
除本理史　4, 59, 273, 299

吉井正澄　61
吉岡金市　63, 70
吉田文和　67, 258
吉原直樹　102
ラピエール（ドミニク）　244, 259, 261, 263, 265, 270
ルーマン（ニクラス）　68
レーン（ルードリッヒ）　198
渡邊純　287

著者紹介

藤川　賢（ふじかわ　けん）

東京都生まれ、東京都立大学大学院社会科学研究科博士課程満期退学
現在、明治学院大学社会学部教授
主要著書論文：『公害被害放置の社会学―イタイイタイ病・カドミウム問題の歴史と現在』（飯島伸子・渡辺伸一との共著、2007 年、東信堂）、「被害の社会的拡大とコミュニティ再建をめぐる課題―地域分断への不安と発言の抑制」（除本理史・渡辺淑彦編著『原発災害はなぜ不均等な復興をもたらすか―福島事故から「人間の復興」、地域再生へ』、2015 年、ミネルヴァ書房）

渡辺　伸一（わたなべ　しんいち）

新潟県生まれ、東京都立大学大学院社会科学研究科博士課程満期退学
大分県立芸術文化短期大学専任講師を経て、現在、奈良教育大学教育学部教授
主要著書論文：「カドミウムの食品安全基準改定と農用地土壌汚染」（藤川賢との共著、畑明郎編『深刻化する土壌汚染』、2011 年、世界思想社）、「観光地における動物との接触事故への対応―「奈良のシカ」の事例」『奈良教育大学紀要』63（1）、2014 年

堀畑まなみ（ほりはた　まなみ）

東京都生まれ、東京都立大学大学院社会科学研究科博士課程満期退学
現在、桜美林大学総合科学系教授
主要著書論文：「労働生活と健康問題」（石川晃弘氏との共著、松島静雄監修『東京に働く人々―労働現場調査 20 年の成果から』2005 年、法政大学出版局）、「豊島の環境再生の現状と課題」（『環境と公害』第 42 巻 3 号、2013 年、岩波書店）

公害・環境問題の放置構造と解決過程

2017 年 2 月 25 日　初　版第 1 刷発行　　　〔検印省略〕

＊定価はカバーに表示してあります

著者 © 藤川賢・渡辺伸一・堀畑まなみ　発行者 下田勝司　印刷・製本 中央精版印刷

東京都文京区向丘 1-20-6　郵便振替 00110-6-37828
〒 113-0023　TEL 03-3818-5521（代）FAX 03-3818-5514
E-Mail tk203444@fsinet.or.jp　URL http://www.toshindo-pub.com/

発行所　株式会社 東信堂

Published by TOSHINDO PUBLISHING CO.,LTD.
1-20-6, Mukougaoka, Bunkyo-ku, Tokyo, 113-0023, Japan

ISBN978-4-7989-1410-7 C3036
Copyright©FUJIKAWA Ken, WATANABE Shinichi, HORIHATA Manami

東信堂

開発援助の介入論――インドの河川浄化政策に見る国境と文化を越える困難	西谷内博美	四六〇〇円
資源問題の正義――コンゴの紛争資源問題と消費者の責任	華井和代	三九〇〇円
海外日本人社会とメディア・ネットワーク――バリ日本人社会を事例として	松今吉本野原裕昭真編樹著	四六〇〇円
移動の時代を生きる――人・権力・コミュニティ	大原西原直樹仁監修	三二〇〇円
国際社会学の射程――国際社会学ブックレット1 日韓の事例と多文化主義再考	芝真里編訳	二二〇〇円
国際移動と移民政策――国際社会学ブックレット2 社会学をめぐるグローバル・ダイアログ	有本かほり編著	一〇〇〇円
トランスナショナリズムと社会のイノベーション――国際社会学ブックレット3 越境する国際社会学とコスモポリタン的志向	西原和久	一三〇〇円
現代日本の地域分化――センサス等の市町村別集計に見る地域変動のダイナミックス	蓮見音彦	三八〇〇円
現代日本の地域格差――二〇一〇年・全国の市町村の経済的・社会的ちらばり	蓮見音彦	二三〇〇円
「むつ小川原開発・核燃料サイクル施設問題」研究資料集	舩飯茅金橋島野山橋晴恒行伸俊子秀編俊著	一八〇〇〇円
新版 新潟水俣病問題――加害と被害の社会学	飯島伸子編	三八〇〇円
新潟水俣病をめぐる制度・表象・地域	関 礼子	五六〇〇円
新潟水俣病問題の受容と克服	堀田恭子	四八〇〇円
公害・環境問題の放置構造と解決過程	藤渡堀川辺畑まみ一賢著	三八〇〇円
公害被害放置の社会学――イタイイタイ病・カドミウム問題の歴史と現在	藤川賢一子著	三六〇〇円
食品公害と被害者救済――カネミ油症事件の被害と政策過程	宇田和子	四六〇〇円
自立支援の実践知――阪神・淡路大震災と共同・市民社会	似田貝香門編	三八〇〇円
[改訂版] ボランティア活動の論理――ボランタリズムとサブシステンス	西山志保	三六〇〇円
自立と支援の社会学――阪神大震災とボランティア	佐藤 恵	三二〇〇円
社会調査における非標本誤差	吉村治正	三二〇〇円

〒113-0023 東京都文京区向丘 1-20-6
TEL 03-3818-5521 FAX03-3818-5514 振替 00110-6-37828
Email tk203444@fsinet.or.jp URL:http://www.toshindo-pub.com/
※定価：表示価格（本体）＋税